大型火电机组控制技术丛书

数字电液调节与旁路控制系统

降爱琴　郝秀芳　编著

中国电力出版社
CHINA ELECTRIC POWER PRESS

✦ 内容提要 ✦ ✦ ✦ ✦ ✦ ✦ ✦ ✦ ✦ ✦ ✦ ✦ ✦ ✦ ✦ ✦

　　本书详细介绍了汽轮机数字电液调节系统、旁路控制系统的组成及工作原理，并结合INFI—90组态逻辑分析了转速调节系统、负荷调节系统、阀门控制与管理、超速保护、自启停功能等内容；还介绍了基于西门子 TX—P、西屋 OVATION 的电液调节系统的组态逻辑及主要功能。介绍了旁路控制系统的工作方式、旁路调节系统的组成及工作原理和旁路系统的连锁逻辑。

　　本书可作为高等院校自动化、热动、集控等专业的相关课程的教材，也可供从事火电机组运行、调试、仪控的工程技术人员参考。

图书在版编目（CIP）数据

数字电液调节与旁路控制系统/降爱琴，郝秀芳编著．
北京：中国电力出版社，2006.1（2019.7重印）
　（大型火电机组控制技术丛书）
　ISBN 978-7 – 5083 – 3448 – 6

Ⅰ．数…　Ⅱ.①降…②郝…　Ⅲ.①火电厂－蒸汽透平－液压调节系统－高等学校－教材②火电厂－蒸汽透平－控制系统－高等学校－教材　Ⅳ.TM621.4

中国版本图书馆 CIP 数据核字（2005）第 074723 号

中国电力出版社出版、发行

（北京市东城区北京站西街 19 号　100005　http://www.cepp.sgcc.com.cn）

三河市百盛印装有限公司印刷

各地新华书店经售

*

2006 年 1 月第一版　　2019 年 7 月北京第八次印刷
787 毫米×1092 毫米　16 开本　13.75 印张　334 千字　1 插页
印数13001—14000 册　　定价 **40.00** 元

前 言

随着现代工业生产的迅猛发展和人民生活质量的日益提高，要求供电质量日益增加，电网负荷的峰谷差明显加大，用电结构也发生了很大变化。为了适应机组调频和调峰的需要，要求大型火力发电机组均能实现自动发电控制（AGC）。

随着工程技术人员对分散控制系统（DCS）应用于火力发电厂生产过程控制策略研究与实践的不断深入和 DCS 软/硬件系统的不断升级换代，使火电生产过程的数据采集系统、模拟量控制系统、程序控制系统、机炉安全监测保护系统、汽轮机电液调节与旁路控制系统以及部分电气系统逻辑控制等都由 DCS 组态实现，使锅炉、汽轮发电机组的主要设备和系统均处于 DCS 的统一监控管理之下。同时，还可以借助 DCS 这一控制平台，将先进控制理论和智能决策方法应用到火电生产过程控制系统中，解决常规控制方案无法应对的现场控制难题。

为了提高火电机组运行的自动化水平，我们结合国内、外机组控制系统的特点和近年来对大时滞、非线性、时变及强耦合生产过程控制策略研究与现场实践的成功经验编著了这套《大型火力发电机组控制技术丛书》。该丛书共有 5 个分册：《火电厂分散控制系统》、《模拟量控制系统》、《程序控制系统》、《电液调节与旁路控制系统》和《安全监测保护系统》。主要读者对象为从事自动控制、热工过程自动化、热能动力、集控运行、计算机等专业的科学研究与工程技术人员和大学高年级学生。

组编和出版这套丛书是一次尝试。我们热忱欢迎选用本套丛书的科学研究工作者、现场技术人员、大专院校老师和学生提出批评和建议。

《大型火力发电机组控制技术丛书》编委会
2005 年 6 月

编者的话

汽轮机的调节和保护是机组安全经济运行的重要技术环节，随着计算机的广泛应用，目前大型火电机组普遍采用了数字电液调节系统（DEH），以往采用液压调节系统的小机组也逐渐改造为采用电液调节或电液调节为主、液压调节为备用的调节系统。由于汽轮机数字电液调节系统（DEH）近年来大量投运，而与之相关的资料比较少，为此，我们编著本书，希望能满足教学和从事一线工作的工程技术人员的需要。

本书从 DEH 的实际功能出发，以 DEH 的组态逻辑为主线，系统地分析了 DEH 的基本原理、功能组成、工作方式及具体功能实现方法，最后还介绍了与汽轮机控制密切相关的旁路控制系统（BPS），以期使读者对汽轮机控制系统有完整的认识。

全书共有十一章：第一章概述，介绍汽轮机控制的发展历史和内容；第二章介绍汽轮机电液调节系统的组成及功能；第三章介绍 DEH 的液压控制系统；第四章介绍 DEH 转速调节系统；第五章介绍 DEH 负荷调节系统；第六章介绍阀门控制与管理；第七章介绍汽轮机保护系统；第八章介绍自启动功能；第九章介绍操作员站功能；第十章介绍其他汽轮机电液调节系统；第十一章介绍旁路控制系统。

本书由山西大学工程学院降爱琴、郝秀芳编著，山西大学工程学院林金栋教授对原稿进行了仔细的审阅，并提出了许多宝贵的修改意见，山西大学工程学院陈凤兰老师参与了本书的编写工作，在此对他们的工作表示衷心的感谢。编写过程中作者还参考了一些文献资料，在此也向有关作者表示感谢。

热工自动控制技术不断发展，日新月异，加之作者水平有限，书中不妥之处难免存在，恳请专家和读者批评指正。

编 者

2005 年 9 月

目　录

第一章

汽轮机数字电液控制系统概述

第一节　汽轮机控制系统的发展 ⇨

汽轮机是电厂中的重要设备，在高温高压蒸汽的作用下高速旋转，完成热能到机械能的转换。汽轮机驱动发电机转动，将机械能转换为电能，电力网将电能输送到各个用户。为了保证供电质量，就必须保证电力系统的电压、频率稳定；同时在电网出现故障时，又要能保证机组自身的安全。电压的调节另有专门设备承担，不属于汽轮机调节系统的范围，而频率则直接取决于汽轮发电机的转速，一般要求汽轮发电机的转速稳定在额定转速附近很小的一个范围内，通常此范围为 $\pm$（1.5～3.0）r/min。为了达到此要求，汽轮机必须配备可靠的自动控制装置。汽轮机控制系统的发展经历了以下几个阶段。

一、机械液压调节系统

以一套机械液压机构实现转速的自动调节和负荷的手动调节的系统称为机械液压调节系统（MECHANICAL‐HYDRAULIC CONTROL，简称 MHC）。MHC 仅具有转速调节和超速保护功能，其转速‐功率静态特性是固定的，运行中不能加以调节。汽轮机的调节系统按其调节阀动作时所需能量的供应来源可分为直接调节系统和间接调节系统两类。

1. 直接调节系统

图 1‐1 是一个直接调节系统示意，其调节阀动作所需的能量直接由调速器供给。

当外界负荷增加时，汽轮机转速下降，经减速器齿轮 1 的传动，调速器 2 的转速也下降，调速器飞锤离心力减小，在弹簧力的作用下使滑环 3 下移，通过杠杆 4 开大调节阀 5，增加汽轮机的进汽量，于是汽轮机的功率增加。当功率增加至与外界电负荷相平衡时，调节系统重新稳定。当外界负荷减小时，动作过程与上述相反。由于调速器的能

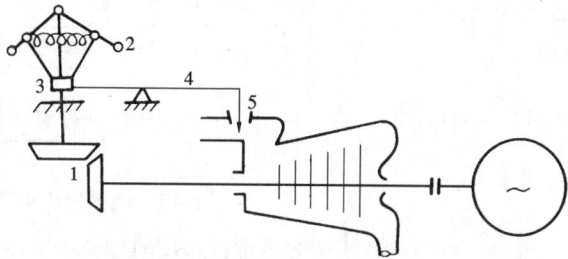

图 1‐1　直接调节系统示意

1—减速器齿轮；2—调速器；3—滑环；4—杠杆；5—调节阀

量有限，使得直接调节系统的应用范围只限于小功率汽轮机。功率稍大一些的汽轮机，由于移动阀门需要较大的力，所以一般都将调速器的输出位移在能量上加以放大，这种系统称为间接系统。

2. 间接调节系统

图 1‐2 是一种简单的间接调节系统示意。系统中调速器 A 所带的不是调节阀，而是一个断流式滑阀，又称错油门。从图中可看出，一个间接调节系统由以下几部分组成。

（1）转速感应机构。它能感应转速的变化并将其转变为其他物理量的变化（滑环位移）。

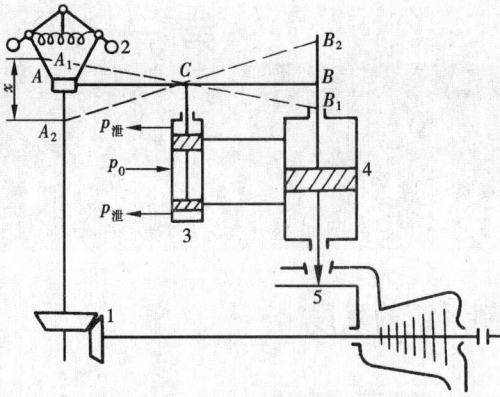

图 1-2 间接调节系统示意
1—减速齿轮；2—调速器；3—错油门；4—油动机；5—调节阀

（2）传动放大机构。由于转速感应机构产生的信号往往功率太小，不足以直接带动配汽机构，因此，传动放大机构的作用是接受转速感应机构的信号，并加以放大，然后传递给配汽机构（见图 1-2 中的错油门和油动机），使其动作。

（3）反馈机构。传动放大机构在将转速信号放大传递给配汽机构的同时，还发出一个信号使滑阀复位，油动机活塞停止运动（见图 1-2 中的油动机带动滑阀的杠杆段）。

（4）配汽机构。它的作用是接受传动放大机构的信号来改变汽轮机的进汽量（见图 1-2 中的调节阀）。

当外界负荷增加时，汽轮机的转速降低，调速器飞锤的离心力减小，滑环下移，杠杆 AB 以 B 为支点，带动错油门 3 下移，打开错油门上的上下两个油口。压力油进入活塞下部油室，活塞上部油室的油经错油门上油口排走，油动机活塞在上下油压差的作用下移至 B_2 位置，调节阀 5 开大，进汽量增加，汽轮机的功率增加。在油动机活塞上移的同时，杠杆 AB 以 A_2 为支点，带动错油门 3 上移，使其回到中间位置，关闭错油门的上下油口，油动机活塞停止移动，汽轮机的功率与外界负荷相平衡，调节系统处于新的稳定状态。当外界负荷减小时，动作过程与上述相反。

机械液压调节系统原理如图 1-3 所示。

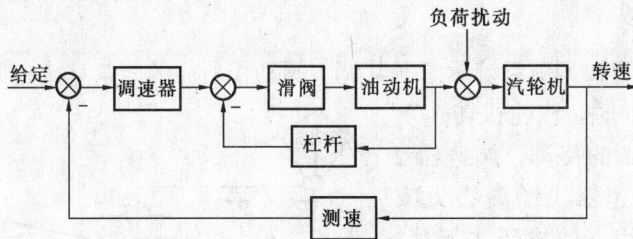

图 1-3　机械液压调节系统方框图

可见，汽轮机液压调节系统以转速的偏差作为唯一的调节信号，调节过程中一个转速的变化对应一个负荷的变化，不能实现无差调节。对于大容量机组，由于动态飞升时间常数减小，动态特性变差，所以对调节系统静态特性和动态特性提出了更高的要求。另外，随着电厂自动化水平的提高，必然采用集中控制、机炉协调的运行方式，而液压调节系统是不能满足要求的。

二、电液调节系统

随着汽轮机单机容量的增大和中间再热机组的出现，单元制运行方式的普遍采用以及电网自动化水平的提高，MHC 已不能适应汽轮机的控制要求，于是出现了电液调节系统（ELECTRO-HYDRAULIC CONTROL，简称 EHC）。EHC 系统中执行机构仍采用液压伺服装置，运算部件则由电子元件组成，这种系统具有信号综合方便，运算精度高，能适应多种运行工况的特点。早期的 EHC 系统采用模拟电子装置构成，由于电子器件的可靠性不高，故汽轮机控制系统多设计为 EHC 和 MHC 并存的工作方式，MHC 作为 EHC 的后备调节手段。正常控制由 EHC 完成，一旦 EHC 故障退出，MHC 立即投入。这种以模拟电路为主的 EHC 系统称为 AEH（ANALOG ELECTRO – HYDRAULIC CONTROL）。随着模拟电子器件质量的提高，汽轮机控制系统由电液并存工作方式过渡到采用 AEH 纯电调的工作方式。

典型的 EHC 系统原理如图 1－4 所示。

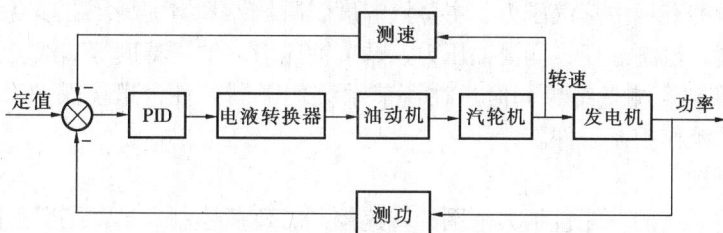

图 1－4　电液调节系统方框图

该系统采用了功率和频率两个调节信号，有三种基本的调节回路。

（1）转速调节回路。它用于单机运行工况，在机组启动时升速、并网和在停机（包括甩负荷过程）中控制转速。

（2）功率调节回路。在机组并入电网运行时或机组在电网中不承担一次调频任务时，频差放大器（转速调节回路）均无输出信号，此时，机组由功率调节回路控制。

（3）功—频调节回路。当汽轮机参与一次调频时，调节系统构成了功率—频率调节回路，此时，频率、功率调节回路均参与工作。无论是功率通道产生不平衡，还是频率通道产生不平衡，都将引起调节系统动作，直至系统趋于稳定。

三、数字式电液控制系统

当计算机在工业控制领域得到广泛应用时，汽轮机功频电调装置进一步发展为以计算机为基础的数字式电液控制系统，这种系统称为 DEH（DIGITAL　ELECTRO　HYDRAULIC CONTROL，简称 DEH）。早期的 DEH 多以小型机为核心组成，以微机为基础的分散控制系统出现后，汽轮机 DEH 系统逐步转向由分散控制系统组成。

目前，我国火力发电厂中 300、600MW 级汽轮机大都配置了纯电液调节系统，基本都采用分散控制系统，如新华控制工程有限公司生产的 DEH－ⅢA，用于西柏坡电厂、宝鸡电厂、太原第一热电厂等；美国 ETSI 公司 INFI－90（贝利公司产品）组成的电液调节系统，用于广东韶关电厂、山西阳泉二电厂等国产 300MW 汽轮机；美国西屋生产的 OVATION 电液调节系统用于山西古交电厂、华能榆社电厂等。

电液调节系统种类繁多，其工作原理和功能各异。但大多数电液调节系统设置转速控制、负荷控制、阀门控制、阀门管理，应力计算，应力限制，负荷限制，保护跳闸和 ATC 等功能，能够满足汽轮机的安全运行和启停要求。

第二节　汽轮机控制系统的内容 ⇨

目前火力发电厂多采用单机容量为 300～600MW 的亚临界压力的单元机组。随着电网自动化程度和单元制运行水平的不断提高，对汽轮机控制系统提出了更高的要求。一个完善的汽轮机控制系统包括以下几方面内容。

一、监视系统

监视系统是保证汽轮机安全运行必不可少的设备，它能够连续监视汽轮机运行中各参数的变化，监视参数可分为两大类：机械量和热工量。属于机械量的有：汽轮机转速、轴振动、轴承振动、转子轴位移、转子与汽缸的相对膨胀、汽缸热膨胀、主轴晃度、油动机行程等。属于热工量的有：主蒸汽压力、主蒸汽温度、凝汽器真空、高压缸速度级后压力、再热蒸汽压力和温度、汽缸温度、润滑油压力、调节油压力、轴承温度等。汽轮机的参数监视通常由 DAS 系统实现。测量结果同时送往调节系统作限制条件，送往保护系统作保护条件，送往顺序控制系统作控制条件。

二、调节系统

汽轮机调节系统的功能包括大范围的转速控制、负荷控制、异常工况下的负荷限制、主汽压力控制以及阀门位置控制等。调节系统原理如图 1-5 所示。

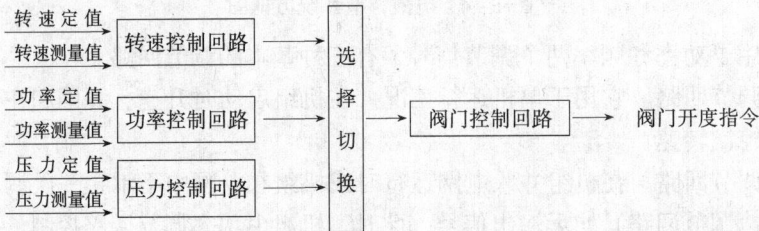

图 1-5　调节系统原理

（一）转速控制

转速控制可以实现大范围的转速自动调节，使汽轮机从盘车转速逐渐升到并网前的转速，调速范围为 50～3300r/min，调节精确度为 ±1～2r/min。大多数电液调节系统是以实际转速作为测量信号与转速定值比较，将转速偏差送入转速控制回路运算，通过选择切换回路输出阀位控制指令，阀位指令作用于阀门控制回路去操作蒸汽阀门的启闭，达到转速控制目的。汽轮机升速过程中转速定值以预先给定的升速率连续变化，是一条随时间增长的直线。升速率的值由汽轮机制造厂提供具体数据或曲线，运行中操作人员可以根据汽轮机热状态进行选择，也可以由控制系统自动选择升速率。大多数汽轮机的升速率规定为 100、150、300、600r/min^2 等几种。

除上述转速控制方案外，也有的电液调节系统采用升速率作为被调量来实现汽轮机升速过程的转速控制，控制系统的原理如图 1-6 所示。

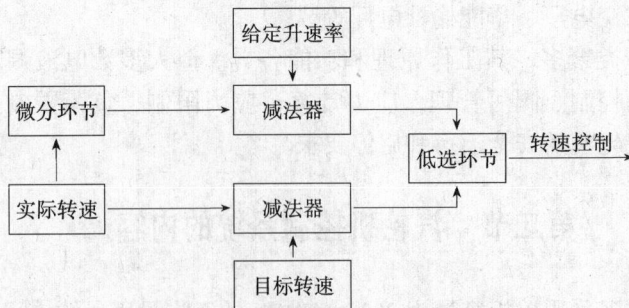

图 1-6　转速的升速率控制原理

测取的实际转速经微分环节运算后得到实际升速率信号，该信号与给定的升速率相比较后得到升速率偏差信号，此信号送至低选环节，低选环节还接受转速偏差信号，取两偏差值的小值作为转速控制信号。机组启动升速过程中，由于转速偏差值很大，故汽轮机按给定升速率控制转速的上升。升速率可以由运行人员选择，也可以由电液调节系统根据机组的热状态自动选择。当汽轮机转速接近目标转速时，转速偏差小于升速率偏差，低选环节选择转速偏差为控制信号，这时汽轮机转速很快稳定于目标转速。

（二）负荷控制

负荷控制系统是在汽轮机启动升速过程结束、机组已完成并网任务后开始工作的。负荷控制的功能是通过开环或闭环工作方式去控制汽轮机发电机组的负荷。闭环工作时以发电机实发功率值为测量信号与功率定值相比较，得到功率偏差值经负荷控制回路运算后去控制调节阀的开度，达到调节功率的目的。开环工作时，根据功率定值及频差信号由负荷控制回路直接给出阀门开度指令。无论应用哪种方式，最终都要使汽轮机实发功率达到功率给定值。功率给定值回路与转速定值回路相似，也是根据目标负荷和变负荷速率给出连续变化的负荷指令。变负荷速率通常由运行人员在（0.5%～10%）/min 范围内选择。具有热应力限制功能的电液调节系统可根据热应力在线计算值限制变负荷速率的大小。

当机组并网发电后，转速控制回路的转速偏差实际上反映的是电网实际频率与额定频率之差。当出现频差信号后，为了调节电网频率使之维持在额定频率（50Hz）值上，可将转速偏差根据汽轮机静态特性曲线转换为功率偏差，然后通过负荷回路去调节机组的实发功率，使机组参加一次调频。

（三）异常工况下的负荷限制

当发生工质参数越限或者机组运行出现异常时，为了保障设备的安全，要求电液调节系统具有负荷限制的功能，负荷限制功能包括以下几方面。

（1）功率反馈限制。当机组实发功率与功率定值之差超过某一规定值，例如差值达到额定功率的10%时，系统判断为发电机甩负荷，控制系统自动切除功率反馈回路变闭环为开环，并降低功率定值以确保机组安全。

（2）变负荷速率限制。机组在变动负荷过程中进汽量的变化使汽缸、转子等部件出现热应力。为了使热应力不超过允许数值，要求对变负荷速率加以限制。由电液调节系统根据热应力在线计算回路的输出值自动选择变负荷速率，一旦应力裕度系数下降，回路自动降低变负荷速率。

（3）主蒸汽压力限制。单元机组运行中，为了协调锅炉和汽轮机两者在能量供需方面的关系，通常在汽轮机控制系统中引入反映锅炉运行工况的机前压力信号。汽轮机改变负荷必然引起机前压力的变化。如果机前压力低于额定压力的5%，依靠锅炉自身很难迅速恢复主蒸汽压力，这时必须对汽轮机的负荷进行限制以加速机前压力的恢复过程。限制的措施是，在电液调节系统中设置一个主蒸汽压力限制回路，使汽轮机的负荷不再受功率控制回路的控制而受主蒸汽压力限制回路的控制，降低汽轮机的负荷以协助锅炉恢复主蒸汽压力。

除了以上三种负荷限制功能，有的电液调节系统中还设置了低真空限制、转速加速度限制、高压缸排汽温度异常限制、再热汽压过低限制等功能。上面这些负荷限制功能并不是在每台机组的电液调节系统中都必须具备。

（四）主蒸汽压力控制

单元机组的基本运行方式有三种：锅炉跟随汽轮机方式（炉跟机）、汽轮机跟随锅炉方式（机跟炉）以及机炉协调方式。单元机组的负荷控制也相应有以上三种方式。在后两种控制方式中，汽轮机控制系统均引入机前压力信号，汽轮机不同程度地承担了调节主蒸汽压力的任务，所以有的电液调节系统中设置了主蒸汽压力控制回路，根据机前压力的偏差由主蒸汽压力控制回路产生阀门开度指令，去控制汽轮机调节阀的开度，达到调节主蒸汽压力的目的。

（五）阀门控制与管理

无论是启动过程中的转速控制，还是正常运行中的负荷调节以及主蒸汽压力控制，最终都是通过对汽轮机的高、中压调节阀和高压主汽阀的阀位控制来实现的，因此阀门管理与阀位控制是汽轮机电液控制系统中必备的功能。

1. 汽轮机启动过程中的阀门控制

汽轮机启动时的阀门控制与汽轮机的启动方式有关。带有中间再热的大型单元机组，常见的汽轮机启动方式有以下几种。

（1）高压缸启动。启动前高压调节阀和中压主汽阀全开，而后开启高压主汽阀和中压调节阀控制蒸汽流量进行汽轮机的冲转、升速、同期并网、带初始负荷暖机。带初始负荷暖机过程中要进行阀门切换，高压调节阀由全开状态逐渐关小，高压主汽阀逐步达到全开，两阀完成控制任务的交接。这种启动方式使汽轮机在启动过程中通过高压主汽阀的节流调节实现高压缸全周进汽，使转子受热均匀。

（2）中压缸启动。中压缸启动又可分为高压缸通汽和高压缸隔离两种启动方式。汽轮机采用中压缸启动必须与旁路系统配合。

高压缸通汽启动方式是，汽轮机冲转前高压主汽阀和中压主汽阀全开，高压调节阀全关，使高压缸处于隔离状态，利用中压调节阀控制汽轮机冲转、升速、同期并网和带初始负荷。当汽轮机转速达到额定转速的75%时，开启高压缸排汽阀，使蒸汽进入高压缸尾部，再逆流至高压缸前端，通过专用的排汽阀进入凝汽器。当中压调节阀开度达到50%时，进行高、中压缸的切换，开启高压调节阀使高压缸内蒸汽由逆流变为顺流。

高压缸隔离启动方式是，汽轮机冲转前高压主汽阀、高压调节阀全关，中压主汽阀全开，旁路系统维持过热汽温和再热汽温。当再热汽压达到规定值时，开启中压调节阀控制汽轮机冲转、升速、同期并网和带初始负荷，此时高压缸处于隔离状态，转子因鼓风作用而加热，通过调节高压缸排汽止回阀和真空疏水门的开度来调节高压缸内压力，从而达到控制高压转子温度的目的。当负荷达到36%时，进行高、中压缸切换，先开启高压主汽阀，关闭真空疏水门，再开启高压调节阀使高压缸带负荷，并开启高压缸排汽止回阀。切换过程中，中压缸所带负荷要向高压缸转移一部分。为了保证切换平稳进行，必须保持负荷指令稳定不变，待切换过程结束后再增加负荷。

2. 阀门管理

汽轮机高压缸有两种进汽方式，即节流调节的全周进汽和喷嘴调节的部分进汽。阀门管理是指对调节阀两种运行方式的选择和切换。节流调节全周进汽时，多个高压调节阀的启闭同步进行，像一个阀门一样，因此这种进汽方式也称为单阀控制；喷嘴调节部分进汽时，前一个阀门开启到指定开度，后一个阀门才开始开启，这种进汽方式又称为顺序阀控制。节流调节全周进汽可保证汽轮机升速和变负荷过程中转子均匀加热，减小转子的热应力。在汽轮机升速、低负荷暖机、滑压运行以及大幅度变负荷过程中应选择全周进汽方式。在定压运行过程中及额定负荷时，应选择部分进汽方式。凡存在两种进汽方式的汽轮机，其电液调节系统中要设置阀门管理功能。

实现阀门管理的方法一般是，在每个高压调节阀的阀位控制回路输入的开度指令信号上分别叠加不同的偏置信号，以改变阀门的起始开启位置，每个阀门所加偏置信号的大小应能保证几个高压调节阀按顺序开启，实现顺序阀控制。当解除偏置信号后，几个调节阀即可以同步开启和关闭，实现单阀控制。

3. 阀门在线试验

汽轮机高、中压主汽阀和高、中压调节阀都是由液压执行机构驱动的机械装置。为了保证汽轮机故障时阀门能可靠关闭，电液调节系统应设置阀门在线试验功能，即在汽轮机带负荷情况下逐个关闭阀门，以检验其工作情况。

高、中压调节阀在线试验的方法是，在被试验阀门的阀位控制回路输入端施加一个呈斜坡变化、与开度指令相反的信号，随试验信号的逐渐增大，阀门逐渐关闭。全关后阀位行程开关通过逻辑回路使试验信号减小，于是阀门重新开启。试验信号消失后，阀门恢复到原来的开度。采用呈积分变化的试验信号可以避免对汽轮机产生过大的负荷扰动。

高、中压主汽阀的试验方法是，由逻辑回路控制每个阀门控制油路上的试验阀动作，以泄掉被试验阀门液压回路的油压，从而使阀门关闭。阀门关闭后由行程开关通过逻辑回路使试验阀门复位，恢复油压，阀门重新开启。

阀门在线试验是在汽轮机带负荷运转下进行的，电液调节系统的负荷控制回路已投入工作，所以被试验阀门关闭后，其承担的蒸汽通流量将由其他阀门分担，不会对汽轮机负荷产生影响。由于每个阀门的通汽量裕度有限，因此阀门在线试验应在额定负荷的90%以下进行。

4. 阀门快关

这是汽轮机参与维持电力系统动态稳定的一种技术措施。当电力系统发生短路故障时，虽然电气保护动作可以快速切除故障点，但是系统的稳定状态会受到冲击。如果汽轮机能参与事故处理，在电力系统发生故障而大幅度减小负荷时，汽轮机能迅速、准确地大幅度减小负荷，而后将负荷恢复到原水平或低于原水平，这对尽快恢复电力系统的稳定是极为有利的。

由于汽轮机的惯性很大，通常做法是，故障时同时关闭高压调节阀和中压调节阀，待过一段时间（1s以内）后重新开启阀门恢复负荷。快关阀门控制信号通过两种渠道获取：①测取汽轮机输出功率与电负荷的不平衡值，将汽轮机输出功率与发电机功率相比较，当汽轮机功率超过发电机功率的数值达到发电机额定功率的30%时，电液调节系统即发出快关阀门的控制信号。汽轮机功率一般用中压排汽压力表征。②测取汽轮机转子的加速度值或超速值（加速度值可用实际转速经微分运算后获得），当转速和加速度值达到设定值时，电液调节系统发出快关阀门信号。为了使阀门能以最快速度进行操作，快关阀门指令一般送入阀门控制回路或者直接送入阀门的液压执行机构。

三、电液控制系统的热应力监控功能

1. 热应力监控概述

热应力是由于金属内部热状态不同而产生的应力。金属的热状态不同表现为其各个部分

的温度不同，因此热应力和温度差值有关。假设一圆柱形金属物各部分的温度是一致的，则不产生热应力。若用高温工质对其加热，外表面温度将升高，内部仍保持原温度，圆柱表面金属要膨胀，内部金属保持原状，于是产生压应力；反之，若用工质冷却金属圆柱，其表面温度降低而产生收缩，金属内部温度不变而保持原状，于是在金属圆柱内产生拉应力。无论是加热还是冷却，当时间足够长后，金属内部达到热平衡，各处温度均相同，热应力也随之消失。各类金属材料都有一定的强度，因此工作中允许金属材料出现各类应力。只要应力值小于金属的许用应力，金属部件就可以长期可靠地工作。若应力值超出许用应力，其结果会产生金属部件损坏或者使用寿命缩短。

汽轮机是在高温高压下工作的机械设备，转子处于连续高速旋转状态，因此存在一定的机械应力。当汽轮机运行工况改变时，热状态的变化使汽缸、转子产生热应力。为了保证汽轮机安全运行，必须对热应力进行连续监视。

就汽轮机整体而言，其各部件在升速和负荷变化时所产生的热应力并不是一样的。汽轮机转子是高速旋转部件，因其本身已经承受了比较大的离心力，转子的热应力越大，危险性也越大，故运行中对转子热应力必须进行监视。

高压缸调节级的焓降最大，做功最多，调节级汽室内的压力及温度随负荷变化也很大，所以高压缸调节级在启动和负荷变化过程中的热应力最大，是热应力监视的重点部位。对于中间再热机组，中压缸进汽部分在启动和负荷变化时汽温变化也很大，同样是监视的重点。

由上述分析可知，高压缸调节级和中压缸第一级处转子和汽缸都是热应力较大的部位，其中转子热应力是最危险的。因此在汽轮机运行中，只要监视这几处的热应力不超过允许值，其余部位的热应力一般不会超过允许值。

转子热应力值可采用两种方法获取：①用汽轮机转子传热数学模型计算求得；②用转子物理模型求得。

为了便于监视和控制应力，引用应力裕度系数 K 表征实际应力的相对值。应力裕度系数用下式计算

$$K = \frac{\sigma_{\mathrm{L}} - \sigma}{\sigma_{\mathrm{L}}} \qquad\qquad (1-1)$$

式中　σ_{L}——材料在使用温度下的许用应力；

　　　σ——实际应力。

应力裕度系数 K 表示在许用应力范围内还有多大裕量可供使用。$K=1$，表示实际应力为零，这种情况只有在汽轮机停机且充分冷却后才会出现。只要汽轮机运转，即使没有热应力，也存在机械应力，K 不会等于1。$K=0$，表示实际应力等于许用应力，无裕量可供使用。$K<0$，表示实际应力已超过许用应力，这是不允许的。

对转子应力裕度的监视可以指导机组在最佳状态下运行，可以保证在汽轮机转子实际应力不超过许用应力的情况下以最大升速率升速和以最大的变负荷速率变负荷。

当电液调节系统具有应力限制功能时，可以自动控制转子的应力。应力裕度系数 K 在规定值以上时（通常为0.2），不限制升速率和变负荷速率；当系数 K 值低于规定值而大于零时，限制回路自动降低升速率和变负荷速率；若 K 值降为零，则升速率和变负荷速率也降为零。一般，将应力裕度系数 K 限制在 0~0.2 之间为好。

2. 转子热应力数学模型计算

汽轮机转子在升速和变负荷的过程中，热应力变化最大，是监视的重点，因此应快速实时计算转子热应力。为了解决这一问题，硬件上目前都采用计算机，软件上应尽可能简化计算方法，建立易于计算的数学模型。

为了简化计算，通常将汽轮机转子视为一个无限长的圆柱体，既不考虑转子的叶轮形状，也不考虑轴向传热过程，只考虑径向传热，并且只计算圆柱体外表面和中心孔内表面的热应力。计算过程为，根据测得的蒸汽热力参数和汽缸金属温度实时值计算转子内、外表面的温度及转子的平均温度，再计算转子内、外表面的热应力及转子的机械应力，最后算出应力裕度系数。检测的参数有高压主汽阀前的蒸汽温度和压力、高压缸进口内壁金属温度、高压缸内壁金属温度、高压缸排汽压力、中压缸主汽阀前蒸汽温度和压力、中压缸进口内壁金属温度、中压缸内壁金属温度和发电机功率等。

对于无限长圆柱体，径向受热时导热的微分方程可用式（1-2）表示，即

$$\frac{\partial^2 \theta}{\partial r} + \frac{1}{r}\frac{\partial \theta}{\partial r} = \frac{1}{A}\frac{\partial \theta}{\partial t} \qquad (1-2)$$

$$A = \frac{\lambda}{\rho c_p}$$

式中　θ——转子任意半径 r 处的金属温度；

r——转子任意一点的半径；

t——时间；

A——热扩散率；

λ——转子材料热导率；

ρ——材料体积质量；

c_p——材料质量定压热容。

λ、ρ、c_p 均为温度的函数，当材料已知时，$\lambda(\theta)$、$\rho(\theta)$、$c_p(\theta)$ 都是已知值。

式（1-2）在下列边界条件下求解：转子的内孔是实心的或者内孔是绝热的，则内表面满足式（1-3）

$$\left(\frac{\partial \theta}{\partial t}\right)_{\mathrm{I}} = 0 \qquad (1-3)$$

转子的外表面直接与热汽流接触，则外表面满足式（1-4）

$$\lambda\left(\frac{\partial \theta}{\partial t}\right)_{\mathrm{E}} = H(\theta_{\mathrm{D}} - \theta_{\mathrm{E}}) \qquad (1-4)$$

式中　H——蒸汽对转子的传热系数，取决于蒸汽参数、转子转速和几何形状；

θ_{D}——蒸汽温度；

θ_{E}——转子外表面温度。

将边界条件代入式（1-2），即可求出转子的平均温度 θ_{M}、转子外表面温度 θ_{E}、转子内表面温度 θ_{I}，据此可求出转子内、外表面的热应力。

转子内表面热应力用式（1-5）计算，即

$$\sigma_{\mathrm{I}} = \frac{E\varepsilon}{1-\mu}(\theta_{\mathrm{M}} - \theta_{\mathrm{I}}) \qquad (1-5)$$

转子外表面热应力用式（1-6）计算，即

$$\sigma_E = \frac{E\varepsilon}{1 - \mu}(\theta_M - \theta_E) \qquad (1-6)$$

式（1-5）、式（1-6）中　E——弹性模量，也称杨氏模量；

$\qquad\qquad\qquad\qquad\varepsilon$——线膨胀系数；

$\qquad\qquad\qquad\qquad\mu$——泊松系数。

内、外表面热应力较大者定义为 σ_{TH}。

机械应力包括汽压对转子的作用力和转子旋转离心力所形成的作用力。若根据转子额定转速和高、中压缸第一级叶轮处的蒸汽压力计算出机械应力 σ_M，则实际应力 σ 可用式（1-7)计算，即

$$\sigma = \sigma_M + \sigma_{TH} \qquad (1-7)$$

根据转子的材料和工作温度计算许用应力 σ_L，则应力裕度系数可用式（1-8）计算，即

$$K = \frac{\sigma_L - \sigma}{\sigma_L} \qquad (1-8)$$

热应力的大小可以由温差来表征，也就是说，温差大，热应力大；温差小，热应力小。为了限制热应力不超过允许限值，可通过限制温差不超过某一限值来实现。对于缸体、阀体而言，这个限值是通过中间（平均）温度 T_m 的函数来设置的，与升/降速度或升/降负荷相对应，形成允许上限温差 dT_{permu} 和允许下限温差 dT_{perml} 两个限值。通过温度传感器测得与蒸汽接触的缸体表面温度 T_1 和在缸体 50% 深度处的平均温度 T_m，温差由这两个温度计算得到，即

$$dT = T_1 - T_m$$

上限温度裕量 $ddT_u = dT_{permu} - dT$

下限温度裕量 $ddT_l = dT - dT_{perml}$

转子的温度裕量用相似方法计算。

在每个计算原则里温差由测量的温度推算，这些温差与允许的限值比较，推算出温度裕量 ddT_u 和 ddT_l，上限裕量 ddT_u 用于提高温度（增加转速或负荷），下限裕量 ddT_l 用于降低温度（减小转速或负荷）。多个通道的温度裕量经小选后作用到汽轮机控制系统的转速/负荷设定值形成回路，控制机组的升速率或升负荷率，从而控制机组的热应力。

3. 应力限制

应力限制回路工作原理见图 1-7。

检测元件测量汽轮机几个特定点的温度和其他有关参数，然后根据测量值实时计算转子内、外表面的热应力和机械应力，最后算出汽轮机高、中压转子的实际应力。将实际应力与允许应力比较，其差值经 TAC 转换器转换为转速或负荷目标值和升速率、变负荷速率，再

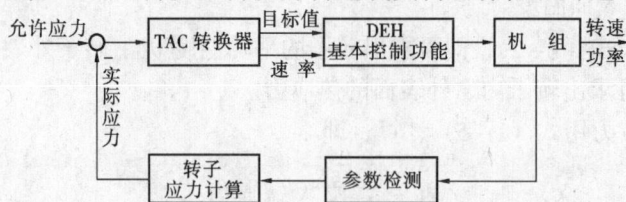

图 1-7　应力限制工作原理

通过 DEH 基本控制功能去控制汽轮机升速或变负荷，形成一个闭环控制过程。整个过程中要保证转子应力不超过允许应力值。

四、保护系统

汽轮机保护系统的功能为，当汽轮机运行中出现危险情况时，迅速关闭所有进汽阀门，防止发生重大事故，保护汽轮机设备安全。为了提高汽轮机保护系统工作的可靠性，保护系统还应具有在线试验功能。汽轮机保护系统由信号检测、跳闸逻辑、液压保护回路（含跳闸回路）等部分组成。

1. 汽轮机保护跳闸条件

按照"故障—安全"的设计思想，汽轮机保护跳闸条件应比较完备。常见的条件有：

（1）超速；

（2）凝汽器真空低；

（3）润滑油压力低；

（4）润滑油箱油位低；

（5）轴振动大；

（6）推力轴承磨损；

（7）轴向位移过大；

（8）凝汽器水位过高；

（9）凝结泵出口压力低；

（10）主蒸汽压力过高；

（11）主蒸汽温度过低；

（12）高压缸排汽室金属温度高；

（13）低压缸排汽室金属温度高；

（14）再热蒸汽温度高；

（15）转子应力过高；

（16）排汽室温度过高；

（17）控制油压力低；

（18）高压缸故障；

（19）发电机故障；

（20）锅炉主燃料跳闸；

（21）人工跳闸指令等。

每一台机组并不是一定具备上述全部跳闸条件。对于重要的跳闸条件，为了提高保护的可靠性，可设置多路测量信号，通常进行"三取二"逻辑处理后，再判断是否故障和实施跳闸。

2. 跳闸回路

为了提高保护回路动作的可靠性，跳闸回路和重要跳闸条件通常采用冗余设置，跳闸电路处于导通状态并可实行在线试验。跳闸回路受两个并列运行的保护通道控制，跳闸电磁阀SV1 被 Ⅰ 通道控制，SV2 被 Ⅱ 通道控制。两个跳闸电磁阀中的任何一个跳闸动作，都会引起安全油泄油，使各汽阀迅速关闭，保证汽轮机可靠跳闸。跳闸回路如图 1－8 所示。

图 1－8 中两个跳闸回路的跳闸电磁阀 SV1、SV2 在汽轮机正常运行时处于励磁状态，压力油 p 通过两个电磁阀进入安全油路 ETS，排油口截断，使蒸汽阀门开启。任何一个跳闸回

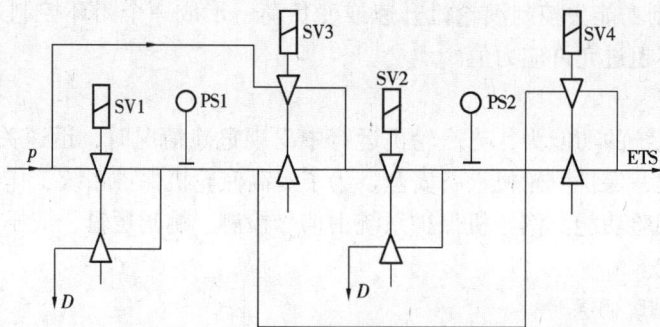

图 1-8 跳闸回路示意

路在跳闸指令出现后，相应的跳闸电磁阀将失去励磁，电磁阀失磁后截断压力油源，并使安全油通过排油口排走，各个进汽阀迅速关闭，汽轮机准确跳闸。电磁阀 SV3、SV4 为试验电磁阀，汽轮机正常运行时，试验电磁阀失磁，连通压力油与安全油路的跳闸电磁阀旁路被截断。进行任何一个跳闸回路的试验时，例如试验 SV1 跳闸回路，若使试验电磁阀 SV3 励磁，则电磁阀 SV1 被旁路，SV2 继续工作。在确认试验电磁阀已励磁并正常工作后，就可以模拟跳闸条件，使电磁阀 SV1 失磁，这样 SV1 后方一段管路中的压力油被排掉，压力开关 PS1 送出压力油压低信号，试验电路接收此信号后确认跳闸回路 SV1 工作正常。然后取消模拟跳闸条件，使 SV1 跳闸通道工作正常，这时试验电路使试验电磁阀 SV3 失磁，跳闸回路复位，试验结束。用同样办法可以试验另一个跳闸回路。

3. 保护系统结构

目前采用的汽轮机保护系统有两种结构：一种为纯电路组成的电子保护系统，除了跳闸回路为液压系统外，所有跳闸条件均为电气信号；另外一种是电路和机械液压装置联合组成的保护系统。后者一般保留离心飞锤所组成的机械超速保护回路和喷嘴式推力瓦磨损保护回路，它们直接控制安全油压实现汽轮机保护跳闸。纯电路保护通道原理如图 1-9 所示。

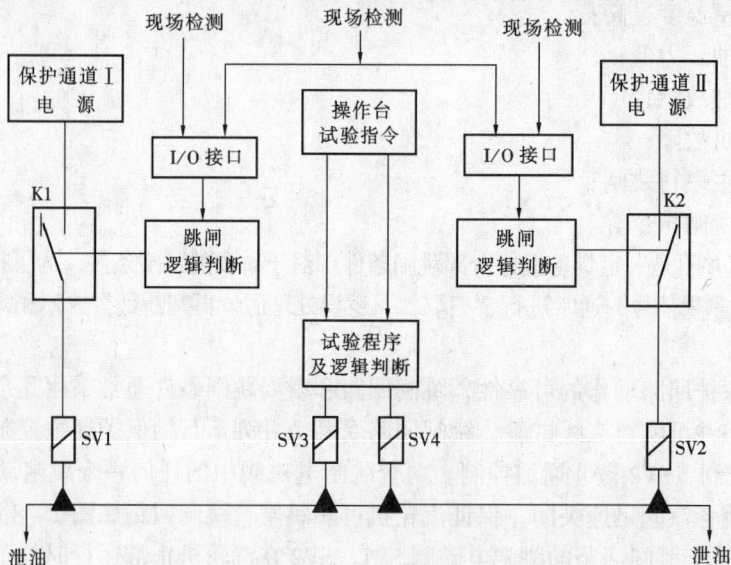

图 1-9 保护通道原理示意

并列运行保护通道Ⅰ和保护通道Ⅱ分别控制油路系统上的两个泄油电磁阀 SV1 和 SV2。正常运行时，开关 K1 和 K2 一直处于闭合状态，电磁阀 SV1、SV2 被励磁，安全油路建立正常油压，使各个蒸汽阀门开启，汽轮机正常运转。各种跳闸条件所对应的测量信号（开关量或者模拟量）经 I/O 接口送入系统的跳闸逻辑判断回路，一旦出现超限工况，经逻辑判断后发出跳闸指令，分别送至保护通道Ⅰ和保护通道Ⅱ，使开关 K1、K2 断开，跳闸电磁阀 SV1、SV2 失磁，切断压力油源，使安全油路泄油，蒸汽阀门快速关闭，汽轮机跳闸。

SV3 和 SV4 为试验电磁阀。当运行人员发出试验指令，经试验程序及逻辑判断回路判断允许后，发出控制指令，通过 SV3 和 SV4 对两个保护通道进行试验。试验原理如前面所述，试验过程按预先编制的通道试验程序进行。

五、液压伺服系统

液压伺服系统通常包括供油系统、液压执行机构两部分，有的 EHC 系统将汽轮机液压跳闸回路也包含在内。

1. 供油系统

供油系统向液压执行机构提供压力稳定的压力油，并保持油的理化特性。为了防止发生汽轮机油系统火灾，目前汽轮机控制用油多采用高压抗燃油，取代原来使用的汽轮机油。为了使液压执行机构具有较大的推力和较快的响应速度，电液调节系统供油压力多选用 12 ~ 16MPa。控制油直接用于驱动执行机构，对油质要求高。采用电液调节系统的汽轮机，绝大多数将轴承润滑油系统和控制油系统分开，各自配备独立的供油系统。

供油系统原理如图 1 - 10 所示。位于油箱 1 下方的交流高压油泵 3，通过滤网 2 将油箱中的抗燃油吸入，抗燃油经过油泵 3 升压后从泵出口送至压力滤油器 4 过滤。过滤后的高压抗燃油经过止回阀流入活塞式蓄能器 7，与蓄能器相连的高压油母管将高压抗燃油送到各执行机构。执行机构的压力回油经滤油器 8 过滤后进入冷油器 9，冷却后的抗燃油再注入油箱。

系统中设置两台交流油泵，一台运行，一台备用。卸荷阀 5 与活塞式蓄能器 7 相互配合，使油泵按间歇负荷方式

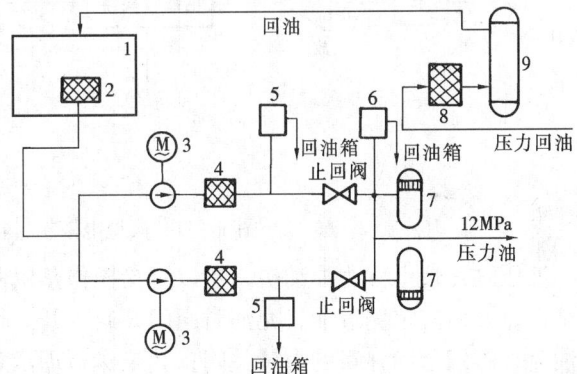

图 1 - 10　供油系统示意

1—油箱；2—滤网；3—交流油泵；4—压力滤油器；5—卸荷阀；6—溢流阀；7—蓄能器；8—滤油器；9—冷油器

工作。工作过程为，当卸荷阀未动作时，从油泵送出的压力油经止回阀向活塞式蓄能器充油。当蓄能器充油压力达到 14.7MPa 时，卸荷阀动作，使油泵出口至止回阀前管道中的压力油经卸荷阀直接向油箱排油。由于止回阀的作用，阀后管道中压力油不会倒流。此时油泵处于空负荷运行状态。压力油依靠蓄能器排油来补充控制用油的需要并维持系统油压。

当蓄能器油压跌到 12.6MPa 时，卸荷阀复位，关闭回油油路，使油泵再次向蓄能器充油，油泵又进入带负荷运行工况。高压油泵在承载和无载交变工况下运行，可以减小能量消耗，并且延长油泵的使用寿命，缺点是供油压力不太稳定。有的液压系统中，采用变量泵，可提高供油压力的稳定性。

位于压力油母管上的溢流阀 6 起过压保护作用。若卸荷阀故障使母管超压、压力达 16～16.5MPa 时,溢流阀动作,将压力油排至油箱。因此溢流阀可看作是卸荷阀的备用阀。

各执行机构的压力回油经过滤油器 8 过滤和冷油器 9 冷却后,重新回到油箱。

2.电液执行机构

电液执行机构是 EHC 系统中的重要组成部分,一般由液压缸(油动机)、阀位检测器、试验电磁阀和电液转换器等组成。以 300MW 机组 DEH 系统为例,要设置 10～12 套执行机构,分别控制 2 个高压主汽阀、4～6 个高压调节阀、2 个中压主汽阀和 2 个中压调节阀。典型的电液执行机构的工作原理如图 1－11 所示。阀门控制回路输出的阀位控制信号与阀位检测器送来的阀位反馈信号比较后得到阀位偏差信号,该信号经放大器放大,输出控制电流至电液转换器。电液转换器将控制电流转换为液压信号,控制油动机活塞缸的充油量使活塞移动,再经机械传动机构去调节阀的开度。阀门开度的变化经阀位检测器检测并转换为直流阀位反馈信号,再与阀位控制信号比较,两者相等时,油动机活塞位置稳定不动,阀门开度也保持不变。

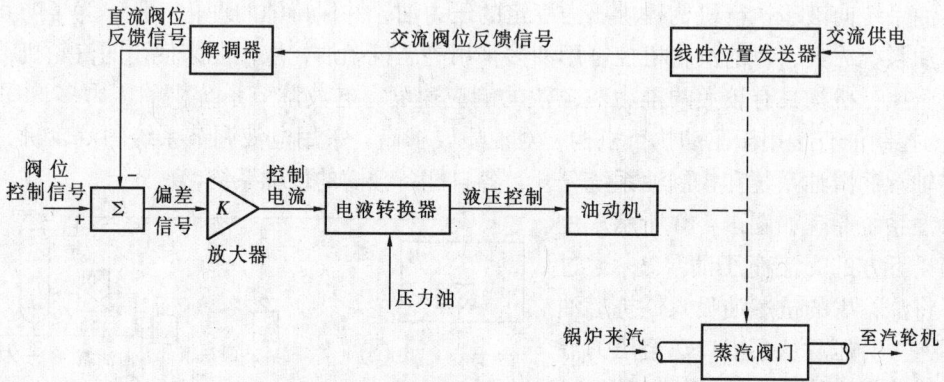

图 1－11　典型电液执行机构工作原理

液压缸习惯上称为油动机,用以直接操作蒸汽阀门。油动机大都采用弹簧复位液压开启式结构,液压缸单侧进油,充油时阀门开启,开启行程大小取决于液压缸充油量。当液压缸泄油时,阀门借助弹簧的力量关闭,其工作原理示意如图 1－12 所示。

阀位检测器用来测量阀门行程,通常采用线性差动变压器作为位移传感器。为了保证阀位反馈信号的可靠性,传感器采用冗余设置,两个位置传感器的输出经过大选器后送入阀位控制回路。位移传感器原理如图 1－13 所示。圆柱形铁芯随油动机活塞杆上下移动,铁芯外

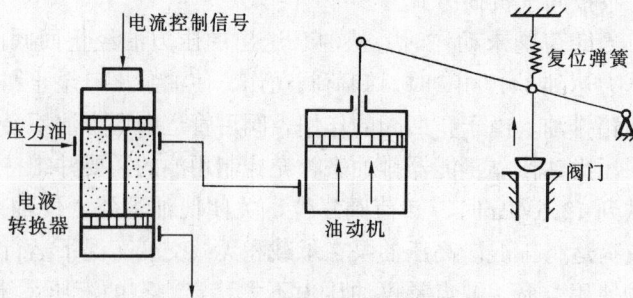

图 1－12　油动机工作原理示意

部有三组圆筒形线圈，中间为原边线圈，由 1kHz 交流电激励，两个完全相同的副边线圈 I 和 II 感应出电压。副边两个输出线圈反相串联，发送器输出电压为两者的电压差。当铁芯在中间位置时输出电压为零，铁芯偏离中间位置后二次侧有交流电压输出。铁芯偏离量越大，输出电压也越大。输出的交流电压经过解调器整流后，成为直流阀位反馈信号。

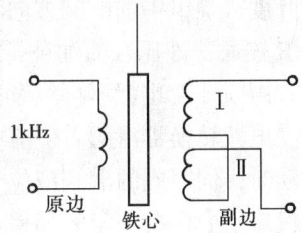

图 1-13　位移传感器

电液转换器又称电液伺服阀，用来将控制回路输出的电信号转换为液压信号，再经过放大后控制油动机去启闭阀门。电液转换器用于可调节的汽阀，如高、中压调节阀和汽轮机启动过程中可能使用的高压主汽阀。全关全开的阀门依靠建立安全油压来开启阀门，不配备电液转换器。电液转换器的典型结构如图 1-14 所示。

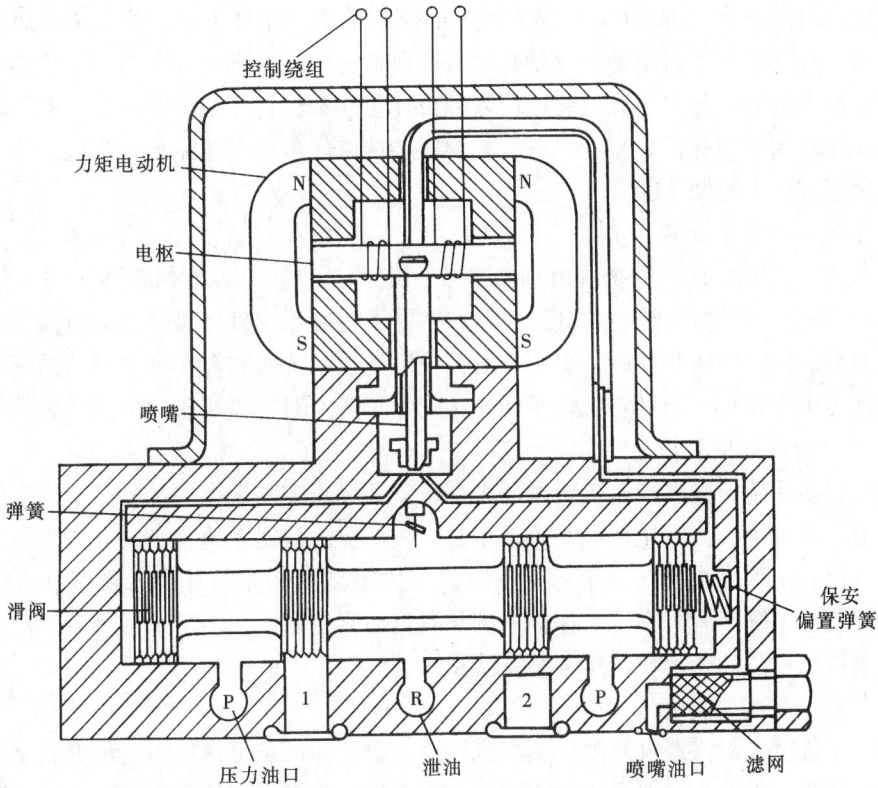

图 1-14　电液转换器结构示意

电液转换器由力矩电动机和液压放大滑阀组成。控制用压力油由喷嘴油口进入伺服阀，经过滤网过滤后进入可以随力矩电动机电枢摆动的喷油嘴。当喷嘴位于中间位置时，液压放大滑阀两端油缸腔室的压力相等，滑阀位于中间位置。力矩电动机的控制绕组有电流通过时，电枢随电流的方向变化而左右偏转，喷嘴也随之偏转。当喷嘴顺时针偏转时，滑阀左侧压力增大、右侧压力减小，滑阀向右侧移动，这时油口 1 与压力油口 P 连通。由于液压缸与油口 1 是相连通的，压力油就进入液压缸，推动阀门开启。当控制绕组的电流消失时，喷嘴回到中间位置，滑阀也回到中间位置，油口 1 被堵死，液压缸不再充油，阀门也就稳定到某一开度。绕组中的电流方向相反时，喷嘴偏转方向也相反，滑阀向左移动并将油口 1 和排油口 R 连通，液压缸的油被排出而阀门关小，直到控制绕组中的电流消失、喷嘴回到中间位置，阀门开度也就不再继续关小。

电液转换器滑阀右侧有一个保安偏置弹簧，它对滑阀施加一个向左的推力。油动机稳定不动时，伺服阀的滑阀应位于中间位置，堵死油口 1。为了平衡这个左向推力，要在力矩电动机绕组中保持一定的偏置电流，使喷嘴顺时针偏转一个角度，提高油缸左侧的压力，让滑阀两侧受到的力相互平衡。这样做的目的在于，当电液调节系统控制回路故障或失电时，借助保安偏置弹簧的力使滑阀向左移动，油动机油缸中的压力油通过油口 1 迅速排出，从而关闭汽轮机的进汽阀门。

六、自启停控制系统

(一) 自启停控制系统的功能

汽轮机自启停系统（TAC）是一个大范围的控制系统，原则上讲，汽轮机自启停控制系统应能自动完成汽轮机从启动准备开始直至带满负荷为止的全部操作。但由于主辅机运行方式、各个控制系统的控制水平以及制造厂家的设计思路和设计经验的不同，因此汽轮机 TAC 系统的功能和控制范围有很大差别。一台较为复杂的汽轮机自启停系统，自机组冷态启动到带满负荷应完成以下控制功能。

1. 盘车阶段的控制功能

TAC 系统首先通过 DAS 系统检查所有测点和电源是否正常，润滑油箱油温、油位是否正常等。在盘车启动的所有设备均处于正常状态时，控制系统发出指令，通过润滑油系统去启动润滑油泵。润滑油压建立后，盘车控制系统启动顶轴油泵和盘车电动机，循环水控制系统向凝汽器提供冷却水。当汽轮机转子转速达到盘车转速时，盘车阶段的操作全部结束。

2. 抽真空阶段的控制功能

检查控制油系统、凝汽器系统、循环水系统，工况正常时发出启动凝结水泵指令。检查仪表用压缩空气系统、抽汽止回阀系统，正常时发出投入汽封系统指令，并开启各部位疏水门。检查汽封系统和疏水系统，全部正常时发出关闭真空破坏门及投入凝汽器真空系统指令。检查控制油系统、调节系统、保护系统和凝汽器真空系统，全部正常且凝汽器内已建立真空时发出投入控制油系统和低压旁路系统指令。

3. 升速阶段的控制功能

检查转子挠度，凝汽器真空度，主蒸汽压力、温度和再热蒸汽压力、温度，全部正常时发出保护系统复位指令，开启高压主汽阀和中压主汽阀，投入汽轮机调节系统。检查热应力计算系统和汽轮机本体参数，包括轴承温度和缸壁温度等全部正常后，送出冲转升速指令，由调节系统实现汽轮机升速。当汽轮机转速超过盘车脱扣转速时，检查盘车装置应脱扣，顶轴油泵应停止。当汽轮机转速超过 2900r/min 时，送出停交流润滑油泵指令。当汽轮机转速达到暖机转速时，根据汽轮机热状态计算暖机时间，送出指令给调节系统。升速过程中，根据热应力计算系统的计算结果，随时指挥调节系统修正升速率。升速过程中，检查汽轮机本体参数，包括轴振动、胀差等。发现异常时送出指令使调节系统停止升速、转入保持状态，直至异常状态消失再继续升速。如果在规定时间内异常状态继续恶化，则发出指令，保护系统使汽轮机跳闸。正常升速到额定转速后即转入定速暖机。

4. 并网阶段的控制功能

检查发电机励磁系统是否正常，发出指令投入发电机励磁系统。检查汽轮机额定转速暖机时间和发电机电压，全部正常后发出指令投入发电机自动同期系统。在规定时间内，检查发电机主油开关和初始负荷的接带情况，若正常，则进入初始负荷暖机。

5. 带满负荷阶段的控制功能

初始负荷暖机过程结束后，送出指令，允许调节系统根据需要增加负荷。随时检查热应力计算系统的计算结果，在热应力超过规定值时发出指令给调节系统，降低变负荷速率。负荷超过规定值后发出指令给疏水控制系统，关闭所有疏水门。

在汽轮机启动过程的任一阶段出现异常工况或者人工发出停机指令，自启停系统都能自动按照与启动顺序相反的顺序将汽轮机退回到要求的阶段，或者退回到异常工况消失的阶段。由以上功能要求可以看出，汽轮机 TAC 功能既有自动调节内容，又有顺序控制内容，涉及面很广。为了实现汽轮机从冷态静止状态到带满负荷的全部自动操作，应设置以下控制系统。

（1）汽轮机调节系统；

（2）汽轮机保护系统；

（3）汽轮机监视系统；

（4）汽轮机热应力计算系统；

（5）润滑油顺序控制系统；

（6）控制油顺序控制系统；

（7）汽轮机盘车顺序控制系统；

（8）汽封控制系统；

（9）疏水顺序控制系统；

（10）循环水顺序控制系统；

（11）凝汽器真空顺序控制系统；

（12）凝结水控制系统；

（13）高、低压旁路控制系统；

（14）发电机励磁系统；

（15）发电机自动同期系统。

（二）ATC 功能的实现方案

汽轮机启动过程的安全是首先考虑的问题，所以要连续实时地监测转子应力。在应力裕度允许情况下，用最快速度升速，以缩短启动时间。增、减负荷时，也要根据应力裕度是否在允许范围内来决定变负荷速率，尽可能提高机组响应电网负荷要求的能力。因此汽轮机 TAC 控制的核心问题是应力控制。

此外，根据汽轮机运行规程和实际运行状态，完成启动过程的顺序控制也是 TAC 系统的一个主要功能。由此可见，汽轮机自启停系统担负着十分复杂的检测、计算、控制等任务，只有使用计算机才有可能实现这些任务。

大多数电液调节系统中配置专门的 TAC 控制计算机，完成数据检测，应力计算，升速率、变负荷速率控制等任务。程序按功能可以分为以下三类。

（1）检测、监视功能程序。包括：①高压缸汽室温度监测；②润滑油及轴承金属温度监视；③转子偏心度及振动监测；④盘车监测；⑤轴封、低压排汽及凝汽器真空监视；⑥胀差及轴向位移监视；⑦低压排汽压力及再热蒸汽温度监视；⑧传感器故障监视；⑨发电机监测。这部分功能程序用于检测、监视汽轮发电机组运行工况，为应力计算和 TAC 控制提供决策依据。

（2）应力计算功能程序。包括：①高压转子应力计算子程序；②中压转子应力计算子程序，这部分功能完成高、中压转子应力的实时计算和应力预测。

（3）控制功能程序。包括：①转子应力控制；②目标转速、升速率和变负荷速率控制；③高、中压缸进水检测及疏水阀控制；④暖机控制；⑤顺序控制。控制功能程序根据转子应力裕度确定机组的目标转速、升速率、变负荷速率。按机组启动顺序，执行汽轮机从盘车启动到同期并网、带负荷的自动操作和控制。

第二章

汽轮机电液调节系统的组成及功能

为了使读者对 DEH 的组成及功能有更深入的了解，本书中重点以某电厂 300MW 机组配套的 INFI - 90 数字电液调节系统为例加以介绍。

该电厂的 300MW 汽轮机为东方汽轮机厂制造，为一次中间再热两缸两排汽凝汽式汽轮机。它与相应容量的锅炉和汽轮发电机配套，构成大型火力发电机组，在电网中以带基本负荷为主，也可承担部分调峰任务。

该汽轮发电机组采用高压抗燃油数字电液控制系统，该系统从美国 BAILEY 集团 ETSI 公司引进，它可以和其他上位机取得联络实现机电炉的协调控制。控制系统具备如下基本功能。

(1) 汽轮机自动启动功能；
(2) 汽轮机自同期功能；
(3) 转子应力监控功能；
(4) 阀门管理功能；
(5) 转速调节功能；
(6) 负荷控制功能；
(7) 超速保护功能；
(8) 阀门活动试验功能；
(9) CCS 接口功能。

第一节　汽轮机本体简介 ⇨

一、主要技术规范

(1) 型号：N300 - 16.7/537/537 - 4（合缸）。
(2) 型式：亚临界中间再热两缸两排汽凝汽式汽轮机。
(3) 额定功率：300MW。
(4) 最大功率：330MW。
(5) 转速：3000r/min。
(6) 转向：从汽轮机向发电机方向看为顺时针方向。
(7) 额定蒸汽参数。
新蒸汽：（高压主汽阀前）16.7MPa/535℃。
再热蒸汽：（中压联合汽阀前）3.3MPa/535℃。
背压：冷却水温为 20℃时，设计背压为 5.20kPa。
(8) 额定新汽流量：935t/h。

（9）最大新汽流量：1025t/h。

（10）回热系统：由三个高压加热器、三个低压加热器和一个除氧器构成，除氧器采用滑压运行，各加热器疏水逐级自流。

（11）通流级数：总共28级，其中

高压缸：1调节级+8压力级。

中压缸：6压力级。

低压缸：2×6压力级。

（12）给水泵拖动方式：3×50%B－MCR电动调速给水泵。

（13）轴系临界转速。

第一临界转速区：1353～1453r/min。

第二临界转速区：1616～1816r/min。

二、机组运行特点

1. 启动状态

本机组启动状态的划分是根据高压内缸上半调节级后的金属温度来确定的。电液调节系统采集该点的温度，并通过相应的程序判断当前的启动状态。共有以下四种启动状态。

冷态启动：温度小于150℃。

温态启动：150～300℃。

热态启动：300～400℃。

极热态启动：温度大于400℃。

2. 启动方式

本机组具有中压缸启动和高中压缸联合启动两种方式。中压缸启动方式，具有降低高中压转子的寿命损耗、改善汽缸热膨胀和缩短启动时间等优点。中压缸启动时，在机组冲转前、锅炉点火升温时，蒸汽通过高压旁路，倒暖阀RFV进入高压缸，对高压缸预暖，同时对高压主汽管、高压主汽调节阀和再热器、中压联合汽阀进行加热；与锅炉点火同时，凝汽器开始抽真空，在高压内缸预暖到150℃时可以逐渐开启中压调节阀进行冲转，中压调节阀打开的同时，关闭倒暖阀RFV，开启通风阀，联通至凝汽器的真空系统，高压缸内呈现高真空。并网后进一步开大中压调节阀增加负荷，同时逐渐关闭低压旁路。低压旁路全关后，进行高中压缸切换，即开启高压调节阀，蒸汽流过高压缸，高压排汽止回阀自动打开，同时关闭通风阀，并投入高压缸夹层加热系统。

高中压缸联合启动时，高中压缸同时进汽，当机组负荷达到30%以上时，中压调节阀全开，由高压调节阀控制机组功率。

3. 运行操作控制方式

机组运行中有以下三种运行操作方式。

（1）运行人员手动方式（手动）。该方式时，运行人员通过操作盘"阀增"、"阀减"按钮，手动改变阀位，实行手动调节。

（2）运行人员自动方式（半自动）。该方式时，由运行人员给出每个阶段的目标值，由电液调节系统自动形成设定值，通过PI运算后形成指令，由阀门管理程序形成各阀门的开度指令。

（3）汽轮机自启动方式（全自动）。该方式下，由DEH系统根据机组的热状态及运行工况给出各个阶段的目标值、升速率，通过基本控制回路控制机组的转速和负荷，不需要运行人员干预，控制汽轮机自动完成冲转、升速、同期并网、带初负荷等启动过程。

4. 阀门管理

为了进一步提高机组运行的经济性和安全性，本机组采用了阀门管理方法，能够实现节流调节与喷嘴调节的无扰切换。采用节流调节方式，可使汽轮机快速启停和变负荷时不致产生过大的热应力，减少机组寿命损耗；在正常负荷范围内采用喷嘴调节变压运行方式，可使机组有最好的热经济性和运行灵活性。

采用喷嘴调节、部分进汽时，当Ⅰ、Ⅱ号调节阀阀杆开启到 24.6mm 时，Ⅲ号调节阀开启；当Ⅲ号调节阀阀杆行程达到 15.8mm 时，Ⅳ号调节阀开始开启。

采用节流调节、全周进汽时，高压部分四个调节阀根据控制系统的指令经阀门特性曲线校正后形成各个阀门的开度指令，阀门同时开启，对应于 4 组喷嘴同时进汽。

再热蒸汽通过 2 个中压联合汽阀从汽缸下半左、右两侧分别进入中压部分，中压部分为全周进汽。中压联合汽阀内主汽阀和调节阀共用 1 个阀座，由各自独立的油动机分别控制。流量在 30% 以下时，中压调节阀起调节作用，以维持再热器内必要的最低压力，流量大于30% 时，调节阀一直保持全开，仅由高压调节阀调节负荷。

5. 转子寿命管理

为了把转子热应力作为指导启动运行的主要依据，并应用寿命损耗概念对机组进行科学技术管理，本机组配置了转子应力监控功能，转子应力程序提供应力和温度计算的有关信息，汽轮机自启动功能（ATC）根据这些信息作出汽轮机启动和升负荷的判据。汽轮机运行寿命如表 2-1 所示。

表 2-1　　　　　　　　　　　汽轮机运行寿命

状　　态	周期寿命（次）	每次寿命消耗量（%/次）	30 年的寿命消耗量（%）
冷态启动	200	0.05	10
温态启动	1000	0.015	15
热态启动	2000	0.01	20
极两态启动	100	0.01	1.0
正常停机	4000	0.0001	0.4
负荷变化	13000	0.0001	13
带厂用电	10	0.01	0.10

6. 调峰

本机组可以按定压和定—滑—定两种方式运行。

调峰运行时宜采用定—滑—定运行，机组在 90% ECR 负荷以上时采用定压运行；机组在 40% ~ 90% ECR 负荷时采用滑压运行；机组在 40% ECR 以下负荷时采用定压运行。这种运行方式能够提高机组变工况运行时的热经济性，减少进汽部分的温差和负荷变化时的温度变化，因而降低了机组的低周热疲劳损伤。

定压运行允许的最大负荷变化率为 3% ECR/min。

滑压运行时允许的最大负荷变化率为 5% ECR/min。

机组最小稳定负荷应取决于锅炉的低负荷能力和机组末级叶片振动特性。在自动控制没有投燃油燃烧情况下，用煤最小稳定燃烧负荷是 40% MCR，通过旁路系统调整，汽轮机最小负荷是 30%MCR。

7. 热力系统

简化的热力系统如图 2-1 所示。从锅炉过热器出来的主蒸汽经过系统两根主蒸汽管和两个电动阀门进入高压主汽阀，然后再由四根高压主汽管导入高压缸。在高压缸内做功后的蒸汽通过两个高压排汽止回阀，经两根冷段再热蒸汽管进入锅炉再热器。再热后的蒸汽温度升高到 537℃，压力为 3.3MPa，再经过两根热段再热蒸汽管进入中压联合汽阀，然后由两根中压主汽管导入中压缸。高压旁路蒸汽从电动阀门前引出，经一级减温减压后排至再热器冷段；低压旁路蒸汽由中压联合汽阀前引出，经二级和三级减温减压后排至凝汽器。

凝结水经凝升泵、低压加热器、除氧器、给水泵、高压加热器到锅炉。

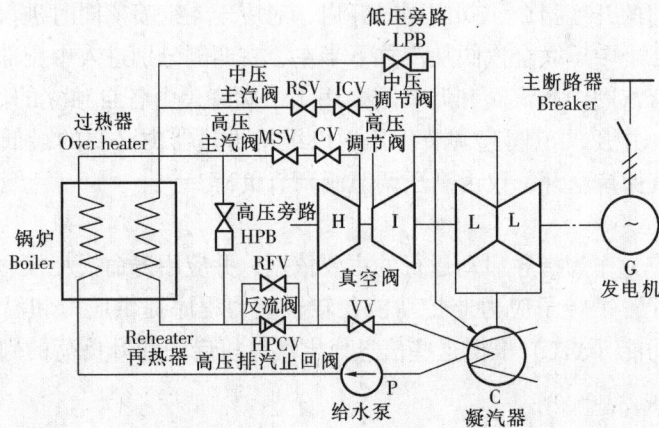

图 2-1 热力系统简图

第二节 DEH 系统组成 ⇨

DEH 系统由两大部分组成，即液压控制系统和电气控制系统。液压控制系统作为调节系统的动力单元，用以驱动阀门，使阀门的开度按照阀位指令而改变；电气控制系统实现各种控制功能，如转速控制、功率控制、手/自动切换等，并最终形成各个阀门的阀位指令。

一、液压控制系统

液压控制系统的功能是：

(1) 向各阀门油动机提供符合标准的高压动力油（12.4MPa）；

(2) 驱动各阀门并使阀门能够停止在需要的位置；

(3) 当需要时，能够快速遮断汽轮机进汽。

液压控制系统由供油系统、液压执行机构及危急遮断系统组成。

1. 供油系统

供油系统的功能是提供符合标准的压力油，它由以下几部分组成。

(1) 油箱；

(2) 两个高压油泵；

(3) 两组高压蓄能器；

（4）四组低压蓄能器；

（5）油过滤及冷却回路；

（6）再生滤油装置。

2．液压执行机构

本机组共有十只阀门，分别是高压主汽阀 MSV1、MSV2，高压调节阀 CV1、CV2、CV3、CV4，中压主汽阀 RSV1、RSV2，中压调节阀 ICV1、ICV2。每只阀门都配有独立的油动机，其中 8 台油动机为连续控制型（位置式）执行机构，2 台油动机为两位控制型（开关式）执行机构，所有的油动机均为单侧进油，以保证在失去动力油源的情况下，油动机能够关闭。EH 油系统如图 2-2 所示（见书末插页）。

从机头往发电机方向看，把高压阀门分为左侧高压阀组和右侧高压阀组，十个阀门的编号和布置情况如图 2-3 所示。由图知，左侧高压阀组包括高压主汽阀 MSV1，高压调节阀 CV2、CV3；右侧高压阀组包括高压主汽阀 MSV2，高压调节阀 CV1、CV4。同理，中压阀组也分为左、右两组。左侧中压阀组包括中压主汽阀 RSV1 和中压调节阀 ICV1；右侧中压阀组包括中压主汽阀 RSV2 和中压调节阀 ICV2。

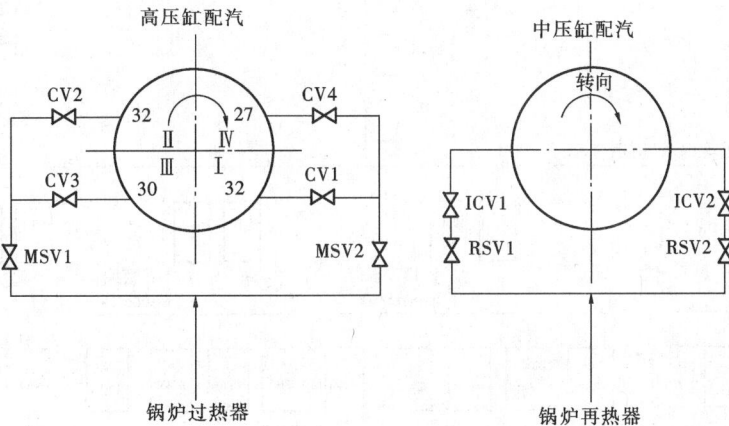

图 2-3　阀门的编号

3．危急遮断系统

供油系统中，两台高压油泵一台运行，一台备用，其出口压力油经滤油器进入高压油管道，形成系统高压油。系统高压油压力由泵及蓄能器共同维持。

高压油作为驱动油动机的动力油，使油动机活塞带动阀杆，改变阀门的开度。而油动机活塞下部油压的建立，首先要关闭各执行机构卸荷阀控制的排油口，而卸荷阀则接受高压保安油（HPT）及超速限制油压（OSP）的控制。汽轮机挂闸后，建立高压保安油及超速限制油压，使卸荷阀关闭。

HPT 油压由高压遮断集成块和机械遮断阀控制，高压油经各主汽阀执行机构的节流孔及卸荷阀形成高压安全油（HPT）。当机组需要遮断时，高压遮断集成块及机械遮断阀动作，泄掉 HPT 油，同时通过单向阀泄掉 OSP 油，使卸荷阀开启，泄掉油动机活塞下压力油，在阀门操作座弹簧力的作用下，主汽阀和调节阀快速关闭，遮断汽轮机进汽。

OSP 油压由超速集成块控制，高压油经过各调节阀执行机构的节流孔及卸荷阀形成超速限制油压。当发生甩负荷工况或机组转速大于 103％额定转速时，超速限制集成块动作，泄掉 OSP 油，使各调节阀油动机的卸荷阀打开，泄掉调节阀油动机下部油压，各调节阀在阀门操作座弹簧力作用下，快速关闭，待工况恢复正常或一定时间后再重新打开各调节阀。

危急遮断系统由低压保安系统、高压保安系统、高低压接口装置三部分组成，三部分协调动作，完成机组挂闸和遮断任务。

二、电气控制系统

DEH 电气控制系统是以微型计算机为核心的分散控制系统，可方便地完成数据采集、过程控制、操作与监控等功能。工程师站能方便的对控制逻辑进行设计、调试和修改。INFI－90 DEH 电气控制系统结构框图如图 2－4 所示。

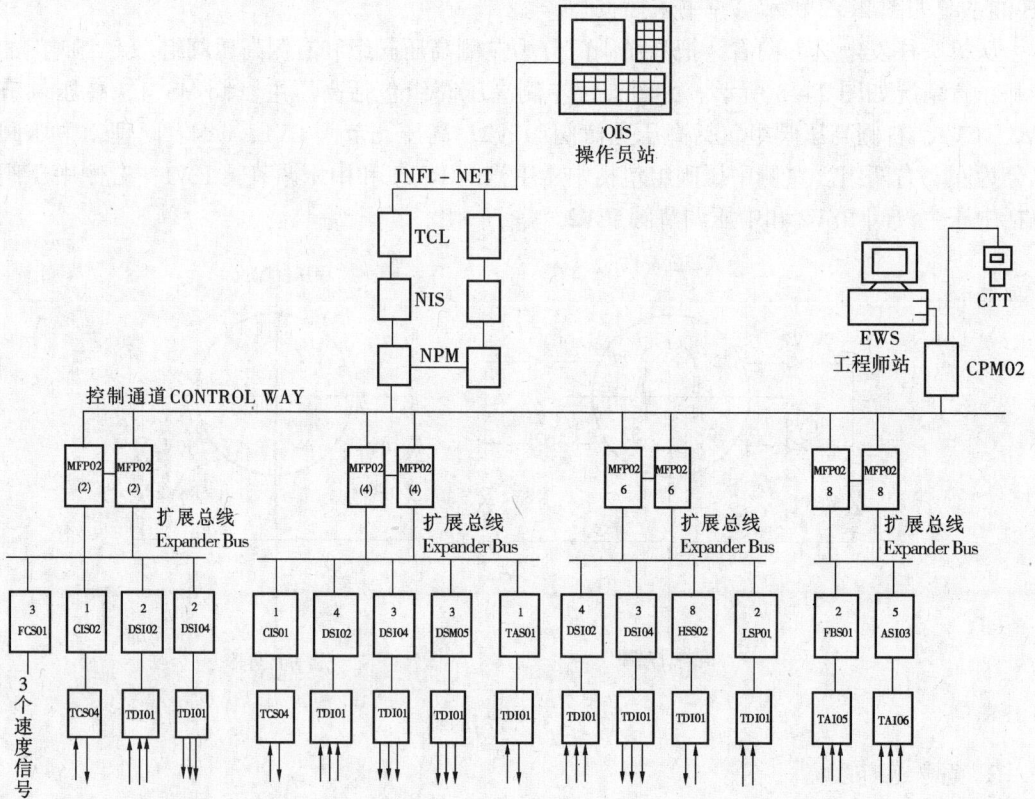

图 2－4　INFI－90 DEH 电气控制系统结构框图

现场就地信号经过端子单元送到 I/O 模件，多功能处理器 MFP 经 I/O 扩展总线周期地采集各 I/O 模件的数据。为了提高系统的可靠性，多功能处理器模件 MFP 采用一用一备的冗余配置。两个 MFP 共用一个 I/O 扩展总线完成与相应的 I/O 模件的通信，并处理例外报告、执行用户的控制方案。多功能处理器模件 MFP 模件与同一过程控制单元 PCU 内的其他 MFP 模件通过过程控制通道实现双向通信。

过程控制单元 PCU 的计算结果经 INFI－NET 环路送给其他 PCU 或操作员接口站；也可通过 INFI－NET 环路接收人机接口或其他 PCU 的信息。

（一）DEH 系统硬件

DEH 控制系统硬件包括 4 个机柜、1 台打印机、1 个操作员站、1 个硬操作盘（HOP）和 1 个工程师工作站。

1．四个机柜

1号机柜为模件柜，包括电源模件、各种主模件和各种子模件。机柜内共有7个模件机架，第一个机架中共有11块IEPAS02电源模件，它可以提供±15VDC和+24VDC电源；电源模件提供给各种主模件、子模件和端子单元电源。

2号机柜为端子单元和继电器柜，主要包括：

（1）数字输入/输出端子单元NTDI01（×16）；

（2）连接硬操作盘的端子插座J1、J2、J3、J4、J5、J6；

（3）继电器，有24V继电器和110V继电器两类。

3号机柜为端子单元柜，配置如下：

（1）数字输入/输出端子单元NTDI01（×8）；

（2）模拟输入子模件端子单元NTAI06（×3）；

（3）模拟输入子模件端子单元NTAI05（×3）；

（4）液压伺服端子单元NTHS03（×8）。

4号机柜为OIS驱动器柜，包括主机、硬盘和软盘驱动器等，外部连接有CRT和打印机。

2．操作员站

操作员站配置有CRT显示器和操作键盘。CRT显示器和操作键盘为运行人员与汽轮机控制系统进行人机对话的主要设备。CRT显示器为19″彩色显示器，与薄膜键盘配合显示多种画面、数据，在CRT上可观察过程状态；利用键盘可修改参数，投切某些功能。

3．硬接线操作盘

运行人员通过硬接线操作盘对过程控制进行各种操作，它是辅助的人机对话设备。

4．打印机

对各种重要的记录、报表、趋势、画面等进行打印、存档。

5．工程师站EWS

工程师站是专用于工程设计、组态、调试、监视系统的工具。它以个人计算机为基础，配有系统开发软件SCAD和SLDG。借助SCAD软件可对控制系统的逻辑进行在线和离线的组态，借助SLDG专用软件可对OIS的数据库和显示图形进行修改、组态。

（二）DEH控制系统软件

INFI-90控制软件是一套适应过程控制的软件，该软件使用方便、易于调试，使用户能进一步开发系统。DEH控制系统软件包括用于过程控制多功能处理器MFP的软件、操作员接口站OIS的应用软件及组态软件三部分。

1．用于过程控制MFP的软件

由于INFI-90系统中PCU是完成过程控制的设备，所以其中担当重任的多功能处理器MFP为应用软件的核心，其软件由回路控制、顺序控制、数据采集和优化控制等功能构成。为模块化结构，INFI-90提供了一系列完全不同功能的软件模块，其实质是标准子程序，为了便于使用这些软件模块构成具体的功能，每个软件模块都编排了不同的代码，称为功能码（FC）。每一种主模件的ROM中，存放该主模件组态所使用的功能码，称为功能码数据库。在MFP中，已固化了以下几类的200多种功能码。

（1）函数运算类功能码；

（2）控制算法类功能码；

（3）与硬件接口类功能码；

（4）脉冲与定时器类功能码；

（5）通信类功能码；

（6）常数设定类功能码；

（7）信号转化与选择类功能码；

（8）输入/输出类功能码；

（9）模件控制类功能码。

当选用一个功能码时，必须指定一个块号（即块地址），它实际上表示执行功能码的顺序号，该选定了的功能码称为功能块。对于每个功能块，其完整的地址由以下四部分构成。

（1）环路地址；

（2）PCU 地址；

（3）模件地址；

（4）块号。

要使功能码完成其特定的功能，必须对功能码组态，即根据控制方案，选择合适的功能码，将其相互连接，并对每个功能块指定其具体功能，将其存放到主模件的 NVRAM（非易失性 RAM）中。实现功能码组态，有以下几种方法。

（1）使用组态调整模件 CTM01 或 CPM02 及组态调整器 CTT02，在 PCU 中通过控制通道（CONTROL WAY）或模件总线（MOUDLE BUS）可对 PCU 中的任意主模件进行功能码的在线组态、监视和调整。

（2）使用操作员站 OIS 上的 PCU 组态环境，通过 INFI 环路可对任意 PCU 中的任意主模件进行功能码的在线组态、监视与调整。

（3）使用工程师站 EWS 上运行的 WCAD/SCAD 软件，用作图的方法进行功能码的离线组态，然后下装到指定的主模件，并可对组态进行在线的监视、修改与调整。

DEH 控制系统的控制软件可分为以下四大类。

（1）汽轮机超速保护部分（简称 AB）的控制逻辑，软件驻留在 2 号 MFP 模件中，主要功能有转速测量信号处理、103% 超速报警和 110% 电超速保护等。

（2）汽轮机自动部分（简称 AD）的控制逻辑，软件驻留在 4 号 MFP 中，主要完成 PID 计算，实现目标值给定、遮断试验、喷油试验、负荷反馈、负荷限制等功能。

（3）汽轮机阀门管理（简称 AF）的控制逻辑，软件驻留在 6 号 MFP 模件中，主要完成阀门的控制和管理，实现远方挂闸、快卸负荷、单顺阀切换、阀门活动试验等功能。

（4）汽轮机自启动部分（简称 AH）的控制逻辑，软件驻留在 8 号 MFP 模件中，主要完成应力计算等功能。

2．OIS 中的应用软件

OIS 中有实时多任务操作系统支持设备的运行，OIS 的数据库、图形软件等存在硬盘中。对 OIS 组态的设备是工程师站 EWS，组态软件是 SLDG，该软件的作用是记录数据库软件包，用户可以使用这个软件进行组态、编辑有关运行画面、标签、趋势记录等。

3．组态工具软件

INFI – 90 系统在 EWS 内装有组态工具软件包，这些软件可针对不同的软件进行开发。

（1）SCAD 软件包，交互式图形程序；

（2）SLDG 软件包，用于 OIS 和 MCS 离线组态。

（三）操作与监视

INFI－90 电调系统配置有操作员接口站 OIS，还有一硬接线操作盘。对汽轮机的控制既可通过 OIS 实现，也可通过硬接线操作盘（HOP）实现。

通过操作员接口站 OIS，操作员可以在 CRT 上进行监视和控制汽轮机。操作员选定要进行控制的相关画面，对某个参数进行调整时，首先激活该参数，键入要求的参数值并按下"输入"键，该值经操作员接口站主机处理后，经 INFI－90 网络传送至过程处理单元 PCU，再经网络接口模件接收并调整该参数值；过程处理单元将调整了的信息馈送给操作员接口站，操作员接口站将该参数的变化反映在 CRT 上。操作员观察到原参数值变为调整后的数值，表明该参数已被多功能处理器接收到。在操作员接口站，可对 DEH 的全部功能进行控制。

硬操作盘是一个辅助的人机接口，通过该操作盘可对控制设备及汽轮机进行操作，并能直观地监视设备的运行状态。硬操作盘上布置有常规的数码显示表、试验钥匙开关和带灯按钮。在硬操作盘上操作时，当按下按钮或试验开关切至试验位置时，相应的触点信号送至 2 号或 3 号端子柜，由专用的带光电隔离的预制电缆分配给相应的子模件，然后再经过子模件处理后送至多功能处理器模件 MFP。多功能处理器模件根据用户组态的控制策略完成相应的控制功能，同时多功能处理器送回相应的状态信息到硬操作盘上，进行状态显示，此外它还显示转速、负荷、变量等。在硬操作盘上，可实现 DEH 的绝大部分功能。

第三节　DEH 系统的功能 ⇨

INFI－90 电液调节系统功能完善，能方便灵活地控制汽轮机的运行。

1. 挂闸

挂闸是使汽轮机的保护系统处于警戒状态的过程。当有"停机"和"所有阀关"信号时，操作员按下"挂闸"按钮，可使汽轮机挂闸。当有以下条件出现时，表明汽轮机已挂闸。

（1）危急遮断器滑阀在上止点；

（2）透平保安油压建立，压力开关 PS4、PS5、PS6 闭合；

（3）薄膜接口阀关闭；

（4）主汽阀上高压保安油压建立，且危急遮断器滑阀上腔室油压建立，即压力开关 PS3 闭合。

2. 自动整定伺服系统静态关系

整定伺服系统静态关系的目的是使油动机在整个行程上均能被伺服阀控制，使阀位给定与油动机的升程满足以下关系：

给定 0～100%→升程 0～100%

为保证此对应关系有良好的线性度，要求油动机上作反馈用的线性差动变压器 LVDT 在安装时，应使其铁芯在中间线性段移动。

在汽轮机启动之前，DEH 可同时对 8 个油动机快速地进行整定，以减少调整时间。机组并网后，也可对 8 个油动机进行分别整定。

3. 启动前的逻辑控制

DEH 系统采集高压内缸上半调节级后的金属温度，自动判断机组的启动状态；采集高压内缸、主汽阀阀壳的温度，自动判断是否需要预暖，若需预暖，发出预暖请求信号，当预暖满足要求时，发出预暖完成的状态信息；根据旁路的投入情况及机组的状态，自动选择启动方式。

4. 转速控制

在操作员自动方式下，由操作员给出目标转速、升速率，电液调节系统通过计算给出每个周期的给定值，并与实际转速求偏差进行 PI 运算，通过调节系统使实际转速与给定转速相等。电液调节系统可以判断机组转速是否处于临界转速区，若在临界转速区，自动提高升速率，可实现快速过临界。根据机组的启动要求，可实现定速暖机。升速到额定转速时，可投入同期，使机组并网。

5. 负荷控制

机组升速到额定转速后，同期并网，进入带负荷阶段，负荷控制是电液调节系统最主要、最基本的功能。在负荷控制方式下，电液调节系统可实现如下功能。

（1）并网带初负荷；

（2）升负荷，暖机；

（3）定—滑—定升负荷；

（4）调节级压力反馈控制；

（5）负荷反馈控制；

（6）主汽压力反馈控制；

（7）一次调频；

（8）CCS 控制；

（9）高负荷限制；

（10）低负荷限制；

（11）阀位限制；

（12）主蒸汽压力限制；

（13）快卸负荷。

6. 疏水控制

电液调节系统根据机组的实际功率发出疏水控制指令，当机组负荷大于 10% 时，发出关闭高压疏水的指令；当机组负荷大于 20% 时，发出关闭中压疏水的指令；当机组负荷大于 30% 时，发出关闭低压疏水的指令。

7. 单阀/顺序阀转换

为了提高机组运行的热经济性和减小机组的热应力，本机组采用阀门管理方法。电液调节系统根据运行人员的指令及机组运行状态选择单阀或顺序阀运行方式，并在相互切换时，尽量减小负荷的波动。

8. 超速保护和负荷不平衡保护

电液调节系统实时采集机组的转速、中压排汽压力及主开关状态；当发生 103% 超速时，则迅速动作超速限制电磁阀，关闭所有调节阀及蝶阀，使机组的转速尽快稳定在额定转速；当发生 110%超速时，发出跳闸汽轮机信号，使机组跳闸；当发生负荷不平衡工况时发出中调阀快关指令，使机组的机械功率与电功率尽快趋于一致。

9. 在线试验

为了保证保护系统、控制装置动作的可靠性，设置在线试验功能。它包括喷油试验、高压遮断电磁阀试验、阀门活动试验，以及电超速保护试验和机械超速保护试验等。

10. ATC 应力控制

汽轮机自启动（ATC）控制的核心是应力控制，原则上讲，自启动功能可实现机组从盘车状态到冲转、同期、并网、带负荷的全部操作，无需运行人员干预。汽轮机自启动 ATR 程序有两种运行方式：控制方式和监视方式。在控制方式下，ATR 将承担选择设定点，选择加速率等任务，这是在无运行人员的干预下进行的，所有的状态信息将显示在 CRT 上并由打印机打出。在监视方式下，ATR 仅限于监视变化的参数并打印相关的报警信息，给运行人员的操作提供参考，汽轮机的冲转、同期等则要求运行人员的干预。

11. 控制方式切换

DEH 有三种控制方式：手动、半自动和全自动。由低级向高级控制方式切换时必须有运行人员的干预；而由高级向低级方式切换时，可自动实现，不一定必须有运行人员干预。

DEH 刚上电时，首先进入紧急手动方式，自检后 HSS 无故障则进入手动方式。在手动方式下，与自动控制有关的许多功能均不能投入。若条件允许，操作员发指令后可切换到自动方式，在自动方式下可以切换到 ATC 方式。机组运行中一般选择自动方式。

第三章

液压控制系统

汽轮机的液压控制系统主要由高压抗燃油供油系统、液压伺服系统、危机遮断系统组成。液压系统接收电液调节系统（DEH）发出的指令，完成机组的挂闸、阀门驱动、遮断等任务，确保机组的安全、稳定运行。

第一节　高压抗燃油供油系统 ⇨

高压抗燃油供油系统由供油装置、再生滤油回路、油冷却系统、油加热装置、高压蓄能器组等组成，采用集装式结构。供油系统的功能是向调节保安系统各执行机构提供符合标准的高压动力油（压力为 11～14MPa）。

一、高压供油装置

高压供油装置由油箱、两台变量补偿式柱塞泵（EHC PUMP）、高压集成块等组成。

1. 油箱

用于储存抗燃油的油箱为不锈钢材质。一个贯穿油箱的隔板将回油与泵的吸入口分开，回油进入油箱液面以下，绕过隔板到达泵的吸入口，这样就延长了回油在油箱的停留时间，足以使油中的杂质、空气与油分离。

油箱顶部装有空气滤清器（包括干燥剂和过滤器），以防止湿气及空气中的杂质进入油箱。干燥器有一个彩色指示器，当其显示粉红色时，表示需要更换干燥剂，过滤器可在正常运行中更换。油箱顶部装有两只用来吸附磁性杂质的磁棒，并可在运行中清洗。油箱配有带球阀的排污口及采样口。

受恒温控制的浸入式油加热器（1个）可维持停机期间的油温。

油箱配有液位计，其设定值如下：

（1）油箱油位离油箱顶部距离大于 330mm 时，发出报警信号。

（2）油箱油位离油箱顶部距离大于 406.4mm 时，停主油泵、循环泵、再生泵及加热器。

油箱上设有三个温度开关实现油温连锁：

（1）当油温高于 57℃时，报警；

（2）当油温低于 24℃时，报警；

（3）当油温低于 18℃时，停泵。

2. 主油泵（EHC PUMP）

两台主油泵均为压力补偿式变量柱塞泵，当系统流量增加时，系统油压将下降，如果油压下降至压力补偿器设定的压力值时，压力补偿器会调整柱塞的行程，将系统压力和流量提高；同理，当系统用油量减少时，压力补偿器减少柱塞行程，使泵的排油量减少，使油压维持在设定值。

两台主油泵安装在油箱的下方，以保证进油压头，其中一台运行，一台备用，泵出口压力油经高压集成块进入压力油管道。

3. 高压集成块

每台泵的出口都装有一个铝制的集成块，集成块包括一个排汽阀，一个卸荷阀，两个带差压开关的滤油器并联，一个单向阀，一只出口压力表，压力开关以及隔离阀，如图 3-1 所示。高压集成块中各部件的作用如下。

(1) 出口压力开关：当泵出口压力下降至约 10.3MPa 时，自动启动备用泵。

(2) 出口压力表：就地指示油压。

(3) 排汽阀：将油循环产生的油烟排出回路以外。

(4) 并联滤油器：过滤精度为 3μm，正常时同时投入使用，更换时必须先将对应的泵停止；每只滤油器除具有就地差压指示器外，还有差压开关 PDS1，当差压达到 0.55MPa 时，发出报警信号。

(5) 隔离阀：关闭隔离阀，切断油路，可对执行机构进行检修或更换。

(6) 单向阀：当油泵停止运行时，使油不会倒流。

(7) 卸荷阀：动作值整定为 13.4MPa，当油压达到卸荷阀动作值时，卸荷阀动作，使油泵在空负荷下运行，防止系统油压超压。

图 3-1　高压集成块

1—单向阀；2—隔离阀；3—并联滤油器；
4—排汽阀；5—卸荷阀

二、油过滤及冷却回路

再生滤油回路和冷却系统由一台循环泵、低压集成块、冗余的热交换器组成，如图 3-2 所示，用来过滤和冷却抗燃油。

1. 循环泵

循环泵的型式为定量容积式齿轮泵，安装在油箱下方，具有独立的抗燃油吸入口，同时还具备有充油接口，用来向油箱加油，其主要性能参数如下：

(1) 功率：1.5kW。

(2) 转速：1500r/min。

(3) 工作电源：3 相 380VAC，50Hz。

(4) 再生循环流量：24.6L/min。

(5) 控制电源：AC220V。

(6) 再生循环流量低报警值：15.5L/min。

2. 低压集成块

低压集成块由滤油器、隔离阀、卸荷阀等组成。图 3-2 下部所示为低压集成块，其中，

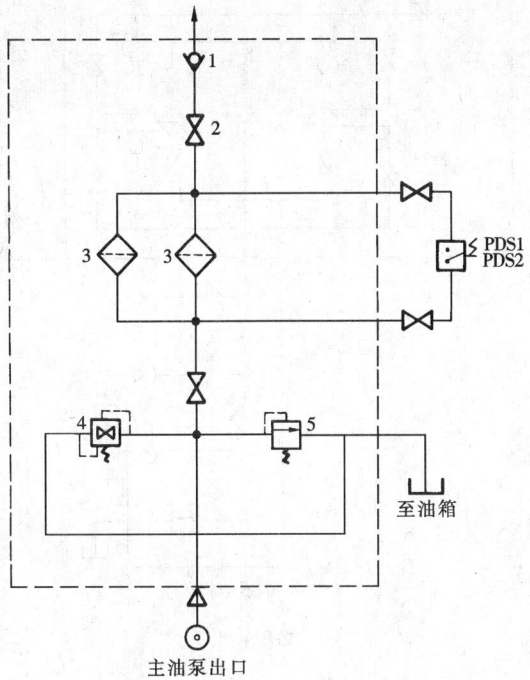

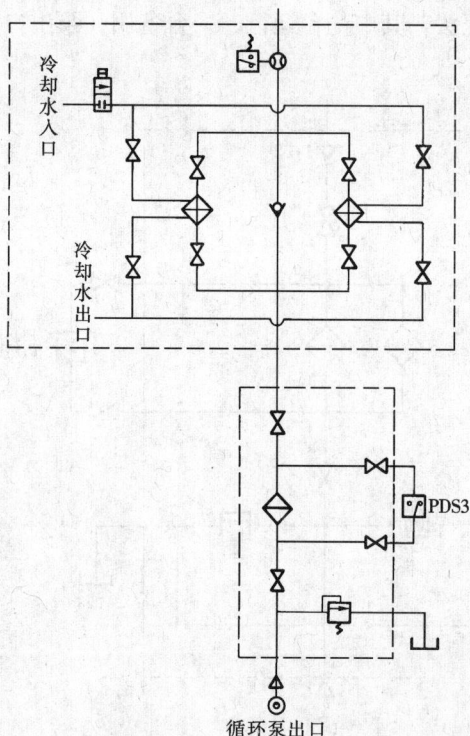

冷却水入口

冷却水出口

PDS3

循环泵出口

图 3-2 冷却系统

滤油器的规格为 $3\mu m$，卸荷阀的动作值为 1MPa，当回油压力达到 1MPa 时，它将使回路卸压并将油引回油箱，当滤油器差压达到 0.55MPa 时，对外发出报警信号，滤油器在回路停运时方可维修。

3．冷油器

冷油器组件包括两个并联的冷油器，油及水的进出口都装有隔离阀，以便一只冷油器阻塞时，另一只可正常工作。

冷油器的管侧为水，壳侧为油，管侧设计流量为 60L/min，最大压力为 1MPa；冷油器组件还包括一个温度控制阀和一个流量开关，温度控制阀根据油温控制冷却水的流量，流量开关的动作值为 15L/min，当抗燃油量小于 15L/min 时，发出报警信号，并将停循环泵。

三、油加热装置

油加热装置为恒温控制浸入式加热器，以维持停机期间的油温为 32℃ 以上，加热器的功率为 6kW，工作电源为 3 相 380VAC。加热器的投入条件为：

（1）油箱油位离油箱顶部距离小于 406.4mm；

（2）油温低于 32℃，此时温控器触点闭合。

四、高压蓄能器装置

高压蓄能器装置用于正常阀门操作时，减少油压变化，用来吸收压力油油压波动及管路激振。当多个阀门需要快速动作时的需油量大于柱塞泵的供油量时，高压蓄能器可补充这部分需油量，从而保持了系统的压力稳定。

高压蓄能器共有 3 组，一组在油箱上，另外两组在油管路上。

五、低压蓄能器

低压蓄能器的作用是：在遮断状况发生时，暂时吸收瞬间增加的排油，防止排油背压过高，其型式为氟橡胶皮囊式蓄能器，充氮压力为 0.2MPa。

低压蓄能器共有 4 组，容量均为 $2 \times 9.5L$，通过集成块装在有压回油管上，要求在尽可能靠近高压主汽阀油动机及中压调节阀油动机的地方各安装一组低压蓄能器。

六、再生滤油回路

再生滤油回路主要由再生循环泵和油再生装置组成。

再生循环泵为定量齿轮泵，技术参数如下：

（1）流量：1.9L/min。

（2）动力电源：AC380V，3 相。

（3）电动机功率：0.75kW。

（4）控制电源：AC220V。

该泵的两位控制开关设在现场的控制盒内,当油位距油箱顶部距离小于 406.4mm 时,该泵即可投入。

再生滤油组件为三级过滤器,第一级为除水级,用于除水及油中粒子;第二级为吸收级,用多种化学制剂降低油的酸值;第三级为普通过滤器,用于去除 $0.5\mu m$ 以上的杂质。

第二节 液压执行机构 ⇨

该电厂 300MW 汽轮机共有 10 套液压执行机构,分别是:

(1) 高压主汽阀执行机构 2 套;

(2) 高压调节阀执行机构 4 套;

(3) 中压主汽阀执行机构 2 套;

(4) 中压调节阀执行机构 2 套。

高压主汽阀执行机构、高压调节阀执行机构和中压调节阀执行机构接收 DEH 来的电信号,通过电液伺服阀转化为液压信号,从而连续地控制相应的阀门。各执行机构由油动机、电液伺服阀、线性差动变压器 LVDT、卸荷阀等组成,属位置式执行机构。

中压主汽阀执行机构属两位式执行机构,由油动机、卸荷阀、试验电磁阀等组成,它用来打开或关闭中压主汽阀。

一、高压主汽阀执行机构

高压主汽阀执行机构如图 3 - 3 所示。

要使高压主汽阀能够接受电液调节系统指令正常打开或关闭,首先应建立 HPT(高压遮断油)油压。当机组挂闸时,接口阀、高压遮断集成块均关闭,使高压油→隔离阀→滤网→隔离阀→节流孔→单向阀→HPT 母管,建立 HPT 油压。其次,卸荷阀在高压供油的作用下关闭,截断了油动机下腔至回油的通道,这样向油动机注油时,油动机带动阀门开启;从油动机排油时,油动机带动阀门关闭。当电液调节系统需要阀门开大时,阀位指令增大,计算机送出的阀位控制信号通过伺服放大器传到电液伺服阀,使电液伺服阀的线圈通电,使电液伺服阀的滑阀移动,接通高压油,向油动机内注油,活塞移动,使阀门开大。同时,阀位的开度变化通过线性差动变压器不断地检测,该信号通过解调器反馈到伺服放大器的输入端,直至实际阀位与阀位指令相等,这时电液伺服阀的滑

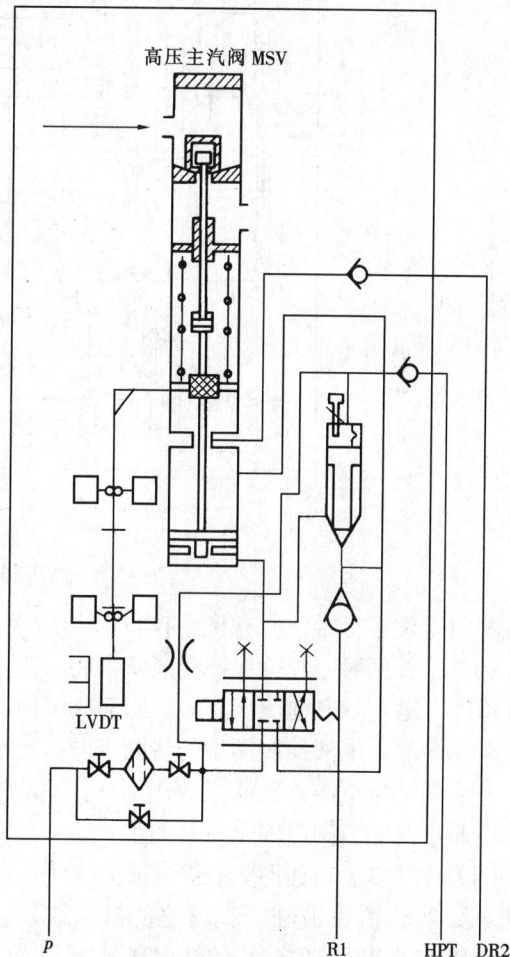

图 3 - 3 高压主汽阀执行机构

阀回到中间位置，截断供油和排油，油动机活塞停留在新的位置，阀门开度也保持在新的位置，完成了电信号—液压力—机械位移的转换过程。随着阀位指令信号的变化，油动机不断地调节主汽阀门的开度。

当汽轮机跳闸时，高压遮断集成块动作，失去 HPT 油压，卸荷阀打开，使油动机下部腔室的油通过卸荷阀接通油动机上腔室及排油回路快速泄油，使阀门快速关闭。

二、高压调节阀执行机构

高压调节阀执行机构如图 3-4 所示。

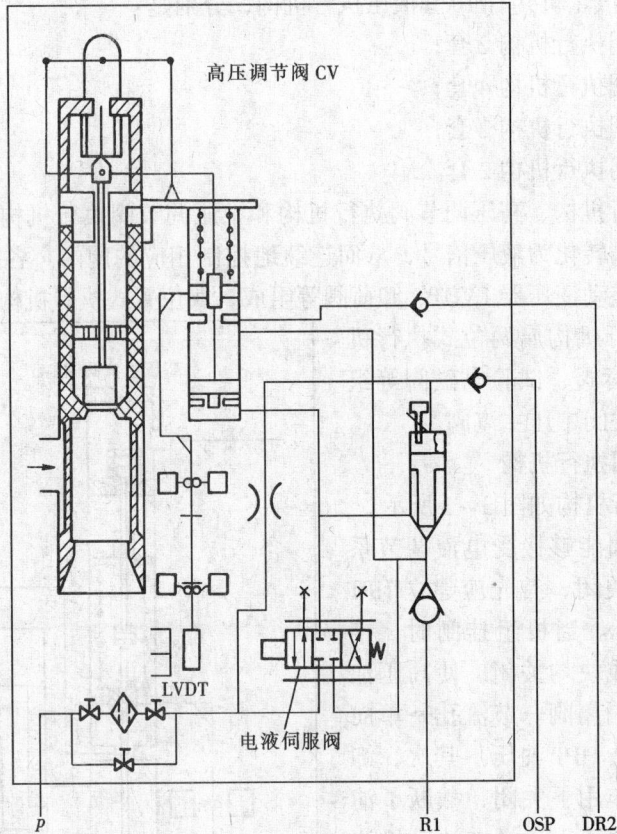

图 3-4　高压调节阀执行机构

机组正常运行时，所有调节阀的开启或关闭，都必须首先建立 OSP（超速保护油）油压。当机组挂闸时，超速保护集成块关闭，高压供油→隔离阀→滤油器→节流孔→止回阀→OSP 母管，建立 OSP 油压。其次，卸荷阀关闭，截断油动机下腔至排油的通路。当有调节阀开大的指令时，电液伺服阀中的线圈带电，使电液伺服阀的滑阀移动，高压动力油经电液伺服阀进入油动机下腔，在油压的作用下，油动机活塞移动，带动阀门开启，当实际阀位与阀位指令相平衡时，阀门停止在新的位置。

当发生 103% 超速时，OSP 集成块动作，OSP 油压失去，使所有调节阀快速关闭，切断进汽，防止汽轮机进一步超速使机组跳闸。当危急遮断器动作时，HPT 油压失去，因 HPT 母管与 OSP 母管之间有单向阀联系，所以 OSP 油压也失去，使调节阀、主汽阀关闭。

三、中压主汽阀执行机构

中压主汽阀执行机构如图 3-5 所示。

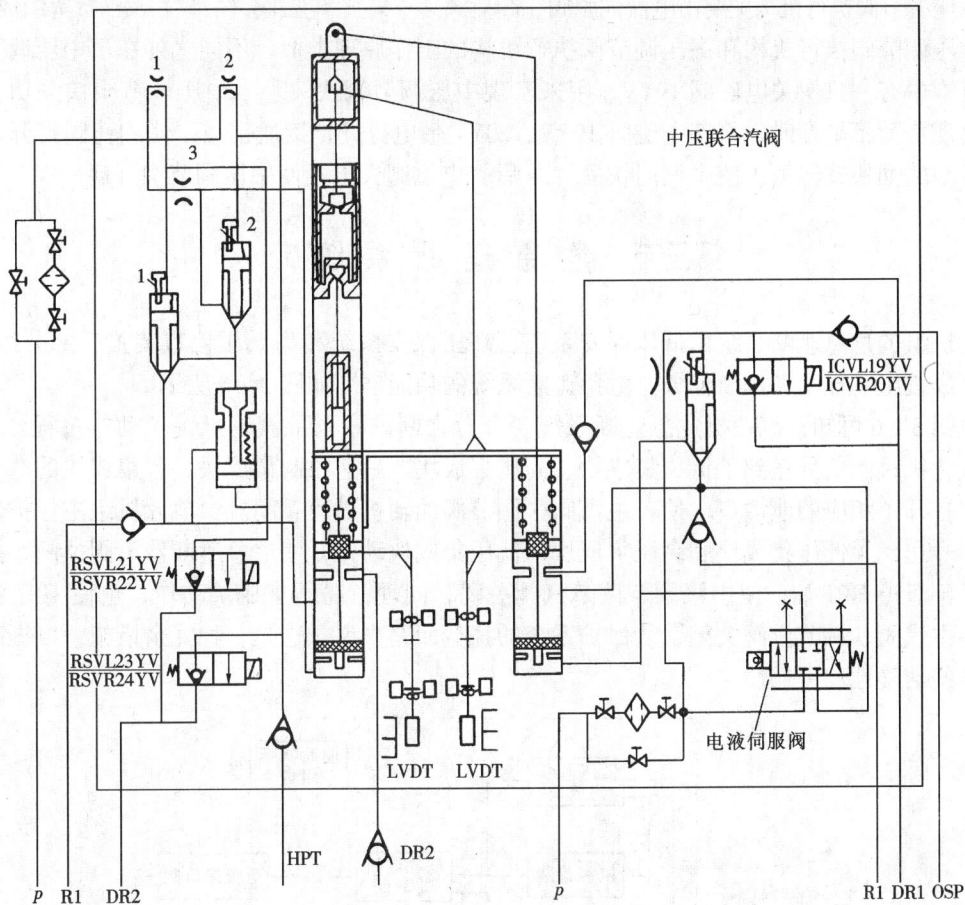

图 3-5　中压主汽阀及中压调节阀执行机构

中压主汽阀执行机构为二位式执行机构。主要由电磁阀（两只）、试验电磁阀、卸荷阀（两只）、切断阀（一只）、线性差动变压器 LVDT 及油动机组成。

现以左中压主汽阀为例，说明中压主汽阀的开启和关闭过程。由图 3-5 可以看出，电磁阀 21YV 控制着切断阀和卸荷阀 1，电磁阀 23YV 控制着卸荷阀 2，卸荷阀 2 又受到 HPT 油压控制，正常情况下，这两只电磁阀处于失电状态。

机组挂闸时，电磁阀 21YV、23YV 带电打开，卸荷阀均打开，中压主汽阀关闭。当运行人员发出"RUN"（运行）指令后，电磁阀 21YV、23YV 失电关闭，卸荷阀 1、2 关闭，高压油经节流孔 3 进入油动机活塞下腔室，以一定的速率打开油动机，中压主汽阀逐渐开启。

当发生汽轮机跳闸时，HPT 油泄掉，受其控制的卸荷阀 2 打开，油动机活塞下腔油通过卸荷阀 2 和关断阀引入油动机活塞上腔室及排油管，快速关闭油动机。

当阀门进行活动试验时，电磁阀 21YV 和 23YV 同时带电，接通排油，受电磁阀控制的两只卸荷阀打开，关断阀关闭，油动机活塞下腔室的油经过两只卸荷阀排至油动机活塞上腔室及排油管，调整卸荷阀 1 的行程就可控制油动机关闭的速率。

四、中压调节阀执行机构

中压调节阀执行机构如图 3 – 5 所示。

中压调节阀执行机构主要由电液伺服阀、卸荷阀（一只）、电磁阀（一只）及油缸等组成。

中压调节阀执行机构和高压调节阀执行机构的工作原理类似，不同之处在于中压调节阀执行机构中有一只快关电磁阀 19YV，用来实现中压调节阀快关。当中压调节阀快关功能投入、出现负荷不平衡时，将使电磁阀 19YV、20YV 带电打开，接通排油，使卸荷阀打开，油动机下腔的油快速泄去，使中调门快关；2s 后，电磁阀失电，使中压调节阀开启。

第三节 危 急 遮 断 系 统 ⇨

本机组的危急遮断系统由低压保安系统、高压保安系统和高低压接口装置三部分组成，用于完成机组的挂闸和遮断任务。危急遮断系统的功能框图如图 3 – 6 所示。

由图 3 – 6 可知，汽轮机危急遮断系统各部分之间的联系及汽轮机保护动作过程。DEH来的汽轮机跳闸信号送到了低压集成块、高压集成块、超速限制集成块，各集成块的电磁阀带电，打开了相应的泄油口，使各主汽阀、调节阀油动机迅速关闭。由单元机组主保护来的跳闸信号送到了低压集成块和高压集成块，低压集成块动作，使危急遮断器滑阀掉闸，接口阀打开，泄掉 HPT 油，使主汽阀、调节汽阀关闭；同理，高压集成块动作，也使 HPT 油泄掉，各主汽阀、调节汽阀关闭，从保护系统的执行回路来说，这是一种冗余措施，以提高保护动作的准确性和可靠性。

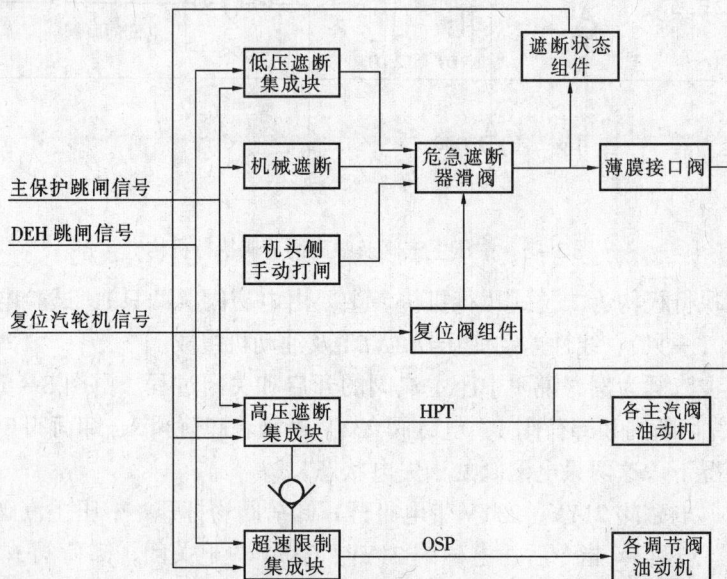

图 3 – 6　危急遮断系统功能框图

一、低压保安系统

低压保安系统由危急遮断器、危急遮断器杠杆、危急遮断器滑阀、低压遮断集成块、手动遮断阀、危急遮断器试验阀及复位阀组件组成，如图 3 – 7 所示。

数字电液调节与旁路控制系统

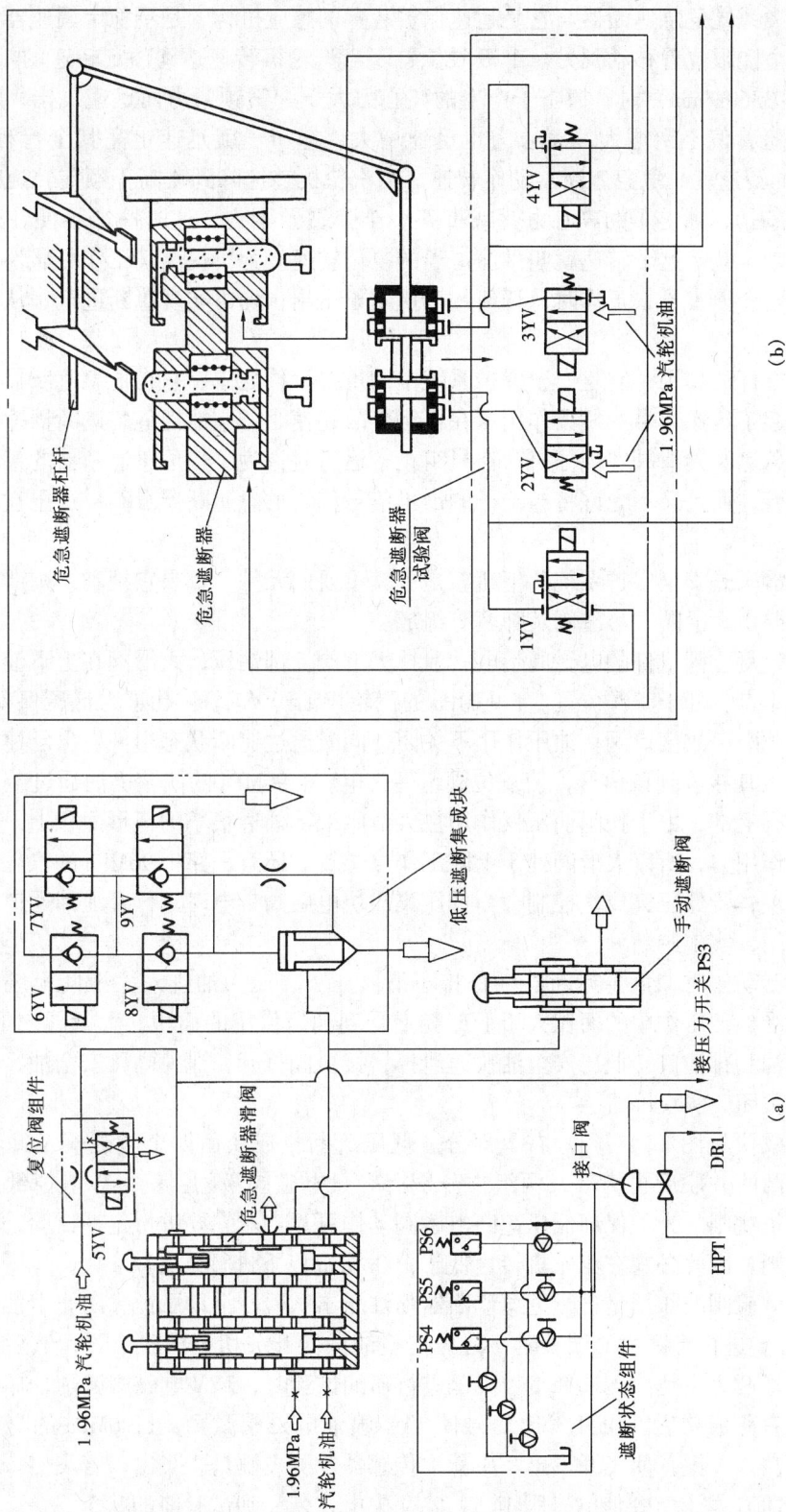

图 3 - 7 低压保安系统

(a)低压保安系统主要部套;(b)危急遮断器试验原理

本机组采用飞锤式危急遮断器。它是超速保护装置的感应机构，是不稳定调速器，它在工作时只能从一个极限位置移动到另一个极限位置。当汽轮机转速达到额定转速的111%～112%（即3330～3360r/min）时，撞击子产生的离心力大于弹簧预紧力而迅速飞出，只要撞击子一旦动作，随着偏心距增大，离心力也迅速增大，撞击子就迅速走完其全行程（6＋0.2）mm。此时的转速就是危急遮断器动作转速。当汽轮机转速降到略高于额定转速时（一般为3050r/min左右），撞击子的离心力就减小到小于弹簧预紧力，这时撞击子便在弹簧力的作用下回到原来位置。这个转速就叫做撞击子的复位转速。为了提高其工作可靠性，每一个危急遮断器有两个撞击子，工作时，任何一个撞击子击出，均可实现遮断进汽，从而保证汽轮机安全。

危急遮断器杠杆的作用：它是安全保护系统中的重要元件之一。它在危急遮断器与危急遮断器滑阀之间起了传递信号的桥梁作用。在机组事故超速时，它能把危急遮断器撞击子击出的信号传给危急遮断器滑阀实现停机；在机组正常运行时，为了作危急遮断器的某一撞击子的喷油击出试验，而且又不允许将撞击子的击出信号传给危急遮断器滑阀，这里它又起了隔离信号的作用。

危急遮断器滑阀是安全保护系统的枢纽，是极其重要的元件。如果它拒动，则严重威胁机组安全。它主要由大滑阀、小滑阀及弹簧等组成。

机组挂闸时，复位阀组件的电磁阀带电，泄掉大滑阀上部油压，大滑阀在上下油压差的作用下移动到上止点，处于工作位置。1.96MPa的汽轮机油经ϕ4节流孔进入低压保安油路，因此时排油口被截断，故接口阀在油压作用下关闭，同时通过遮断状态组件发出已建立低压安全油的信号，DEH接收到该信号，使复位阀组件失电，1.96MPa的汽轮机油通过节流孔进入危急遮断器滑阀上部，由于挂闸油压仅作用在大滑阀上部外边很小的环形面积上，其向下作用力小于向上作用力，所以大滑阀处于上限工作点位置。还有一路1.96MPa的汽轮机油进入低压遮断集成块，受低压集成块控制，当低压集成块电磁阀带电时，打开泄油通道，使危急遮断器滑阀掉闸，实施遮断。

当危急遮断器动作时，危急遮断器杠杆将小滑阀压下，压力油进入大滑阀上腔室，此时，大滑阀上部受到油压作用的面积大于下部腔室受到油压作用的面积，大滑阀向下落下，接通了低压安全油和排油口，低压安全油快速泄掉，接口阀打开，泄掉高压安全油，使主汽门、调汽门迅速关闭，实现停机。

低压遮断集成块见图3-7（a）右上部分。低压遮断集成块由四个电磁阀及卸荷阀组成，四个电磁阀两两并联后再串联，两组中分别有一只电磁阀激励，就可以泄掉低压安全油，从而使汽轮机跳闸。为了保证低压遮断电磁阀动作可靠，对它要进行定期试验，该试验将引起汽轮机跳闸，因此必须在汽轮机转速低于100r/min以下进行试验。

危急遮断器试验阀的作用是进行危急遮断器喷油压击试验，活动飞锤，防止卡涩，见图3-7（b）下部分。进行飞锤喷油试验时，首先把喷油试验开关切至试验位置，然后选择飞锤，不能同时选择两个飞锤。若选择1号飞锤进行喷油试验时，2YV电磁阀激励，靠油压作用使杠杆右移，右移成功后，DEH发出信号使1YV喷油电磁阀激励，1.96MPa的汽轮机油通过喷油电磁阀注入飞锤，使飞锤飞出。由就地传感器检测飞锤是否飞出，若飞出，表明试验成功。之后，DEH发出指令使电磁阀1YV、2YV失电，恢复到试验前的状态。

手动遮断阀的作用是在现场由运行人员手动停机。其结构如图3-8所示。它由罩子、弹簧、套筒、阀壳、按钮、法兰、轴及 DN20 管接头组组成。来油接危急遮断器滑阀下安全油，排油去前轴承箱。

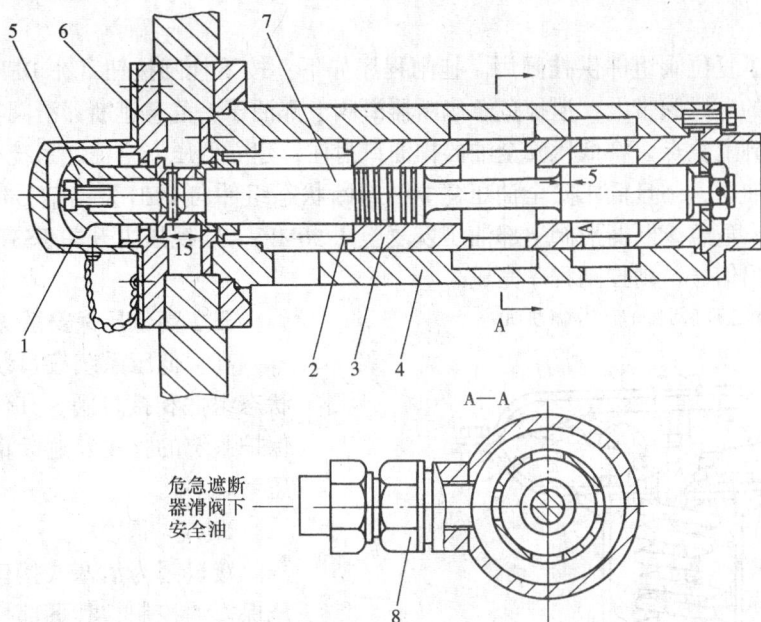

图 3-8　手动遮断试验
1—罩子；2—弹簧；3—套筒；4—阀壳；5—按钮；6—法兰；7—轴；8—接头

手动遮断阀的动作过程是：用手将按钮按入前箱，使其达到极限点。A 油口打开，排油迅速泄至前轴承箱，危急遮断器滑阀动作，从而关闭主汽阀和调节阀，实现停机。操作完毕，轴在弹簧力的作用下，将恢复到初始位置，A 油口关闭。

二、低压保安系统功能

低压保安系统主要完成机组遮断及挂闸功能。

1. 遮断

从可靠性角度出发，低压保安系统设置了电气、机械及手动三种冗余的遮断手段。

（1）接受电信号停机。此功能由低压遮断集成块完成。它由四只电磁阀先并联后串联做为前置级加一个卸荷阀做为放大级组成，控制着危急遮断器滑阀下油压。一旦接收到电气停机信号，四只电磁阀带电（6YV 和 8YV、7YV 和 9YV 中分别有一个电磁阀动作即可），泄掉卸荷阀上部油压，则卸荷阀打开，泄掉危急遮断器滑阀下油压，使危急遮断器滑阀掉闸，进而泄掉接口阀上部低压保安油，使接口阀打开，将高压保安油（HPT）排掉，快速关闭各进汽阀门，遮断机组进汽。

（2）机械超速保护。机械超速保护沿用东方汽轮机厂 300MW 机组的成熟结构，由双通道的危急遮断器、危急遮断器杠杆及危急遮断器滑阀等组成，动作转速为 3300～3360r/min。在此转速范围内危急遮断器的飞锤击出，打击危急遮断器杠杆，使危急遮断器滑阀掉闸，泄掉接口阀上部的低压安全油，使接口阀打开，泄掉高压安全油，快速关闭各进汽阀门，遮断机组进汽。

（3）手动停机。系统在机头设有手动遮断阀供紧急停机用。它控制的是危急遮断器滑阀下油压，手动遮断阀按钮将使危急遮断器滑阀掉闸，泄掉低压安全油，接口阀动作，泄掉高压安全油，快速关闭各进汽阀门，遮断机组进汽。

2. 挂闸

系统设置了复位阀组件供挂闸用。挂闸程序如下：按下挂闸按钮（在 DEH 操作盘上），复位阀组件中的电磁阀带电，泄掉危急遮断器滑阀上部油压，危急遮断器滑阀在其底部油压力作用下上升到上止点，将低压安全油的排油口封住，建立低压安全油，系统中设有遮断状态组件监视此油压，一旦低压安全油压建立，遮断状态组件向 DEH 发出信号使复位阀组件的电磁阀失电，危急遮断器滑阀上部油压恢复至 1.96MPa，监视压力开关 PS3（在压力开关集成块上）发出信号，则挂闸程序完成。

三、高低压保安系统接口装置

高、低压系统接口装置包括遮断状态组件和接口阀，其作用是将低压保护系统的挂闸及遮断信号传递给高压系统。

1. 接口阀

接口阀为活塞式接口阀，接受低压保安油控制，其下部控制着高压保安油，低压保安油进入接口阀活塞上腔室。当处于挂闸状态时，低压保安油压为 1.96MPa，它使活塞克服弹簧力将接口阀关闭，如图 3-9 所示，截断高压保安油的排油通道。当遮断发生时，低压保安油被泄掉，活塞在弹簧力的作用下将打开接口阀，将高压保安油泄掉，快速关闭主汽阀和调节阀。

2. 遮断状态组件

遮断状态组件由压力开关（三只）、集成块及一些阀门组成，用来监视低压保安油压，见图 3-7（a）左下部分。当机组挂闸时，遮断状态组件发出低压保安油建立与否的信号，三个压力开关的输出信号送到超速保护 MFP，自启停控制 MFP，阀门管理 MFP，在三个 MFP 中分别进行三选二逻辑处理，作为相应多功能处理器中

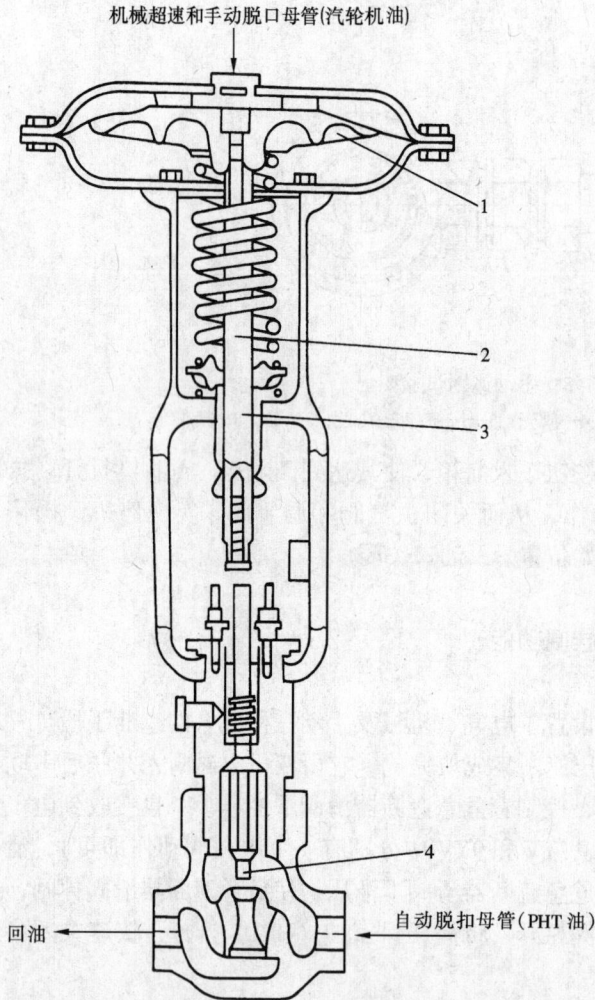

机械超速和手动脱口母管(汽轮机油)

1—隔膜；2—执行机构杆；3—调整螺丝；4—线芯杆

回油

自动脱扣母管(PHT 油)

图 3-9　接口阀示意

汽轮机是否挂闸的判断依据。

当遮断机组时，低压保安油泄掉，通过接口阀泄掉高压保安油；同时遮断状态组件发出信号到汽轮机跳闸逻辑，防止接口阀卡涩，遮断信号无法传递。

四、高压保安系统

高压保安系统主要由高压遮断模块、超速限制集成块、压力开关组件组成，如图 3 - 10 所示。

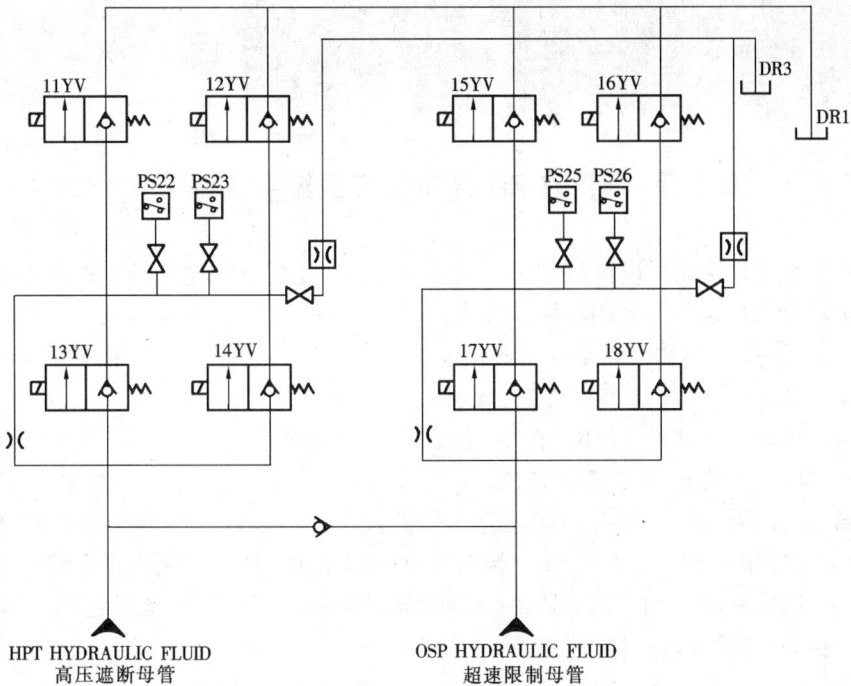

图 3 - 10　高压保安系统

从高压供油系统来的抗燃油可分为 HPT 油路、OSP 油路和高压油 P。其中 HPT 油和高压遮断集成块、接口阀相连，同时此油路还控制着各主汽阀执行机构的卸荷阀，并通过单向阀和 OSP 油相连；OSP 油和超速保护集成块相连，同时此油路控制着各调节阀执行机构的卸荷阀；高压油 P 通过电液伺服阀进入各执行机构的液压缸，改变阀门的开度。

当汽轮机转速达到额定转速的 103%，或发电机突然解列，而且中压缸排汽压力大于其额定值的 15% 时，为了防止机组超速，使超速保护电磁阀带电，应泄掉 OSP 母管油压，并快速关闭高中压调节阀，待转速降低到设定值或延时 2s 后取消关闭高中压调节阀信号，使超速保护电磁阀失电重新复位。

为使主汽阀和调节阀关闭，使机组实现停机，可采取：①高压遮断集成块接收停机信号，泄掉 HPT 油压；②通过低压保安系统获得停机信号以及遮断状态组件发出信号使高压遮断集成块动作，泄掉 HPT 油压。

第四章

DEH转速调节系统

第一节　DEH自动调节系统总貌 ▷

自动调节系统是汽轮机电液控制系统的必备部分，主要对汽轮机的转速和负荷进行闭环调节。汽轮机控制系统有以下四种操作方式：

（1）汽轮机手动（MANUAL MODE）；

（2）操作员自动（OPERATOR AUTO MODE）；

（3）锅炉自动控制方式（BOILER AUTO CONTROL MODE）；

（4）汽轮机自启动方式（ATR MODE）。

在手动方式，操作员直接控制阀位设定值的大小，可以在操作盘上使用阀增（VALVE RAISE）和阀减按钮（VALVE LOWER）控制调节阀的开度，从而控制汽轮机转速和负荷；或者在操作员接口站手动控制（MANUAL CONTROL）画面上，调出手动设定值设定块输入期望的阀位设定值，控制汽轮机转速或负荷。

在操作员自动方式，操作员通过操作盘或 OIS 输入期待的目标值（转速或负荷），由自动控制回路计算出阀位设定值，控制阀门的开度，实现汽轮机转速或负荷的控制。

在锅炉自动控制方式，由来自协调控制系统的负荷指令控制汽轮机的负荷，通过控制高中压调节阀来实现要求的负荷，操作员不能干预负荷指令。

在自启动方式，由自启动程序自动控制汽轮机，几乎不需要操作员干预。

在正常情况下，汽轮机控制系统运行在自动方式或自启动方式。在操作员自动方式时，操作员输入目标值和加速率，控制系统通过调节四个高压调节阀和两个中压调节阀的开度，使汽轮机升速至期待的目标转速。在自启动方式时，控制系统根据高、中压转子热应力以及振动、偏心率、轴承温度等自动形成加速率和转速目标值。

汽轮机控制系统具有自动同期能力，由操作员选择汽轮机在自同期方式或者由自启动程序将汽轮机切至自同期方式。若采用内同期，即由汽轮机自同期子模块进行同期，它将控制汽轮机转速和发电机电压，并且当发电机电压与电网同步后，闭合发电机主开关。在发电机刚并网时，让汽轮机带上一定的负荷，防止发电机逆功率运行。

在发电机并网后，若汽轮机在自启动方式，它仅限制汽轮机的最大负荷变化率，而由操作员控制负荷目标值。操作员有三种方式进行负荷控制。一是开环控制负荷，没有功率反馈和调节级压力反馈。二是将功率回路投入，这样，操作员输入负荷目标值后，控制系统比较负荷设定值与实际负荷的大小经过 PI 运算后控制调节阀的开度，直至实际负荷与负荷设定值一致。三是将调节级压力回路投入，操作员输入负荷目标值，控制系统比较负荷设定值与实际调节级压力的大小（用调节级压力代表负荷），并经过运算，控制调节阀的开度，直至与负荷设定值相一致。

在负荷控制阶段，操作员可以选择锅炉自动控制方式即协调控制方式。在协调控制方式下，汽轮机根据协调控制系统产生的负荷指令进行阀位控制。

汽轮机控制系统使用 INFI-90 过程控制装置，控制系统的工作站为多功能处理器（MFP），多功能处理器提供各种功能算法去实施控制，由于它只能处理二进制信息，因此，需要通过输入/输出子模件与现场相联系。这些子模件接受来自现场的模拟、数字信号，并将其全部转换成二进制信息，通过子扩展总线送至多功能处理器。多功能处理器处理现场信息，并将处理结果通过子扩展总线传至输出子模件，然后由输出子模件将二进制信号转换成模拟、数字信号提供给现场的控制设备。连接到子扩展总线的子模件均有一个独立的地址号，通过这个唯一的地址号，使子模件与多功能处理器进行通信，接受信息或发送信息，这个唯一的地址由子模件上的地址开关决定。

多功能处理器存贮有近 200 多种功能算法，用户通过对这些算法的组合，构成控制策略，并将其存贮在多功能处理器中。

多功能处理器采用 1:1 冗余配置，其中一个作为主模件，另一个为后备模件。在正常情况下，主模件起控制处理作用，后备模件处于跟踪；当主模件故障后，后备模件立即接替主模件的工作，这提高了系统的可靠性。

汽轮机控制系统共使用了四对多功能处理器，根据侧重功能可分为转速部分、自动部分、阀门管理部分、自启动部分。在四对多功能处理器之间可通过控制总线来完成信息交换，而且连接到控制总线上的多功能处理器只有唯一的一个地址来进行通信。

一、自动调节原理框图

自动调节系统原理框图如图 4-1 所示。由图可知，它具有如下三个调节回路。

（1）转速调节回路。并网前，通过该回路控制机组转速。

（2）功率调节回路。并网后，通过该回路控制机组的负荷。

（3）调速级压力回路。并网后，通过该回路控制机组的负荷，是一个单回路调节系统。

在负荷控制期间，如果进行机炉协调控制，电液调节系统还接收协调控制来的 CCS 指令。此外，如果没有投入闭环控制回路，就处于开环控制方式，则可由设定值经处理后形成阀位指令。

以上几个调节回路的输出经过选择切换形成自动指令（DEMAND），并和手动回路的输出选择切换后形成总的基准值（REFERENCE）。该基准值即为总的流量请求值，经过各阀门特性校正后，形成各个阀门的阀位指令，送到各阀门的液压伺服卡。液压伺服卡执行阀门位置控制功能，最终使阀门实际开度和阀位指令相平衡。阀门开度的变化使进入汽轮机的蒸汽量改变，从而改变相应的被调量（转速、功率、调速级压力、主蒸汽压力），完成控制功能。

以上闭环控制功能是由多功能处理器完成的，为了完成特定的功能，必须进行组态。为了便于分析各个系统及相关逻辑，现对组态图中常用的功能码及图符加以说明，如表 4-1 所示。

二、参数调整逻辑

INFI-90 电液调节系统提供两种人机接口设备，操作员站是主要的人机接口，硬操作盘是辅助的人机接口。当操作员通过操作员接口站修改、调整某些参数时，应选定相关的画面，激活该参数，键入要求的参数值并按下输入键。该值经操作员接口站内主机处理后，经 INFI-90 网络传送至过程处理单元（PCU），再经网络接口模件接收并调整该参数值，并将调整后的信息馈送到操作员接口站。操作员接口站将该参数的变化反映在 CRT 上，操作员

转速三选二逻辑　　3000r/min

速率

目标值 ← 操作员设定

自动设定

转速回路调节器

Σ

负荷率　T　V≯

脱网　设定值

主蒸汽压力限制（-100）

F(X)　一次调频给定

V≯　T　0

Σ

TPC 动作

Σ

功率　%　负荷回路调节器　调节级压力调节器　%　调速级压力

MW 切除 --- T　0

Σ

调节级压力投入 --- T

锅炉控制目标值 --- T --- 锅炉控制方式

T --- 脱网

< ← 阀位限制

手动 -- T ← 手动给定 ← 手动增　手动减

0 --- T --- 跳闸或超速

快卸 --- T --- 快卸动作

阀切换系数
中压缸启动等于 0
高中压缸启动等于 1

3 × ×

F(X)　F(X)　F(X)

阀门试验逻辑 --- T ← 阀门试验　F(X)　阀门试验逻辑　T ← 阀门试验

F(X)

阀门试验逻辑　T　阀门试验逻辑　T ← 阀门试验　单阀顺序阀切换逻辑 … 单阀顺序阀切换逻辑

阀门试验　阀门试验

到 HSS03 ICVL　到 HSS03 ICVR　到 HSS03 CV1　到 HSS03 CV4

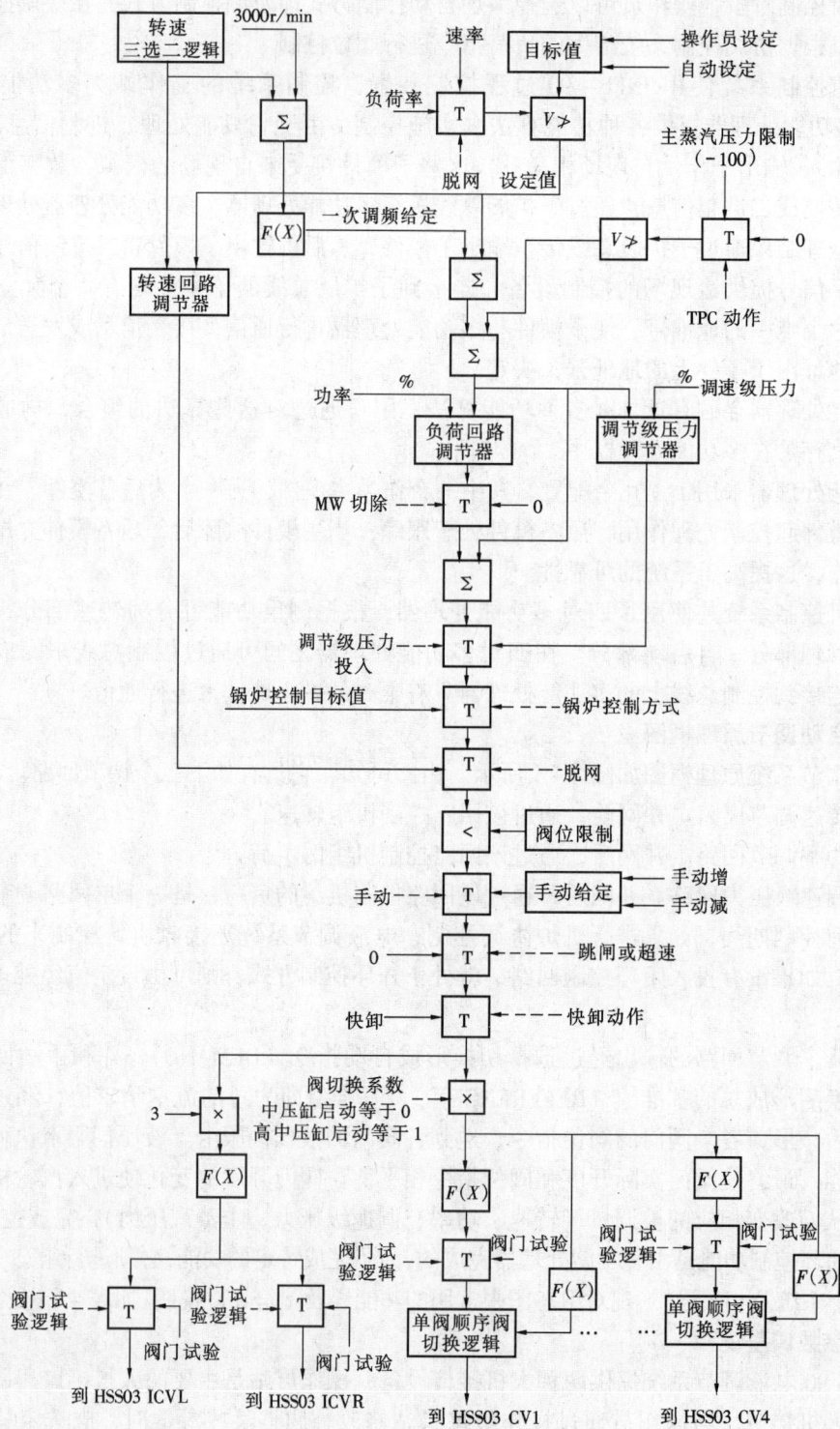

图 4-1　DEH 调节原理框图

观察到原参数值变为调整后的参数值，表明该数已被多功能处理器接收到，在操作员接口站上，可以实现 DEH 的全部功能。当操作员通过硬操作盘修改某些参数时，首先，选择按键进入某种方式，此时盘上的变量显示表显示为当前的参数值，按下"增"、"减"按钮，调整参数到希望的值，然后按下输入按钮（ENTER PB），将原来的值修改到现在的值。使用硬操作盘操作时，操作盘的 I/O 信号通过预制电缆与机柜连接，再通过输入/输出模件与多功能处理器连接。

表 4-1 　　　　　　　　　　　　　　　　功　能　码　说　明

序号	功能码名称	图　　符	功　能　说　明
1	函数发生器	S1 → F(X) → N S2　　S3 S4　　S5 S6　　S7 S8　　S8 S9　　S10 S12　　S13	用于非线性输出、输入关系的线性化，将输入范围分为五段，每一段都建立一个线性的输入输出关系，然后根据输入计算对应的输出。 本功能块有以下 13 个规格参数： S1：输入的块地址； S2：输入坐标；S3：S2 的输出； S4：输入坐标；S5：S4 的输出； S6：输入坐标；S7：S6 的输出； S8：输入坐标；S9：S8 的输出； S10：输入坐标；S11：S10 的输出； S12：输入坐标；S13：S12 的输出
2	模拟切换器	S1 → S2 → T → N S3 --→	根据逻辑输入 S3，选取两个模拟输入中的一个作为输出。 当 S3 = 0 时，输出 =（S1） 当 S3 = 1 时，输出 =（S2）
3	加法器	S1 → S2 → Σ(X) → N S3　　S4	本功能执行两个输入的加权运算，通过选择适当的增益，这个块可实现比例、偏移、差分等功能，这种功能可由下面的方程式描述，输出 =（S1）×（S3）+（S2）×（S4）
4	速率限制器	S1 → S2 --→ V≯ → N S3　　S4	对输入信号的变化率加以限制，当输入的变化率不超过一个极限值时，输出和输入相等；当输入的变化率大于这个限制值时，输出将按限制值所决定的速率改变，直到输出再次等于输入为止。 S1：输入的块地址。 S2：跟踪开关信号块地址。 S2 = 0，跟踪； S2 = 1，释放； S3：增加率限值（1/s）。 S4：减少率限值（1/s）
5	高低限比较器	S1 → H/L H → N 　　　　　L → N+1 S2　　S3	S1：输入的块地址； S2：高限报警值； S3：低限报警值。 对一个信号进行高低限报警，当输入等于或超过高限时，第一个输出 N 为逻辑 1；当输入等于或小于低限值时，第二个输出为逻辑 1；若输入值在高、低限值之间时，则两个输出都为逻辑 0

序号	功能码名称	图 符	功 能 说 明
6	小选器	S1、S2、S3、S4 → < → N	本功能选择并且输出一个具有最小代数值的输入
7	逻辑非	S1 → NOT → N	实现逻辑非运算
8	2输入与门	S1、S2 → AND → N	实现逻辑与运算
9	2输入或门	S1、S2 → OR → N	实现逻辑或运算
10	4输入与门	S1、S2、S3、S4 → AND → N	实现逻辑与运算
11	4输入或门	S1、S2、S3、S4 → OR → N	实现逻辑或运算
12	SR触发器	S1 → S, S2 → R → N (S3 S4)	S1 是置位输入，S2 是复位输入，当两个输入 S1、S2 都为"0"时，记忆以前的输出。 当两个输入都是"1"时，输出为 S4 指定的超驰状态： 若 S4 = 0，输出 = 0； 若 S4 = 1，输出 = 1； 当 S1 = 1，S2 = 0 时，输出 = 1； 当 S1 = 0，S2 = 1 时，输出 = 0。 S3 为初始状态标志，在上电或模件复位之后，将按 S3 中规定的值输出

序号	功能码名称	图　符	功　能　说　明
13	计时器	S1 → TD--DIG → N　S2　S3　　S1 → [S3 脉冲] → N　S2＝0　（1）　　S1 → [S3] → N　S2＝1　（2）	该功能码能根据 S2 指定的功能，实现计时、脉冲、延时等功能。 　S2＝0，为脉冲输出方式，脉冲宽度由 S3 确定，本方式下脉冲宽度不变，为固定宽度脉冲，即只要输入变为 1，输出就发出定宽度脉冲。 　S2＝1，为延时方式，延时时间由 S3 确定，当输入保持逻辑 1 状态的时间超过计时时间 S3 时，输出才会变成逻辑 1，然后它跟踪输入。 　S2＝2，为脉冲计时方式，脉冲宽度由 S3 确定，本方式下脉冲宽度可变。 　对 S2＝0、S2＝1 的情况，可用图符（1）和图符（2）表示
14	限定或	S1----→　S2----→　S3----→　S4----→ QOR → N　S5----→　S6----→　S7----→　S8----→　S9　S10	S9：必须等于逻辑 1 的输入数。 　S10：选择输出。 　若 S10＝0，输出数大于或等于 S9 设置的数；若 S10＝1，输出数等于 S9 设定的数。 　本限定或功能能用来监控 8 个以下数字输入的状态，并根据 S9、S10 的值输出相应的信号。若 S9＝8、S10＝0，只有当所有输入都为 1 时，输出才等于 1，相当于"与"运算。 　本书中若不加特别说明时，S9＝1、S10＝0，可实现逻辑或功能
15	遥控存储器	S1--→ S　S2--→ P　　　RCM → N　S3--→ R　S4--→ O	S：置位输入； 　P：允许信号，只有允许信号为 1，本机或遥控置位输入才起作用； 　R：复位输入； 　O：超驰输入，当 S＝P＝R＝1 时，输出的逻辑状态由超驰输入信号决定。 　遥控存贮功能码用来建立置位复位触发存贮，它从操作接口单元 OIU、计算机接口单元 CIU 或者只从命令管理系统 MCS 来存取信息
16	遥控手动设定常数	S6 →　REMSET → N　S5--→	该功能码允许经操作员接口单元、命令管理系统或其他设备，把一个常数输入到控制回路中。为了阻止不合适的值，由规格参数 S2、S3 设置高、低限，S5、S6 分别是跟踪开关的块地址和跟踪值的块地址，如果 S5＝1；则输出跟踪 S6 指定的值，跟踪开关每启闭一次，都产生一个例外报告

虽然两种操作方式下，信息的传递过程有差别，但参数调整逻辑是一样的，下面通过硬操作盘调整参数来说明参数调整逻辑。

1. 旧值（OLD VALUE）逻辑

在机组运行过程中，有以下 7 个参数可由运行人员来调整。

（1）目标值（TARGET）；

（2）负荷率（LOAD RATE）；

（3）加速率（ACCEL RATE）；

（4）负荷高限（HIGH LOAD LIMIT）；

（5）负荷低限（LOW LOAD LIMIT）；

（6）阀限（VALVE POSITION LIMIT）；

（7）主蒸汽压力保护限值（THROT PRESS LIMIT）。

操作员通过 OIS 调整这些参数时，需进入相关的画面，并点击相应的按键弹出操作窗口来修改参数。操作员输入的参数能否被计算机接受，需经过相应的逻辑处理后输出，送到操作员站显示，给运行人员提供操作参考。操作员通过硬操作盘调整这些参数时，首先通过相应的按键进入某种方式，例如修改目标值时，按下"目标值"键，该键上的白色灯亮，表明进入目标值方式。此时，变量显示表上，将显示原来的值，称为旧值（OLD VALUE），其逻辑如图 4-2 所示。

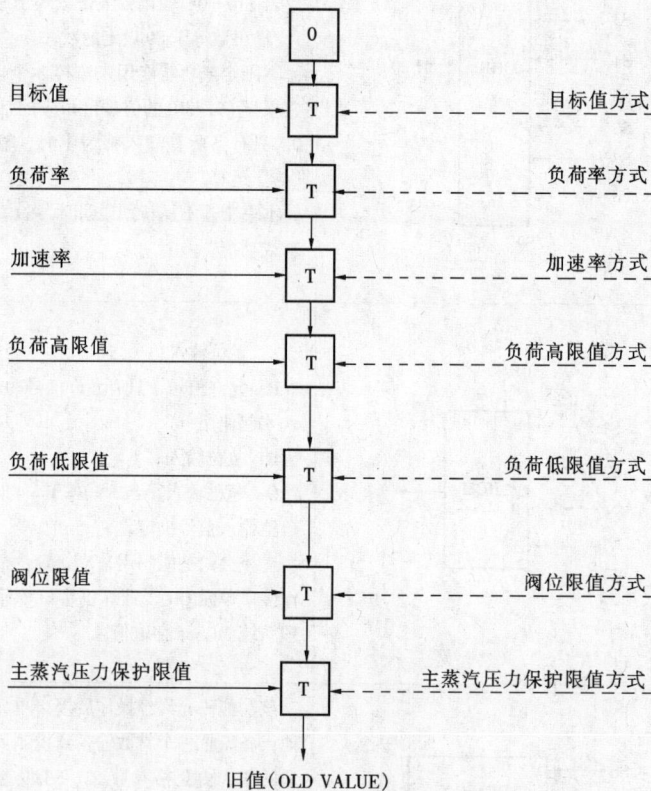

图 4-2　旧值 OLD VALUE 逻辑

由图可知，旧值 OLD VALUE 是个可变值，与选择的参数有关；当选择了目标值时，OLD VALUE 就为原来的目标值，当选择了主蒸汽压力限值时，就为原来的主蒸汽压力限值。另外，各种方式逻辑相类似，以目标值方式（TARGET MODE）加以说明，图 4 - 3 为目标值方式逻辑。

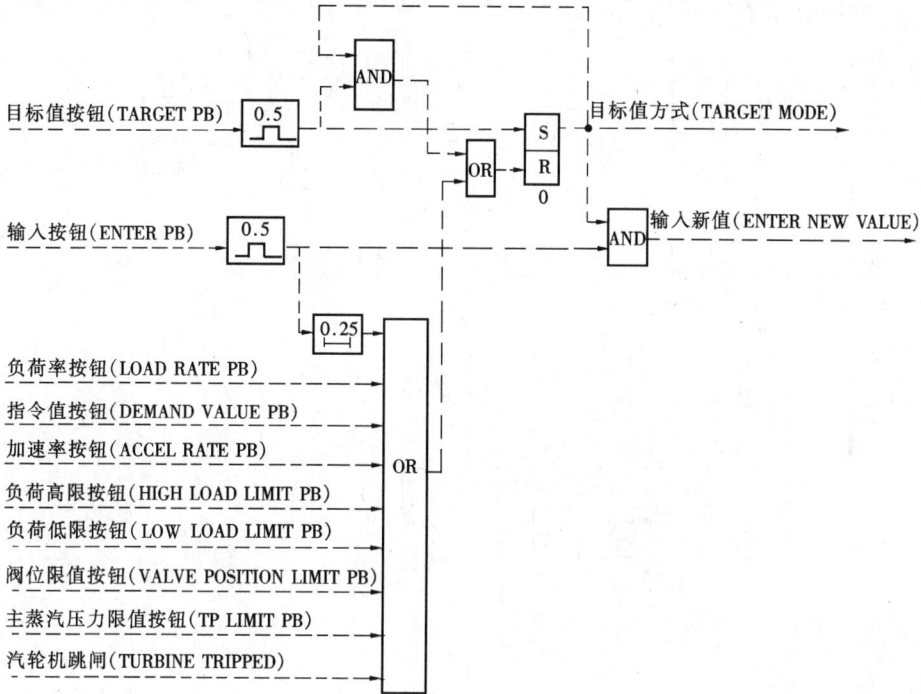

图 4 - 3　目标值方式逻辑

由图 4 - 3 可知，操作员按下目标值键时，发出脉冲送到 SR 触发器的置位端，SR 触发器为复位优先，当不存在以下任一条件时，SR 触发器置位，即进入目标值方式（TARGET MODE），此时操作盘上目标值键灯亮。

（1）按下"输入"键；

（2）按下"负荷率"键；

（3）按下"指令值"键；

（4）按下"加速率"键；

（5）按下"负荷高限"键；

（6）按下"负荷低限"键；

（7）按下"阀限"键；

（8）按下"主蒸汽压力限值"键；

（9）汽轮机跳闸；

（10）已进入目标值方式又按下"目标值"键。

2. 变量（VALUE）逻辑

处于上述几种方式中的任一种方式，如果按下"增"（RAISE）、"减"（LOWER）按钮，将使参数值在原来的基础上改变，该值称之为 VALUE，VALUE = OLD VALUE + ΔV，增量 ΔV 的大小与修改的参数以及增、减按钮按下的时间长短有关。图 4-4、图 4-5 分别示意了 VALUE 和 ΔV 的变化逻辑。

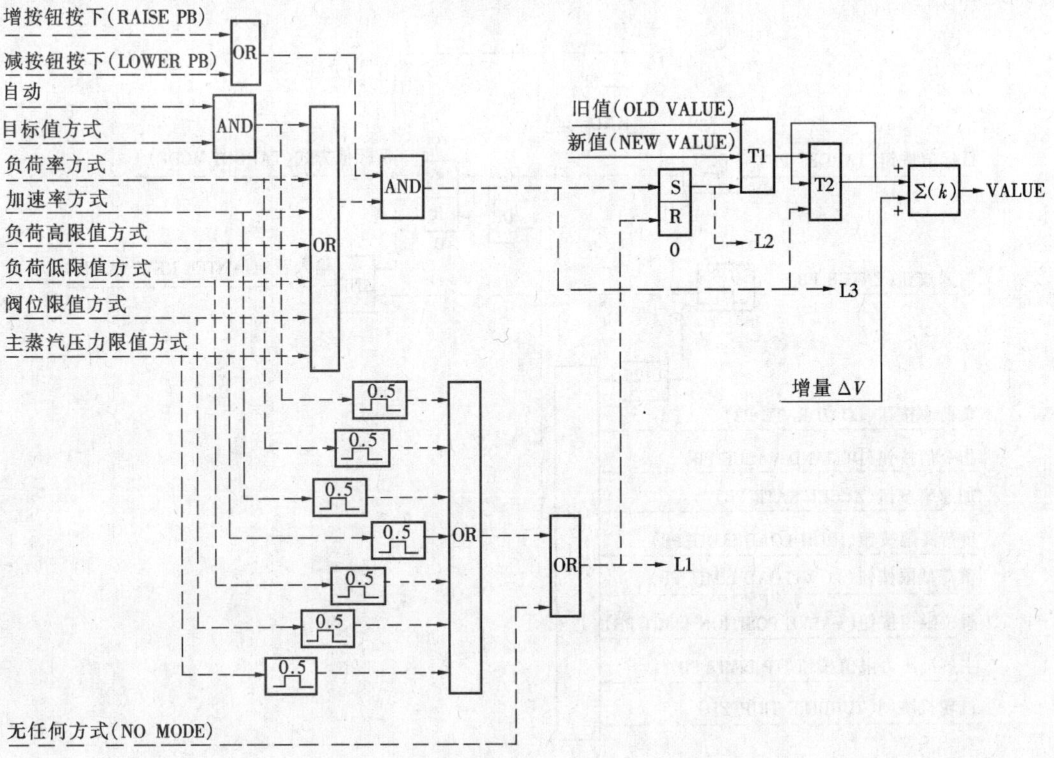

图 4-4 VALUE 逻辑

图 4-4 中，当确定要修改的参数且按下相应的键时，就进入了某种模式（修改目标值时，自动方式下有效），此时的逻辑条件为：

（1）L3 = 0，送到 SR 触发器的置位输入端；

（2）L1 = 1，为脉冲信号，送到 SR 触发器的复位输入端；

（3）SR 触发器的输出为"0"，即 L2 = 0。

L3、L2 分别作用于切换器、速率限制器，切换器 T1 选择旧值输出；切换器 T2 选择 T1 的输出，为 OLD VALUE，切换器 T5 选择"0"输出，速率限制器都处于释放状态，此时 ΔV = 0，所以，VALUE = OLD VALUE。

当选择了某种模式且按下增、减按钮后，相应的逻辑条件发生了以下变化：

（1）L3 = 1，送到 SR 触发器的置位输入端。

（2）当 0.5s 的脉冲消失后，SR 触发器的复位输入信号为"0"，所以，SR 触发器置位，即 L2 = 1，L3、L2 所控制的切换器发生切换，选择"1"位输出。

切换器 T1 的输出为 NEW VALUE，此时的 NEW VALUE 由 VALUE 双向限幅得到。

切换器 T2 处于自保持状态，保持切换前的输出不变，由于切换前的输出为 OLD VALUE，所以此时切换器 T2 的输出保持为 OLD VALUE，送到加法器的输入端。

（3）ΔV 按照一定的规律增加或减少（见图 4 - 5）。

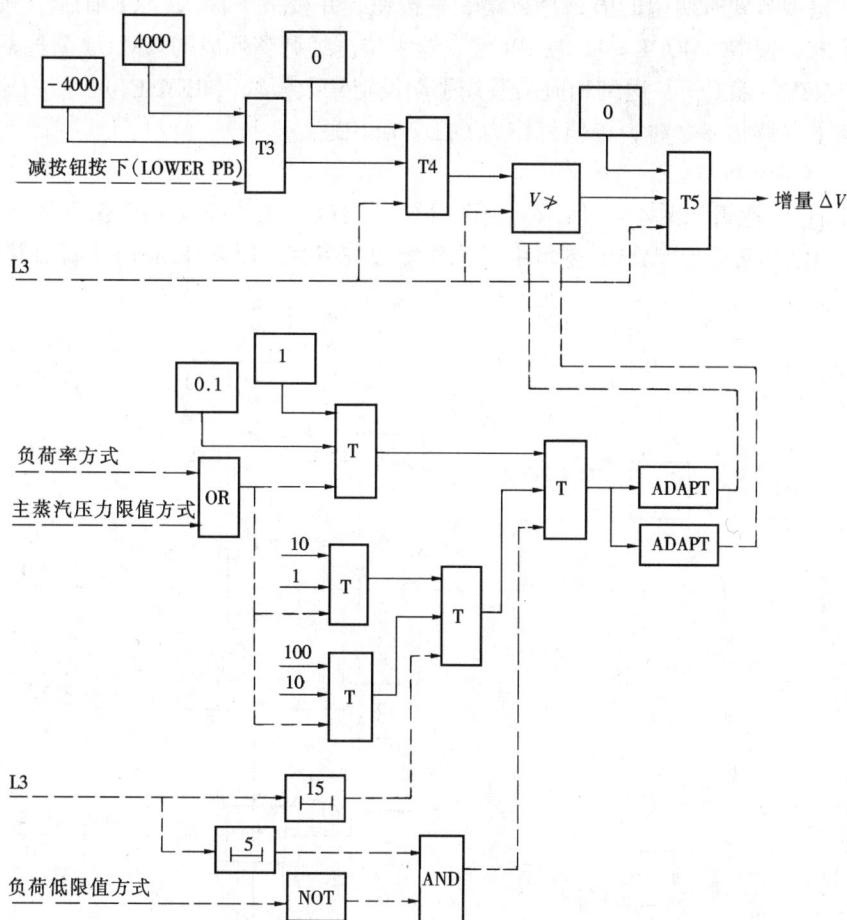

图 4 - 5　ΔV 的形成逻辑

1）当按下减按钮时，LOWER PB = 1，切换器 T3 的输出为 - 4000；

2）当按下增按钮时，RAISE PB = 1，切换器 T3 的输出为 + 4000；

3）切换器 T4 的输出为 T3 的输出；

4）速率限制模块进入限速方式，其输出以一定的速率逼近 - 4000 或 + 4000。

5）切换器 T5 选择"1"位输出，即速率限制器的输出。

变化率与修改的参数及键钮按下的时间有关。

若修改负荷低限值，则变化率恒定，为 1MW/s。

若修改负荷率或主蒸汽压力保护限值，则：键钮按下 5s 之内，变化率为（0.1MW/min）/s，或 0.1MPa/s；键钮按下 5～15s 以内，变化率为（1MW/min）/s，主蒸汽压力保护限值的变化率为 1MPa/s；键钮按下 15s 之后，负荷率、主蒸汽压力保护限值变化率分别为（10MW/min）/s、10MPa/s。

若修改负荷低限、负荷率、主蒸汽压力保护限值以外的参数值，其变化率为：按钮按下 5s 之内，变化率为 1/s；按钮按下 5～15s 之内，变化率为 10/s；按钮按下 15s 之外，变化率为 100/s。

（4）调整参数到所期望的值，释放增、减按钮，并按下"输入"（ENTER）按钮，将退出相应的模式，使 NO MODE = 1，使 SR 触发器复位。经调整形成的 VALUE 值经双向限幅后形成新值（NEW VALUE），送到相应的遥控手动设定常数模块（REMSET），使相应的参数发生改变，待下次调整参数时，该值就作为 OLD VALUE。

3. 新值（NEW VALUE）逻辑

NEW VALUE 逻辑如图 4-6 所示。由图可知，VALUE 值经过双向限幅后形成 NEW VALUE，NEW VALUE 又送到 VALUE 逻辑中，操作增减按钮时，使 VALUE 值在新值基础上改变。

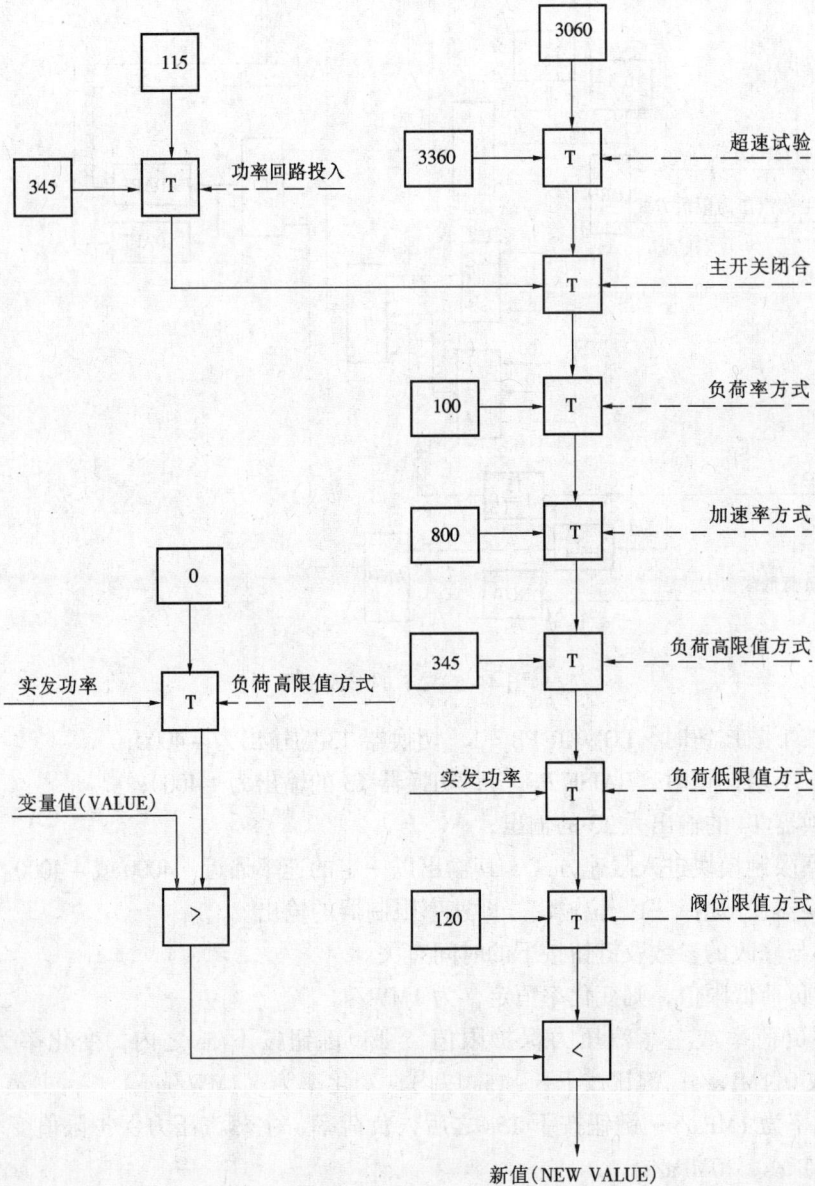

图 4-6　新值 NEW VALUE 的形成逻辑

对于低限值，修改负荷高限值时，低限值为实发功率；修改其余参数时，低限值一律为 0。对于高限值，与机组的运行状态及修改的参数有关。

（1）修改目标值，并网前为转速目标值，非超速试验状态，高限值为 3060r/min；做超速试验时，高限值为 3360r/min。并网后为功率目标值，若功率回路投入（MW IN = 1），则高限值为 345MW，若功率回路未投入，则高限值为 115%。

（2）修改负荷率时，高限值为 100MW/min。

（3）修改加速率时，高限值为 800r/min/min。

（4）修改负荷高限值时，高限值为 345MW。

（5）修改负荷低限值时，高限值为实发功率。

（6）修改阀限时，高限值为 120%。

由以上逻辑可知，进行参数调整时，首先选择要调整的参数，即建立某种方式；其次，操作增、减按钮调整参数，调整到期望的值时，按下确认键，一方面退出所建立的某种方式，另一方面建立输入新值的逻辑标志，使新值（NEW VALUE）送到相应的逻辑，作为新的参数值。

三、GO/HOLD 逻辑

在自动方式下，操作员可通过操作员站 OIS 改变目标转速、目标负荷、升速率、升负荷率等值，但 DEH 系统能否将目标值转换成机组能接受的设定值，还要看进行/保持（GO/HOLD）逻辑的置位情况。当 GO = 1 时，DEH 系统使设定值按照所选择的速率逐步向目标值逼近，从而通过控制系统控制机组的转速、负荷；当 HOLD = 1 时，设定值将不再变化，进行保持逻辑，如图 4 - 7、图 4 - 8 所示。

由图 4 - 7 可知，在自动方式下，可以由操作员通过操作员站或硬操作盘使 GO 置位或复位。

（1）汽轮机转速在临界转速区，此时遥控存贮模块的 S、P、R 输入均为 1，为超驰输入状态，此时的输出由"O"端输入决定，因"O"端输入为汽轮机在临界转速区，所以，此时 GO = 1。

（2）当汽轮机转速不在临界转速区时，以下条件同时满足时使 GO = 1。

1）处于非手动方式，MANUAL = 0；

2）设定值和目标值不相等且没有任一复位条件；

3）操作员按下"进行"键。

（3）当出现以下任一条件时，GO = 0。

1）并网前进入自动同期方式，延时 0.5s；

2）并网前进入 ATR 方式，延时 0.5s；

3）锅炉控制方式，延时 0.5s；

4）自动设定目标值逻辑信号置位，即刚退出 ATR 方式且汽轮机转速在临界转速区延时 0.5s；

5）目标值改变；

6）ATR 来负荷保持指令；

7）有差信号 DIFF = 0，即目标值与设定值相等；

8）手动方式；

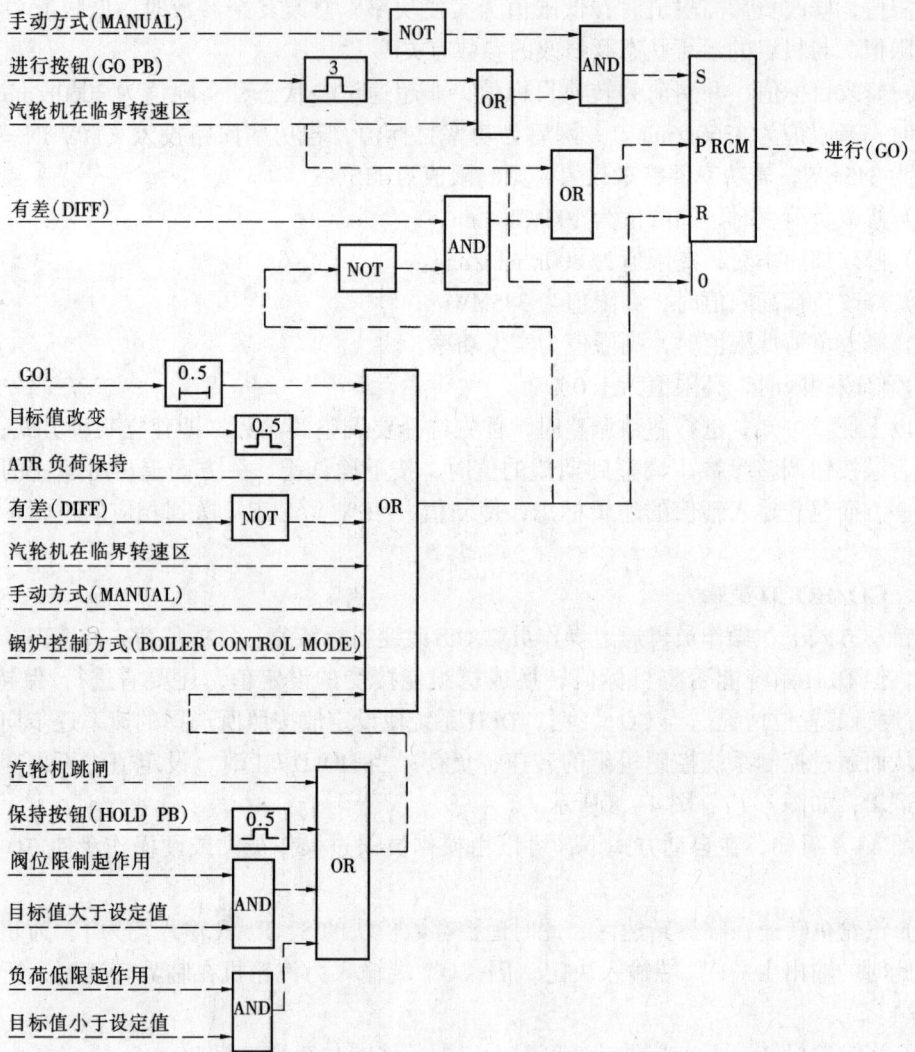

图 4-7 进行（GO）逻辑

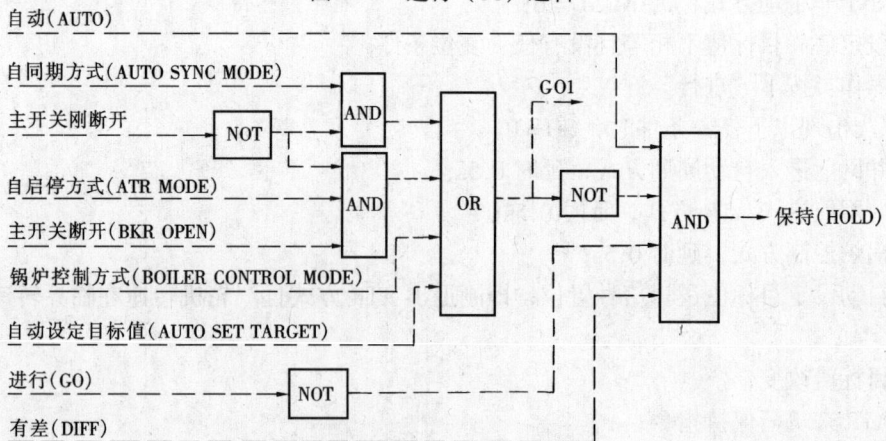

图 4-8 保持（HOLD）逻辑

数字电液调节与旁路控制系统

9）锅炉控制方式；

10）汽轮机跳闸；

11）按下"保持"键；

12）目标值大于设定值且阀限正起作用；

13）目标值小于设定值且负荷低限正起作用。

由图4-8可知HOLD的置位条件。同时满足下列条件时，HOLD = 1。

（1）GO = 0，即进行标志复位；

（2）DIFF = 1，即设定值与目标值不等；

（3）AUTO = 1，即处于自动方式；

（4）CCS CONTROL = 0，即不在协调控制方式；

（5）GO1 = 1，即GO的前四个复位条件都不存在。

第二节 转速调节系统 ⇨

转速调节系统的功能是控制汽轮机的转速，满足机组启动和同期的要求。转速调节系统的组成如图4-9所示，是个单回路调节系统，转速调节系统主要由转速信号的测量及处理回路、转速设定值形成回路、转速调节器、电液执行机构及机组对象等组成。

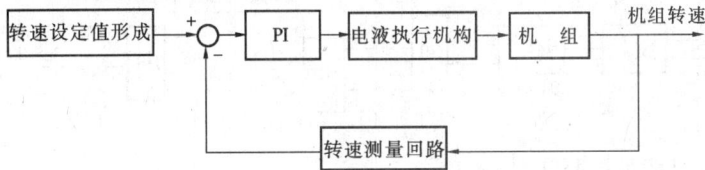

图4-9 转速调节系统原理

一、转速信号的测量及处理

汽轮机转速由安装在汽轮机轴上的电感式传感器测量。传感器的输出为矩形脉冲信号。该信号的频率与齿轮盘上恒定的凹槽数及转速成正比，当齿轮盘上的齿轮数确定后，传感器的输出单值地与汽轮机转速成正比。三个传感器的输出分别送到三块频率计数子模件FCS，FCS用于处理转速信号，它接收传感器的脉冲信号，采用周期计数的方法获得汽轮机转速，并将其转换为二进制数后通过子扩展总线向多功能处理器MFP传送。

频率计数器功能码（145）为频率计数子模件（FCS01）与多功能处理器MFP间的接口功能码。该功能码接收子模件FCS01的输出信号，并输出4个信号，输出N是以赫兹表示的频率乘以S5（对于60齿的齿轮盘，S5 = 1）；输出$N+1$、$N+2$分别为高低限报警，输出$N+3$为子模件的通信状态。因为测速齿轮的齿数为60，汽轮机每转一周，传感器就发出60个脉冲，设汽轮机的转速为N（r/min），则每秒内发出的脉冲数为N，所以功能码输出N就代表机组的实际转速（r/min）。

功能码（145）的输出信号送到模拟量数据采集功能码DANG（177）进行处理后，其输出送到转速信号处理回路，对三路转速信号进行三取中后作为汽轮机的实际转速信号，进行显示，送到控制回路，并对转速信号进行监视，发出相应的故障信息。图4-10示意了转速信号的处理逻辑及故障逻辑。

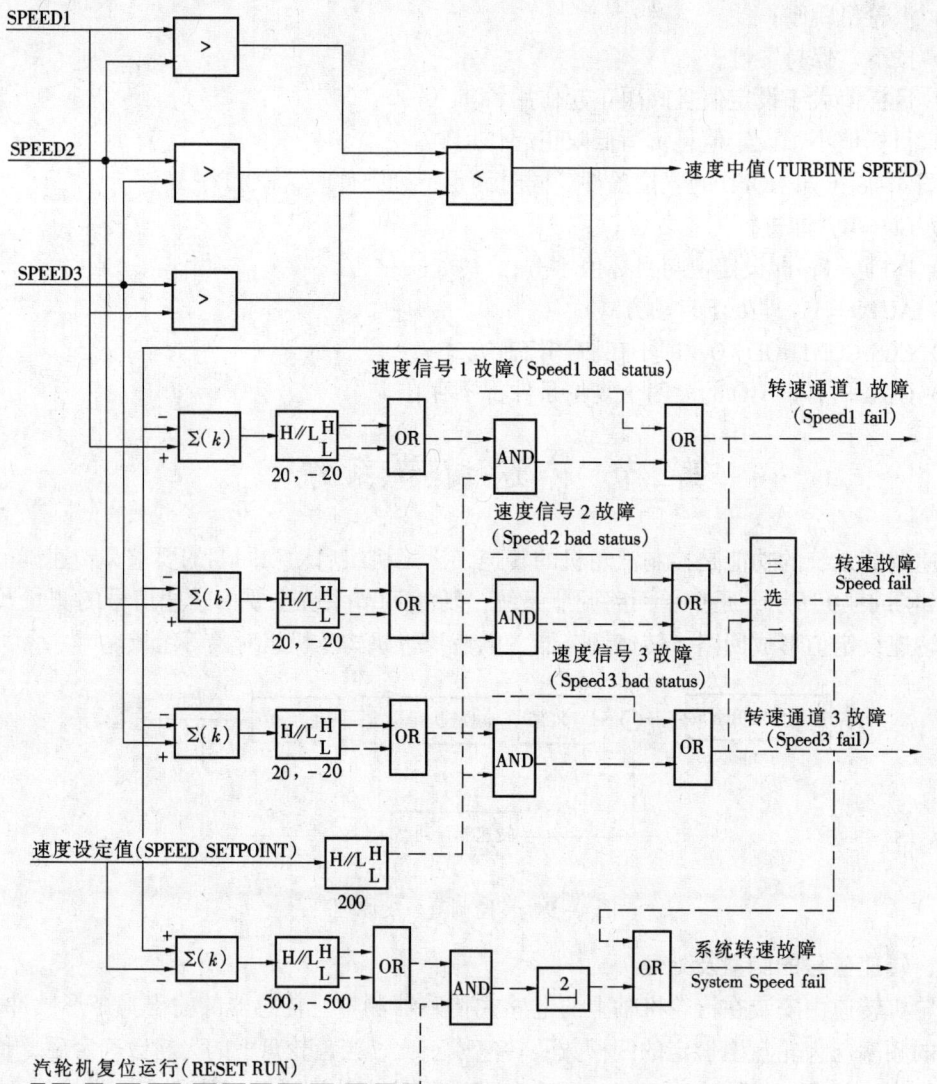

图4-10 转速信号的处理逻辑

三路转速测量信号两两送入大选模块，大选模块的输出又送到小选模块，小选模块的输出即为三路转速信号的中间值，该中间值就作为汽轮机转速（TURBINE SPEED）。同时将该中间值送到加法模块，用于判断转速信号的一致性，若某一路转速信号偏离中间值±20r/min，且转速设定值大于200r/min，就发出该通道转速信号故障的信息。当频率计数子模块与主模块有通信故障时，也发出该通道转速信号故障的信息。

以上三个通道的故障信息，送到三选二逻辑，也即三个转速通道有两个以上的转速通道故障时，发出转速故障（SPEED FAIL）信息，同时该信号送到或门，发出系统转速故障信息（SYSTEM SPEED FAIL）。

当汽轮机挂闸运行后，若汽轮机转速（TRUBINE SPEED）偏离转速设定值±500r/min，延时2s时，经过或门，也发出系统转速故障的信息。

当有转速通道故障时，将进行报警。

当有系统转速故障时，若机组未并网，将使汽轮机跳闸。

二、转速目标值形成原理

在机组运行过程中，操作员可修改目标值、升速率或负荷率，由设定值形成回路形成每个控制阶段的设定值。需指出的是，转速目标值形成逻辑和负荷目标值形成逻辑是一个，如图4-11所示。在分析转速控制系统时，只针对与转速有关的条件加以分析。

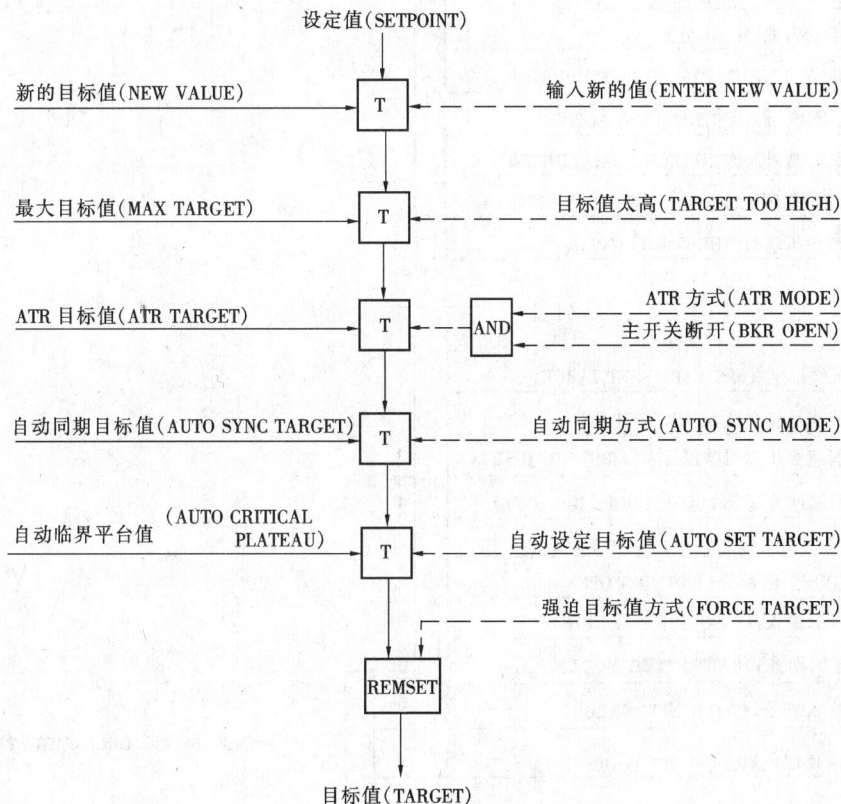

图4-11　目标值形成逻辑

由图可知，在形成目标值时，要使目标值发生改变，必须使手动设定常数功能码的跟踪信号为1，即FORCE TARGET=1，只有在强迫目标方式下，才能使各种工况或条件下形成的目标值被电液调节系统存贮接收。转速目标值共有五种来源，分别是：

（1）自动临界平台值；

（2）自同期目标值；

（3）自启动（ATR）目标值；

（4）最大目标值；

（5）新的目标值。

当以上几种方式不存在时，目标值将跟踪设定值。

1. 强迫目标值逻辑

在机组运行过程中，有控制方式改变或特殊工况时，将使目标值强制改变，以适应机组的运行要求，即进入强迫目标值方式。强迫目标值方式逻辑如图 4 – 12 所示，由图可知，当有下列任一条件满足时，将使强迫目标值方式信号置位，即 FORCE TARGET = 1。

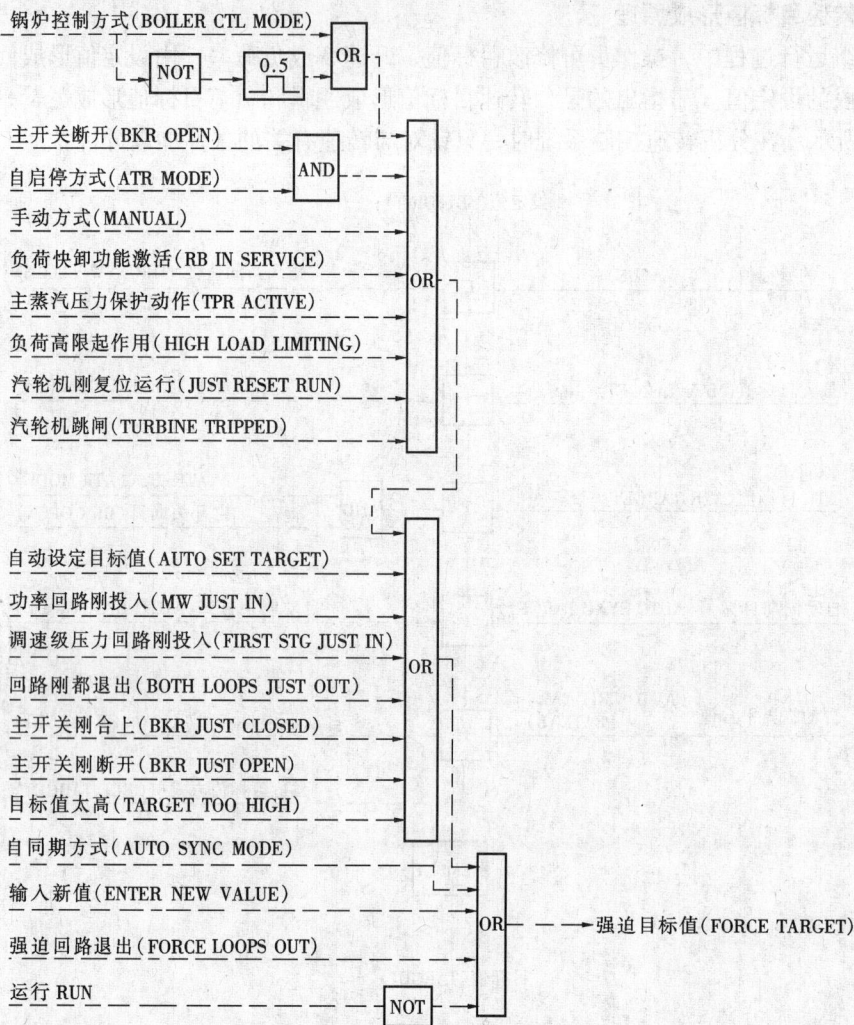

图 4 – 12　FORCE TARGET（强迫目标值）逻辑

（1）ENTER NEW VALUE = 1，指目标值方式下改变目标值且按下"输入"键。

（2）RUN = 0，指汽轮机电液调节系统没有运行。RUN 是一个很重要的逻辑状态，其置位逻辑见图 5 – 30。

（3）FORCE LOOPS OUT = 1，强迫回路退出。在机组运行过程中，当指令（DEMAND）大于 85% 或中压缸启动方式下，低压旁路已关闭且阀切换没有完成时，产生该信号，使功率回路，调速级压力回路退出。

（4）AUTO SET TARGET = 1，自动设置目标值，这是为避免机组停留在临界转速区而采取的措施，当目标转速设在临界转速区时，该信号置位，并把目标值自动设置为临界平台值。

（5）MW JUST IN = 1，指功率回路刚投入。

（6）FIRST STAGE JUST IN = 1，指调速级压力回路刚投入。

（7）BOTH LOOPS JUST OUT = 1，指功率、调速级压力两个回路刚都退出。

（8）BKR JUST CLOSED = 1，指主开关刚合上，即刚并网。

（9）BKR JUST OPEN = 1，指主开关刚断开，即与电网刚解列。

（10）TARGET TOO HIGH = 1，指目标值太高，超过其上限值。

（11）TURBINE TRIPPED = 1，指汽轮机跳闸。

（12）AUTO SYNC MODE = 1，指进入同期方式。

（13）BKP OPEN = 1 且 ATR MODE = 1，指并网前在 ATR 方式。

（14）BOILER CTL MODE = 1，指锅炉控制方式。

（15）$\overline{\text{BOILER CTL MODE}}$ = 1，指刚刚退出锅炉控制方式。

（16）MANUAL = 1，指手动方式。

（17）RB IN SERVICE = 1，指发生 RB 工况且 RB 功能激活。

（18）TPR ACTIVE = 1，指主蒸汽压力保护动作。

（19）HIGH LOAD LIMITING = 1，指负荷高限起作用。

（20）JUST RESET RUN = 1，指汽轮机刚复位运行。

2．自动设置目标值（AUTO SET TARGET）逻辑

当自动设置目标值逻辑置位时，目标值将设置为临界平台值（AUTO CRITICAL PLATEAU）。自动设置目标值逻辑如图 4 - 13 所示。

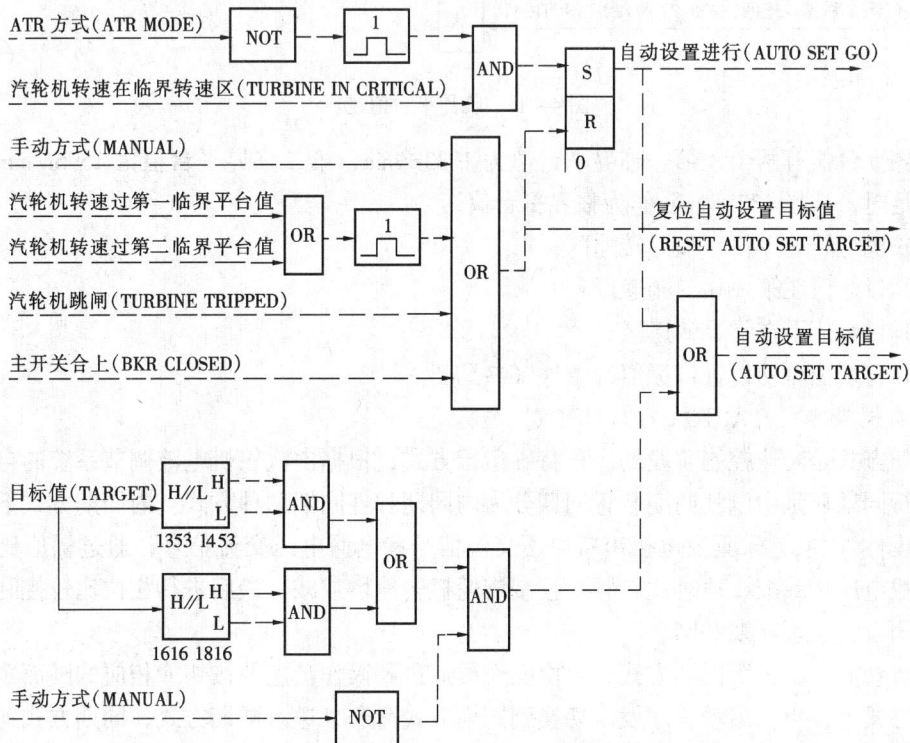

图 4 - 13　自动设置目标值逻辑

由图可知，自动设置目标值的置位条件为：

（1）非手动方式下，目标值处于第一临界转速区或第二临界转速区。

（2）非手动方式下，汽轮机转速在第一临界转速区或第二临界转速区，且 ATR 方式刚刚退出；该信号还使自动设置进行信号置位，即 AUTO SET GO = 1。

自动设置目标值是为了避免机组转速停留在临界转速区，当目标值设置在临界转速区或汽轮机转速在临界转速区而 ATR 方式退出时，程序自动地将目标值设为临界平台值，使机组转速退出临界转速区。临界平台值的形成如图 4 - 14 所示。

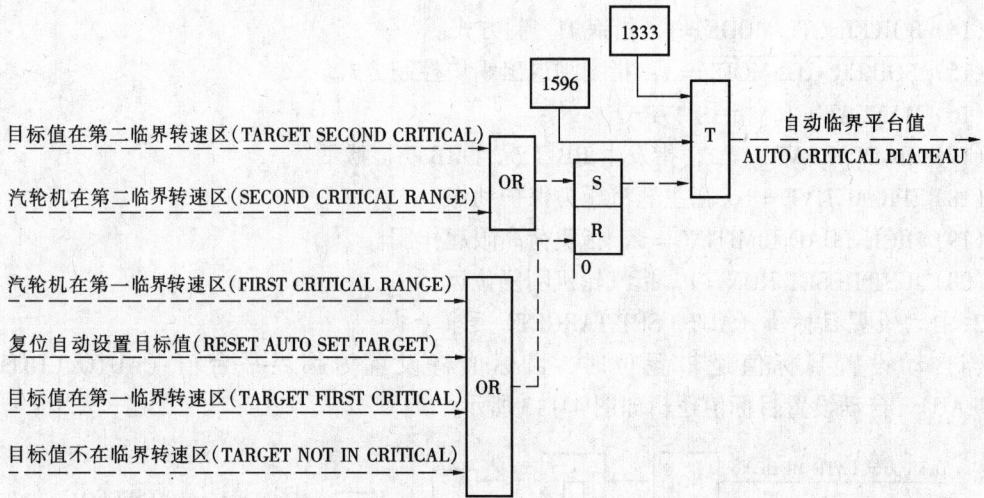

图 4 - 14　临界平台值逻辑

临界平台值有两个，第一临界平台值为 1333r/min，第二临界平台值为 1596r/min。以下条件满足时，选择 1333r/min 作为临界平台值。

（1）机组转速在第一临界转速区；

（2）目标值在第一临界转速区；

（3）目标值不在临界转速区；

（4）有复位自动设置目标值的条件（参见图 4 - 13）。

3. 自同期方式（AUTO SYNC MODE）逻辑

同期方式是转速控制阶段的一种特殊运行方式，根据由汽轮机电液调节系统的自同期子模块进行同期还是由电气同期装置同期分为内同期和外同期两种方式。内同期方式下，由自同期子模块（TAS）采集发电机出口电压交流信号和电网电压交流信号，通过幅值比较，控制励磁机电压增或减，通过比较频率控制汽轮机转速增或减，最后进行相位比较控制发电机主开关闭合，实现同期并网。

在自动方式下进入同期方式，可由操作员通过硬操作盘上的按钮或相应的画面实现；在自启动方式下，由自启动程序发出切换到同期方式命令，进入同期方式，同期方式置位逻辑如图 4 - 15 所示。

同期方式置位的条件为：

（1）同期允许且没有闭锁条件。

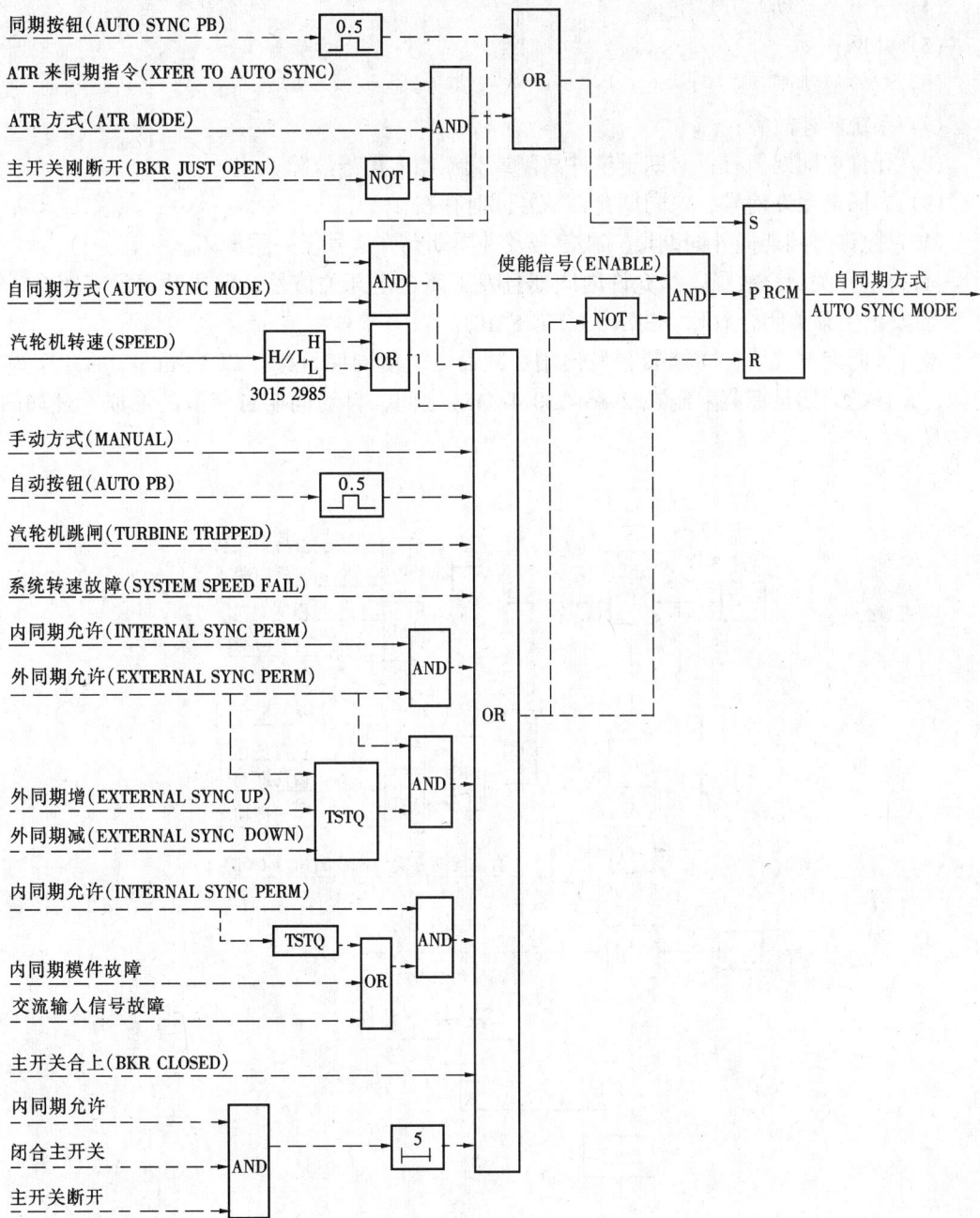

图 4 – 15　同期方式逻辑

（2）按下"同期"按钮，操作盘上的键灯亮说明进入同期方式。

当出现以下任一种条件（即闭锁条件）时，将使同期方式退出：

（1）已进入同期方式，又按下"自动同期"键；

（2）汽轮机转速不在 2985～3015r/min 之间；

（3）处于手动方式；

（4）按下"自动"方式键；

（5）并网；

（6）汽轮机跳闸；

（7）系统转速故障；

（8）允许内同期但有自同期子模件故障或交流输入信号故障；

（9）内同期允许信号、外同期允许信号同时存在；

（10）允许外同期但外同期增、减信号及外同期允许信号任一质量坏；

（11）主开关闭合故障，指允许内同期且发出闭合主开关信号，但主开关没有闭合，延时 5s 后发出主开关闭合故障（BKR CLOSE FAIL）。

当进入同期方式后，同期装置发出增、减命令，使同期目标值以 1r/min/s 的速率进行变化，并且把同期目标值限制在 2986～3014r/min 之间，自动同期目标值的形成原理如图 4－16 所示。

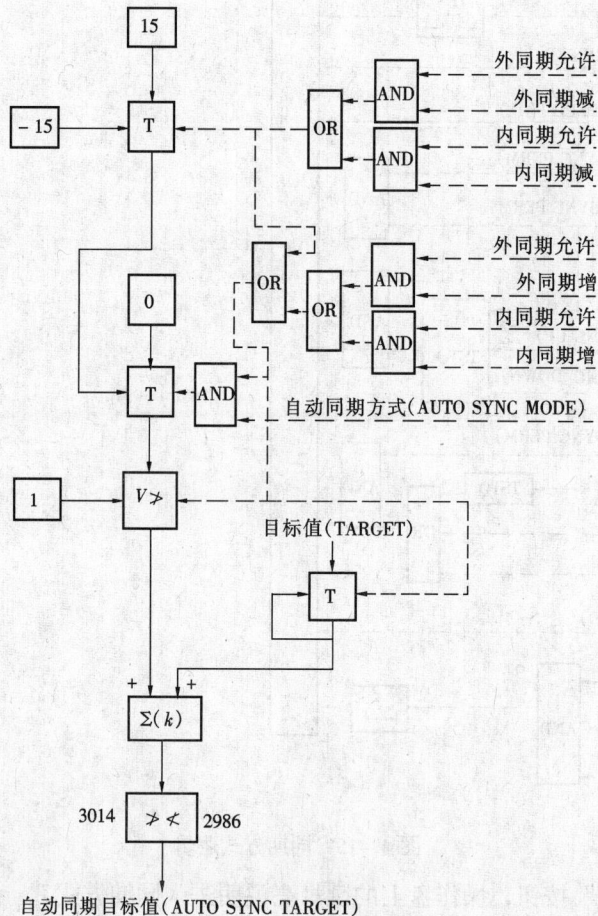

图 4－16　自动同期目标值

当没有进入同期方式或没有同期增、同期减信号时，自同期目标值跟踪目标值。当进入同期方式且有同期增、同期减信号时，自同期目标值将在原来值的基础上以 1r/min/s 的速率增加或减少。自同期目标值在 2986~3014r/min 之间变化。

4. 自启动方式及自启动目标值

当条件满足时，可由操作员通过硬操作盘或 OIS 投入自启动功能。在该方式下，由自启动程序给出每一个阶段的目标值，自动确定升速率，自动发出同期命令，实现并网带初负荷等功能，不需要操作员干预。有关逻辑详见本书第五章及第八章内容。

5. 目标值太高逻辑

目标值太高方式主要用来自动限制目标值的上限值，当有目标值太高时，选择最大目标值（MAX TARGET）作为此时的目标值，目标值太高及最大目标值逻辑如图 4-17 所示。

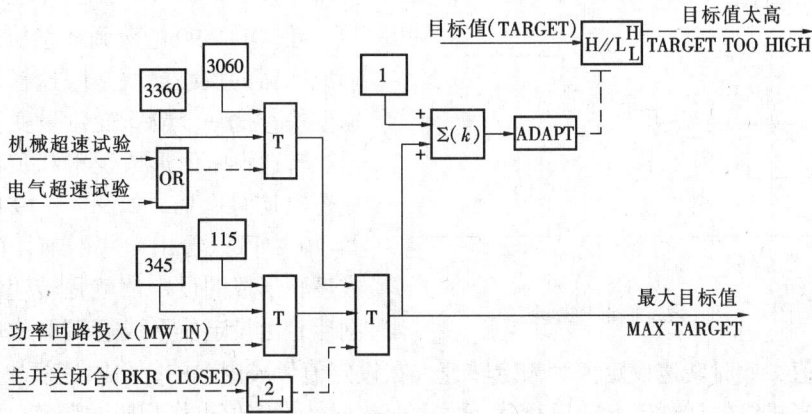

图 4-17　目标值太高及最大目标值

最大目标值和机组所处的运行状态有关。当机组并网前，最大目标值指最大目标转速，机组并网后，最大目标值为最大目标功率。对于最大目标转速，又和是否进行超速试验有关。进行机械超速试验或电气超速试验时，最大目标转速为 3360r/min；不进行超速试验时最大目标转速为 3060r/min。在机组并网后进入负荷控制阶段，最大目标值又与功率回路是否投入有关，若功率回路投入，最大目标功率为 345MW，若功率回路没有投入，则最大目标功率为 115%。

当目标值大于最大目标值时，发出目标值太高的信息，并把此时的目标值设置为最大目标值。

6. 输入新的目标值逻辑

目标值方式逻辑见图 4-3，在目标值方式下，操作员修改目标值并且按"输入"键（ENTER PB）后，就发出输入新的目标值的信息，并把此时的新值（NEW VALUE）作为当前的目标值。由强迫目标值逻辑可知，以上分析的五种目标值方式是强迫目标值的置位条件，当以上五种目标值方式不存在时，只要强迫目标值逻辑置位，目标值就将跟踪设定值（SET-POINT）。另外，五种目标值方式是有优先级别的，从目标值逻辑图看，优先级为从下到上。

三、转速设定值形成原理

理论上，我们可以将机组的转速及负荷从一个稳定状态无延迟地变到另一个状态，但机组的热应力限制了这种变迁的速度。实际上，从一个稳定状态到另一个稳定状态是通过一段时间的过渡来完成的，以确保机组的热应力在允许的变化范围内，大多数电液调节系统都设

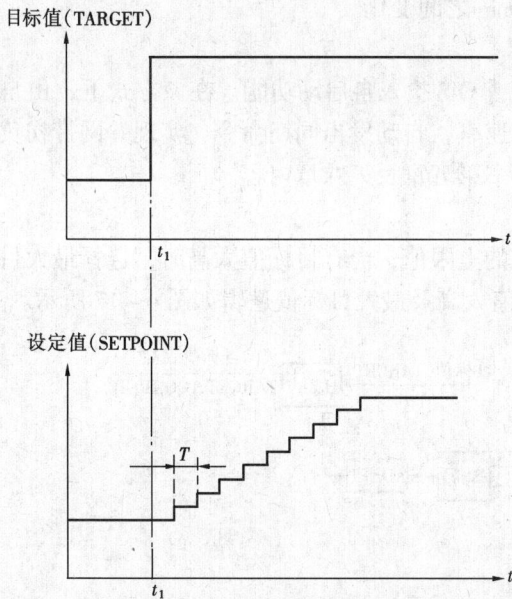

图 4-18 设定值形成原理

置设定值形成回路，通过设定值形成回路把一个阶跃的目标值变为机组能允许的一系列阶梯斜坡设定值。阶梯的时间宽度 T 反映了 DEH 系统对控制任务的扫描执行周期，而阶梯的幅度反映升速率或升负荷率，当控制任务的扫描周期 T 比对象的时间常数小很多时，阶梯斜坡可用一直线来近似。图 4-18 示意了设定值形成回路的工作原理。

在 INFI-90 电液调节系统中，设定值形成回路的核心模块是限速模块，通过限速模块，把一个阶跃变化量变为斜坡变化量。转速设定值形成逻辑和负荷设定值形成逻辑是同一个，如图 4-19 所示。从图 4-19 中可以看出，并网前，由设定值形成逻辑形成的设定值就是转速设定值；并网后，由设定值形成逻辑形成的设定值就是负荷设定值，此时转速设定值为额定转速。在设定值形成逻辑中，除限速模块外，还有多个切换器，当机组的运行工况或运行状态发生变化时，设定值也作相应的调整。

结合图 4-19 所示的设定值形成逻辑，对转速设定值可得出以下结论。

(1) 当机组并网后，转速设定值为额定转速 3000r/min，由强迫目标值形成逻辑可知，机组并网后强迫目标值方式置位，转速目标值跟踪转速设定值，所以此时转速目标值也为 3000r/min。

(2) 当汽轮机跳闸或电液调节系统没有运行时，转速设定值为 0r/min，由强迫目标值逻辑可知，目标转速跟踪转速设定值，也为 0r/min。

(3) 当汽轮机控制系统处于手动方式时，转速设定值跟踪汽轮机实际转速，使转速调节器的入口偏差为 "0"，可实现手动自动无扰切换。目标转速也跟踪汽轮机实际转速，操作员可通过硬操盘操作阀增（VALVE RAISE）和阀减（VALVE LOWER）按钮直接控制调节阀的开度，实现汽轮机的转速控制，也可通过 OIS 调出相应的画面，修改阀位设定值来控制汽轮机转速。但在汽轮机冲转过程中应尽量选择自动方式。

(4) 当发电机刚解列且汽轮机未跳闸时，将转速设定值设定为额定转速 3000r/min，使汽轮机维持在额定转速下运行，以便排除故障后尽快并网，且此时的转速目标值跟踪转速设定值，也为 3000r/min。在发电机刚解列，且汽轮机未跳闸时，为了防止汽轮机超速，设计了超速预测控制器。当中压缸排汽压力（XOVER PRESS）超过其额定值为 15% 时，发出指令使超速限制集成块（OSP）动作，快关高、中压调节阀。

(5) 当汽轮机刚复位运行时，转速设定值跟踪汽轮机的实际转速，这样可使转速调节器的入口偏差为 0，从而减少控制系统的扰动，提高控制系统的稳定性。汽轮机刚挂闸复位时，使强迫目标值逻辑置位，转速目标值也跟踪实际转速。

(6) 转速目标值与转速设定值不等时，若有任一进行（ANY GO = 1）条件，则设定值以

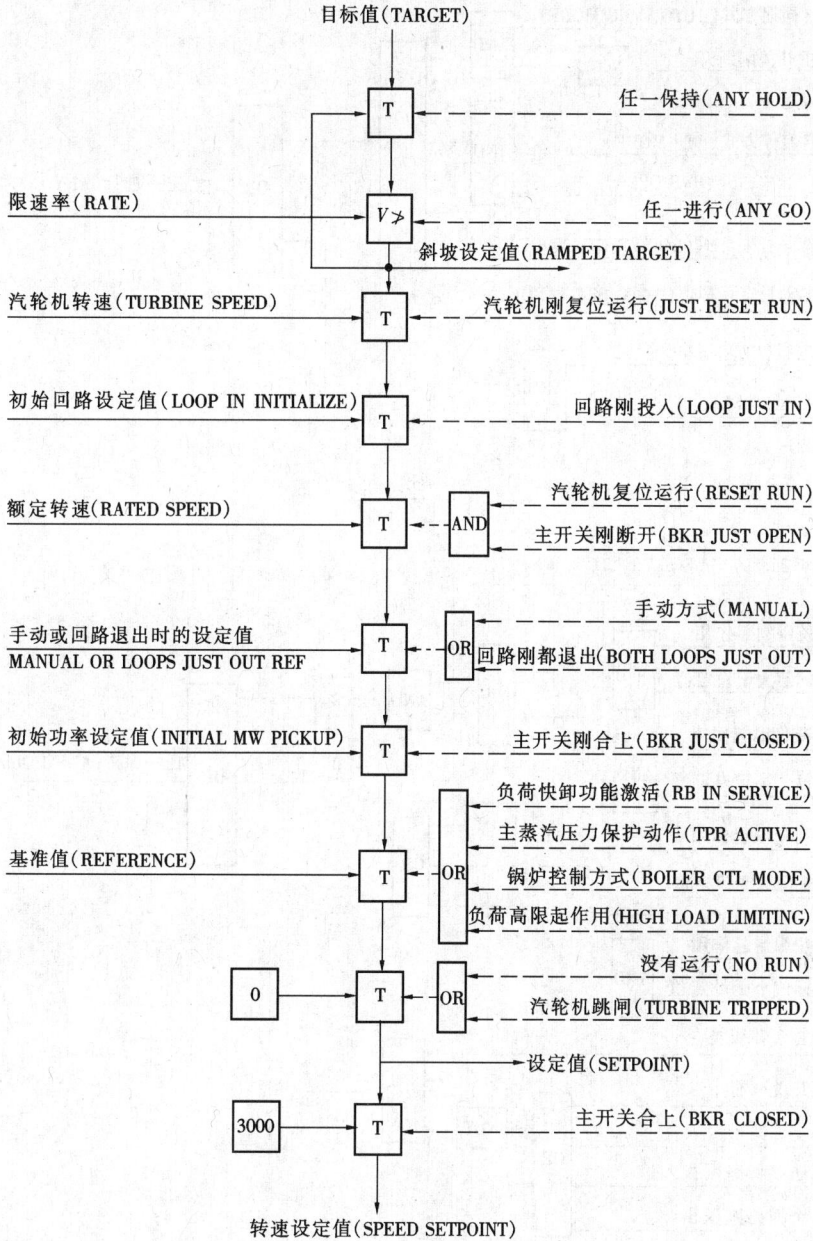

图 4-19　设定值形成逻辑

一定的速率逼近目标值；若有任一保持（ANY HOLD＝1）条件，则设定值停止变化，保持当前的设定值不变。任一进行、任一保持以及升速率逻辑如图 4-20、图 4-21 和图 4-22 所示。

当满足以下任一条件时，任一进行逻辑置位，即 ANY GO＝1。

（1）机组未并网且进入自动同期方式。

（2）机组未并网且为 ATR 方式。

（3）锅炉控制方式（BOILER CTL MODE＝1）。

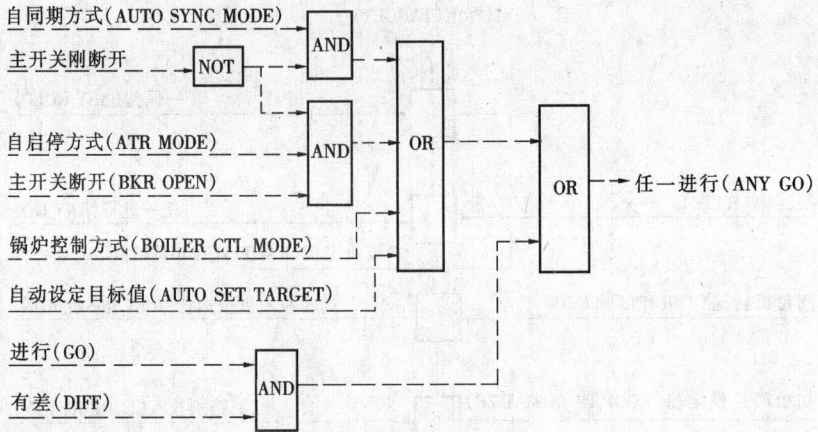

图 4-20 任一进行逻辑

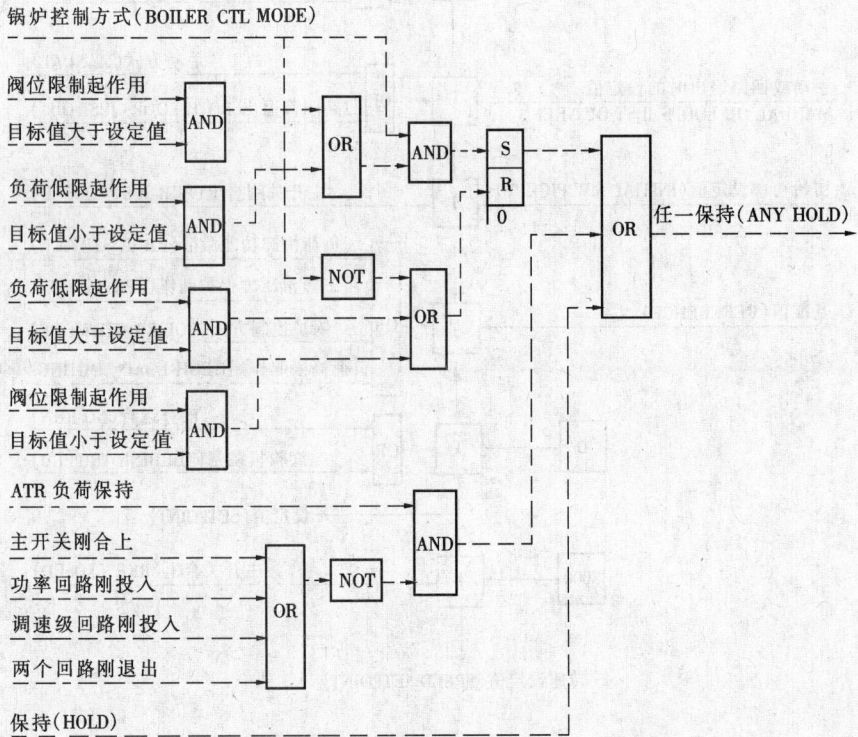

图 4-21 任一保持逻辑

（4）自动设置目标值（AUTO SET TARGET = 1）。

（5）目标值和设定值不相等且有"进行"标志。

当满足以下任一条件时，任一保持逻辑置位，即 ANY HOLD = 1。

（1）有保持条件 HOLD = 1（HOLD 的置位逻辑见图 4-8）。

（2）有 ATR 程序来的负荷保持条件（ATR LOAD HOLD = 1），且没有主开关刚合上、功

新值(NEW VALUE)

ATR 升速率(ATR ACCEL RATE) ── T ┈┈┈ ATR 方式

REMSET ◄ OR ┈┈┈ ATR 方式
　　　　　　　　┈┈┈ 输入新的升速率值

30 ── T ┈┈┈ 减小升速率

400 ── T ── AND ┈┈┈ 汽轮机转速在临界转速区
　　　　　　　　　　　┈┈┈ 自动方式(AUTO)
　　　　　　　OR ┈┈┈ ATR方式(ATR MODE)

→ 升速率(ACCEL RATE)

0.016 ── ×

0.016

负荷率(LOAD RATE) ── × ── T4 ┈┈┈ 主开关闭合(BKR CLOSED)

ADAPT

变化率(RATE)

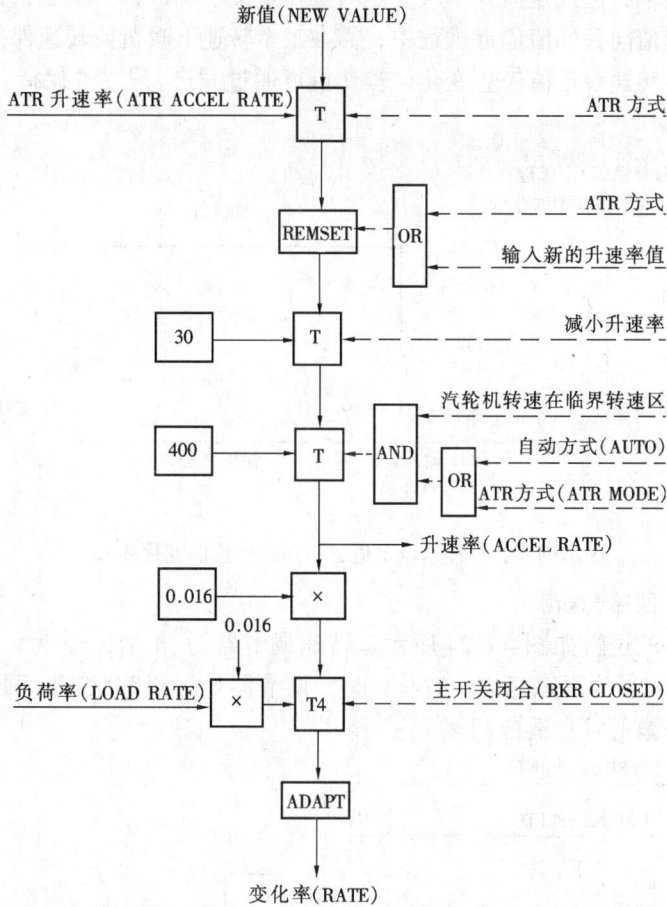

图 4-22　变化率逻辑

率回率刚投入、调速及压力回路刚投入、两个回路刚退出任一情况。

（3）在锅炉控制方式下（BOILER CTL MODE＝1），有阀限正在起作用而目标值大于设定值，或有负荷低限正在起作用而目标值小于设定值。

图 4-22 为变化率逻辑。因转速设定值和负荷设定值形成逻辑是同一个，所以并网前，变化率为升速率；并网后，变化率为升负荷率。切换器 T4 的输出通过自适应模块作用于限速模块。乘法模块用于量纲变换。因操作员输入的升速率单位是 r/min/min，而计算机内部要求的单位是 r/min/s，所以应乘以 0.016，进行量纲转换。在自动方式或自启动方式下，若汽轮机转速在临界转速区，则升速率设定为 400r/min/min，提高升速率，可实现快速过临界转速区。若升速过程中出现斜坡目标值（RAMPED TARGET）接近目标值，则使升速率设定为 30r/min/min。若控制系统运行在 ATR 方式，则接收 ATR 程序计算的升速率值（ATR AC-CEL RATE）。在加速率模式下（ACCEL RATE MODE＝1），操作员可通过硬操作盘上的增、减按钮改变升速率值，按下"输入"键后，该值（NEW VALUE）成为当前的升速率值作用于限速模块。在升速过程中，转速设定值、转速目标值的变化曲线如图 4-23 所示。

当机组跳闸时，转速设定值、转速目标值都置 0，当机组挂闸后并发出运行（RUN）命令后，转速目标值、转速设定值均跟踪机组的实际转速即盘车转速。当操作员输入新的目标值后，目标值改变了，但设定值并未改变。当操作员按下"进行"键后，设定值才开始向目标值变化。在设定值向目标值逼近过程中，需在某个转速下暖机或转速保持时，操作员可按下"保持"键，使转速设定值停止变化。操作员可通过"进行"、"保持"控制机组的启动进程。

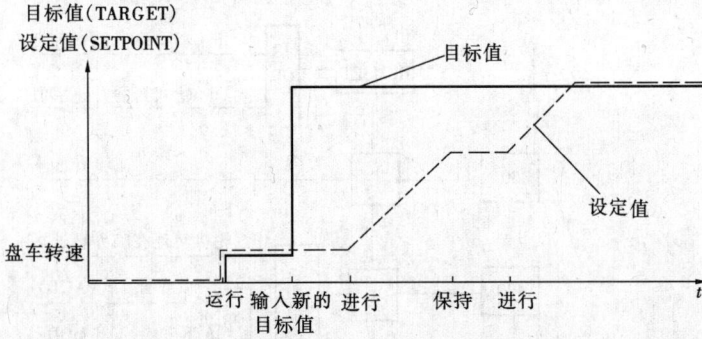

图 4 - 23 转速设定值、转速目标值的变化曲线

四、转速调节回路分析

转速调节回路的逻辑如图 4 - 24 所示，转速调节器为 PI 型，SP 为设定值，PV 为被调量，TR 为跟踪值，TF 为跟踪标志。TF = 0 时，调节器处于跟踪状态。调节器的比例增益、积分系数、微分系数等可自适应调整。

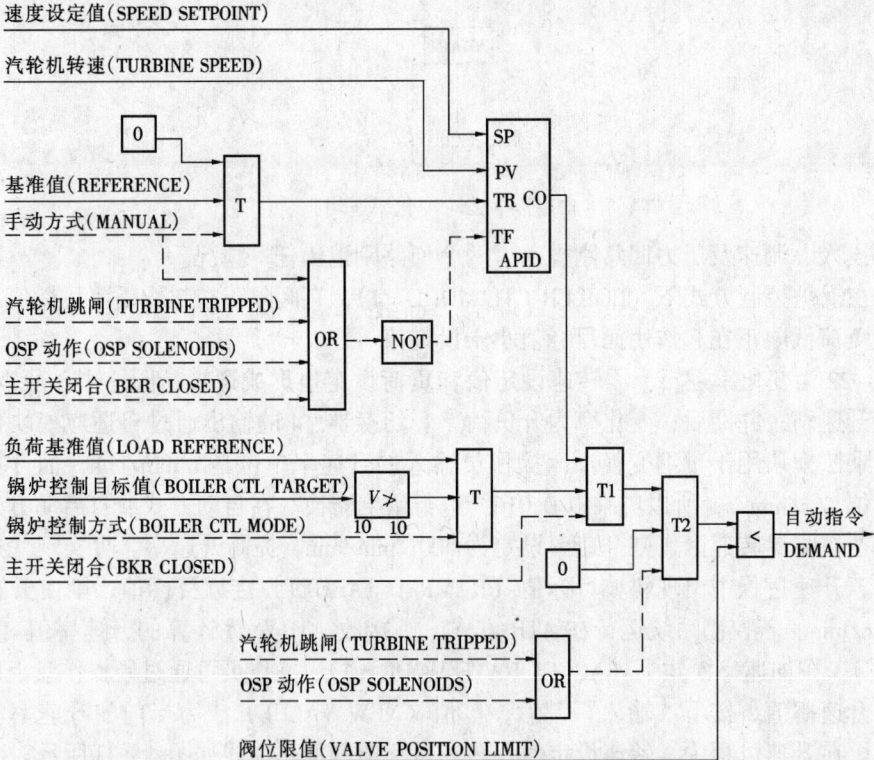

图 4 - 24 转速调节回路

数字电液调节与旁路控制系统

转速调节器根据设定值与实际转速值的偏差进行 PI 运算，输出控制信号改变阀门的开度，以使实际转速与设定转速相等。

当出现以下情况时，转速调节器处于跟踪状态：

(1) 手动方式；

(2) 并网；

(3) 超速限制动作（OSP SOLENOIDS = 1）；

(4) 汽轮机跳闸。

跟踪值与跟踪指令有关。当为手动方式时，跟踪值为基准值（REFERENCE），且此时转速设定值跟踪实际转速，调节器的入口偏差为"0"，以实现无扰切换；当为其他跟踪指令时，跟踪值为"0"。

在机组未并网转速控制期间，若没有发生 OSP 动作或阀限限制等情况，PID 控制器模块的输出经选择切换、小选后就成为自动指令（DEMAND）。由该指令形成各阀门的开度指令送到相应的阀门位置控制回路，使各阀门的开度改变，从而改变进入汽轮机的蒸汽量，进而改变机组的转速。

当机组并网后，将选择负荷控制回路的输出或锅炉控制目标值作为自动指令（DE-MAND）；当发生汽轮机跳闸或 OSP 动作工况时，切换器 T2 的输出为 0，使自动指令（DE-MAND）也为 0。

第五章

DEH负荷调节系统

机组并网后进入负荷控制阶段，负荷控制方式比较多。在控制系统为自动的情况下，有以下四种负荷控制方式。

（1）阀位控制方式。没有功率反馈和调速级压力反馈，直接输入阀位目标值，形成阀位设定值，控制阀门开度，实现负荷的开环调节。

（2）功率反馈控制方式。采用实际功率的闭环反馈控制，比较负荷设定值和实际负荷，对偏差进行 PI 运算，形成阀门的开度指令。

（3）调速级压力反馈控制方式。采用调速级压力闭环反馈控制，比较调速级压力设定值和实际调速级压力，对偏差进行 PI 运算，形成阀门的开度指令。

（4）协调控制方式。此时机组处于协调控制方式，DEH 接收 CCS 来的指令改变调节阀的开度，DEH 相当于 CCS 系统的执行机构。

除以上几种负荷方式外，还有手动方式，操作员可通过操盘上的"阀位增"（VALVE RAISE）、"阀位减"（VALVE LOWER）按钮直接改变阀位指令，通过阀门位置控制回路改变实际阀位，从而使实际功率增加或减少。

DEH 负荷调节系统与分析转速调节系统类似，现从负荷目标值形成、负荷设定值形成和负荷调节方式逻辑等几方面加以分析和说明。

第一节　负荷目标值及负荷设定值的形成原理 ⇨

一、负荷目标值的形成

负荷目标值的形成逻辑见图 4-11，负荷目标值有以下几种来源：

（1）并网后在目标值方式下，由操作员输入新的负荷目标值。

（2）若有目标值太高（TARGET TOO HIGH），则以最大目标值作为目标值，若功率回路投入，则最大负荷目标值为 345MW；若功率回路没有投入，则最大负荷目标值为 115%。

以上两种方式不存在的情况下，负荷目标值将跟踪负荷设定值。

二、负荷设定值的形成原理

负荷设定值的形成逻辑和转速设定值的形成逻辑是一个，见图 4-19。由负荷设定值形成逻辑形成的设定值（SETPOINT），送到目标值形成逻辑，作为目标值的跟踪值；此外对设定值进行归一化处理，形成归一设定值（SETPOINT%），送到功率调节器和调速级压力调节器。在并网带负荷阶段，有以下几种形式的负荷设定值。

（1）TURBINE TRIPPED＝1，汽轮机跳闸，负荷设定值置 0，即 SETPOINT＝0。

（2）RUNBACK OR TPR OR CCS＝1，发生 RB 工况、主蒸汽压力保护动作、负荷高限限制或运行在锅炉控制方式时，负荷设定值跟踪基准值，即 SETPOINT＝REFERENCE。

（3）BKR JUST CLOSED = 1，主开关刚合上机组刚并网时，为了防止逆功，要使机组带上 3% ~ 5% 的初负荷，所以设定值为初负荷设定值（INITIAL PICKUP）。初始设定值由三部分求和形成，如图 5 - 1 所示。

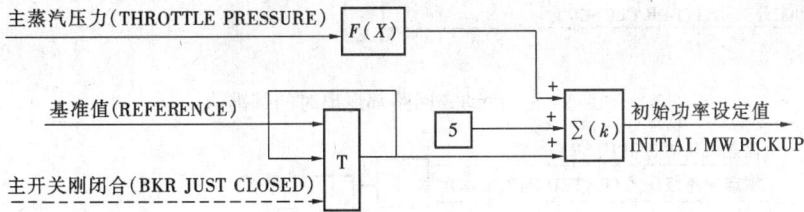

图 5 - 1　初始功率设定值形成逻辑

1）5% 的初负荷；

2）刚并网时的基准值（REFERENCE）；

3）主蒸汽压力修正值，根据主蒸汽压力的大小，适时修正功率定值。

主蒸汽压力和功率修正值的关系 $F(X)$ 如图 5 - 2 所示。当主蒸汽压力较低时，初始功率设定值较大；当主蒸汽压力较高时，初始功率设定值较小。因刚并网时，负荷控制系统处于开环工作方式，初始功率设定值实质上为初始阀位设定值，根据主蒸汽压力的大小，自动调整刚并网时阀门的开度。

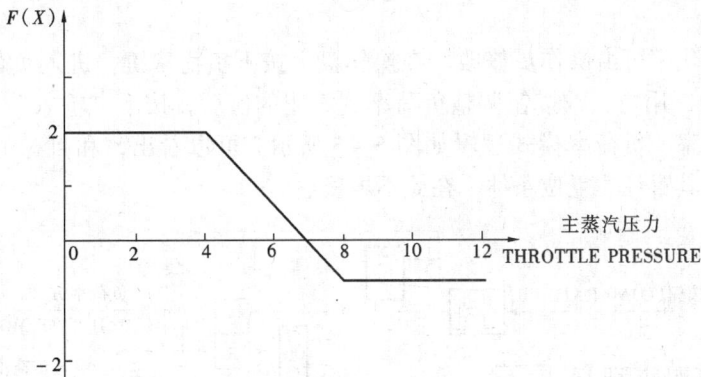

图 5 - 2　主蒸汽压力和功率修正值的关系曲线

（4）MANUAL OR LOOPS JUST OUT = 1，手动方式或两个回路刚都退出时，负荷设定值跟踪手动或回路都退出时的基准值，该值由图 5 - 3 所示的逻辑确定。因为形成归一设定值（SETPOINT%）时叠加了一次调频量，所以在此减去一次调频量，使归一设定值（SETPOINT%）等于基准值（REFERENCE），这样可避免因为回路的退出或手/自动方式切换使设定值发生改变，使控制系统产生扰动。

（5）LOOP JUST IN = 1，回路刚投入，指功率回路或调速级压力回路刚投入，负荷设定值为回路初始值（LOOP IN INITIALIZE），回路初始值的形成如图 5 - 4 所示。

功率回路刚投入时，回路初始设定值为实际功率减去调频量，因为在设定值转化为归一设定值时，已叠加了调频量，这样使此时的归一设定值为实际功率（MW%），使调节器的入口偏差为 "0"，使功率回路投入时无扰。同理，若调速级压力回路刚投入时，回路初始设定值为实际的调速级压力（IMP%）减去调频量，也使调节器入口偏差为 0，使调速级压力

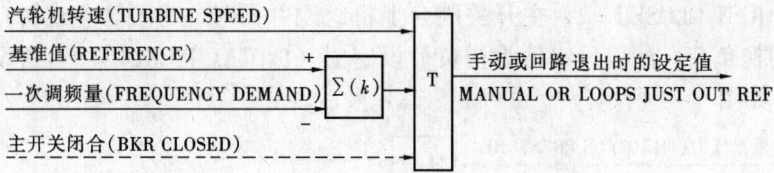

图 5-3　手动或回路都退出时的基准值

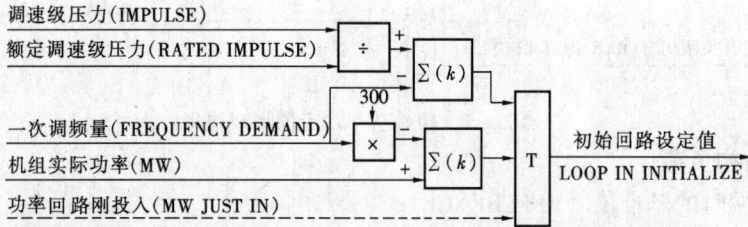

图 5-4　初始回路设定值逻辑

回路投入时无扰。

(6) 当有进行/保持条件时负荷设定值的变化同转速设定值，当有任一进行条件时，设定值（SETPOINT）以一定的速率跟踪目标值，当有任一保持条件时，设定值停止变化，保持当前值。

(7) 负荷变化率可由操作员修改。在操作盘上按下负荷率键，进入负荷率模式（LOAD RATE MODE=1），用增、减按钮调整负荷率到希望的值后，按下"输入"（ENTER）按钮，将输入新的负荷率。负荷率模式逻辑如图 5-5 所示。可以看出，和目标值方式逻辑相似，读者可自己分析其置位、复位条件，在此不再赘述。

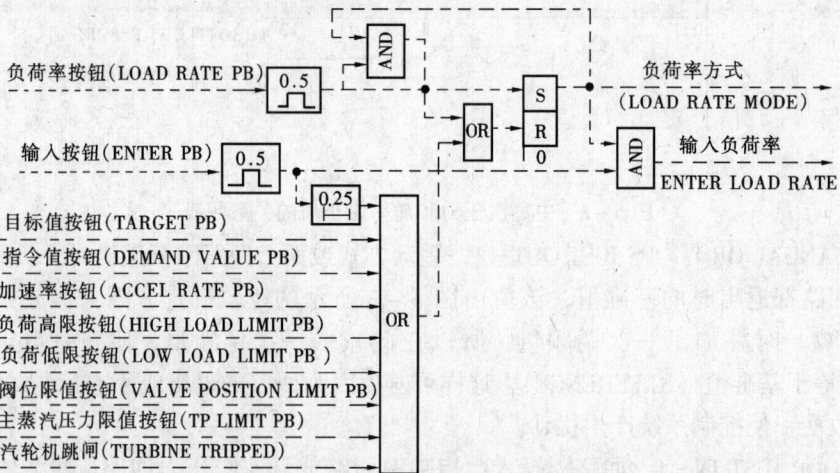

图 5-5　负荷率模式逻辑

负荷变化率有两种表示形式，即 MW/min、%/min，最终选择哪种形式的负荷率与回路的投入有关，图 5-6 示意了负荷率的形成原理。

由于负荷阶段控制方式比较多，所以负荷率也随着改变。

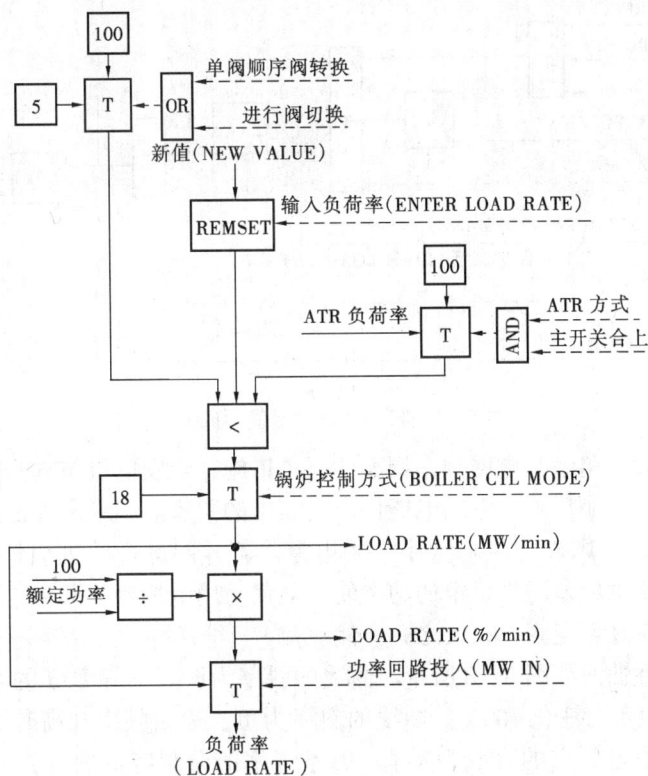

图 5-6 负荷率的形成

（1）当处于锅炉控制方式时，负荷率设置为 18MW/min；

（2）当进行阀切换或单阀/顺序阀转换时，负荷率设置为 5MW/min；

（3）当并网后 ATR 方式投入时，由 ATR 程序根据应力计算结果确定升负荷率；

（4）运行人员输入新的负荷率。

以上四种方式下的负荷率进行小选，选择切换后形成的负荷率为 MW/min 量纲，当功率回路没有投入时，需对其进行归一化处理，成为%/min 量纲的负荷率。

第二节 归一设定值（SETPOINT%）的形成原理

机组并网后就进入负荷控制阶段，负荷控制方式比较多，且要考虑一次调频、主蒸汽压力保护、快卸负荷、调节回路无扰切换等，必须对设定值形成回路形成的功率设定值进行归一化处理，归一负荷设定值的形成原理如图 5-7 所示。

当功率回路投入时，把设定值(SETPOINT)除以额定负荷后再叠加一次调频量(FREQUENCY DE-MAND)和 TPC 保护动作时对功率的修正值得到归一负荷设定值(SETPOINT%)。当功率回路没有投入时，也即处于开环控制方式或调速级压力回路投入时，设定值直接叠加一次调频量(FREQUENCY DEMAND)和 TPC 保护动作时对功率的修正值得到归一负荷设定值(SETPOINT%)。

一、一次调频原理及其逻辑

1. 一次调频原理

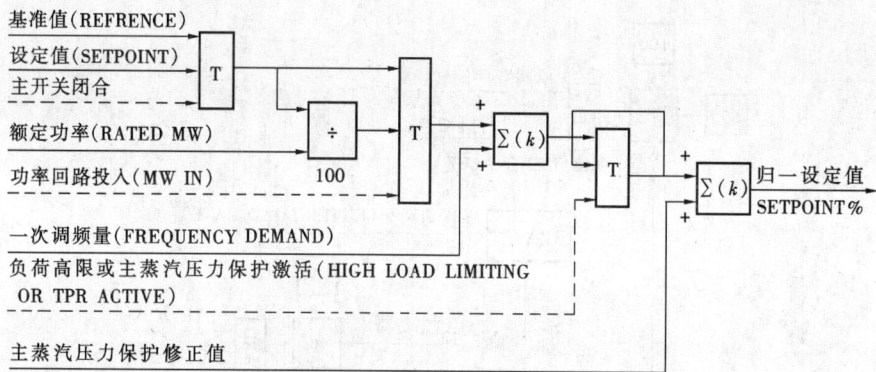

图5-7　归一负荷设定值形成原理

　　一次调频是单元机组参与电网频率调整的一种措施，当发电机与电网同步运行时，电网频率的高低与频差的大小反映了电网电能供应与需求的关系。如果出现正的频差，即电网频率低于额定频率50Hz，则表明供电量小于用电量。若并网运行的机组都能参加一次调频，按各自的调频特性根据频差增加机组的功率使供电量与用电量趋于平衡，则电网频率就能升高，使电网频率稳定在额定频率；反之，亦然。

　　典型的调频特性曲线如图5-8所示。曲线的斜率为调频不等率δ的倒数，其含义为频率变化δ，则汽轮机负荷变化100%。曲线的斜率为负，表明频率升高时减小负荷，频率降低时增加负荷，图中过原点的直线为具有5%不等率的调频特性曲线。为了稳定机组的运行，一般都设有调频死区，即频差在死区范围时，机组的调频量为0，频差大于死区范围时，按调频不等率改变机组的功率定值。图中加粗实线为具有5%不等率且调频死区为0.25Hz的调频特性曲线。在INFI-90电液调节系统中，调频特性曲线以函数发生器功能码$F(X)$来实现，不等率、死区在组态时可调整。

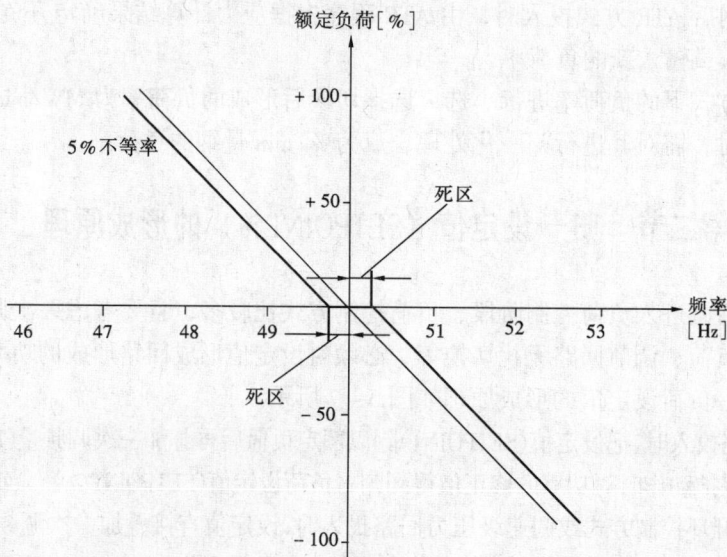

图5-8　调频特性曲线

2. 一次调频投入逻辑

汽轮发电机组在并网运行时，为保证供电品质对电网频率的要求，通常应投入一次调频功能。当机组转速在死区范围内时，一次调频量为零，一次调频不动作。当转速在死区范围以外时，一次调频动作，频率调整量按不等率随转速变化而变化。图5-9为一次调频投入、激活逻辑，由图可知，一次调频功能投入的条件为：

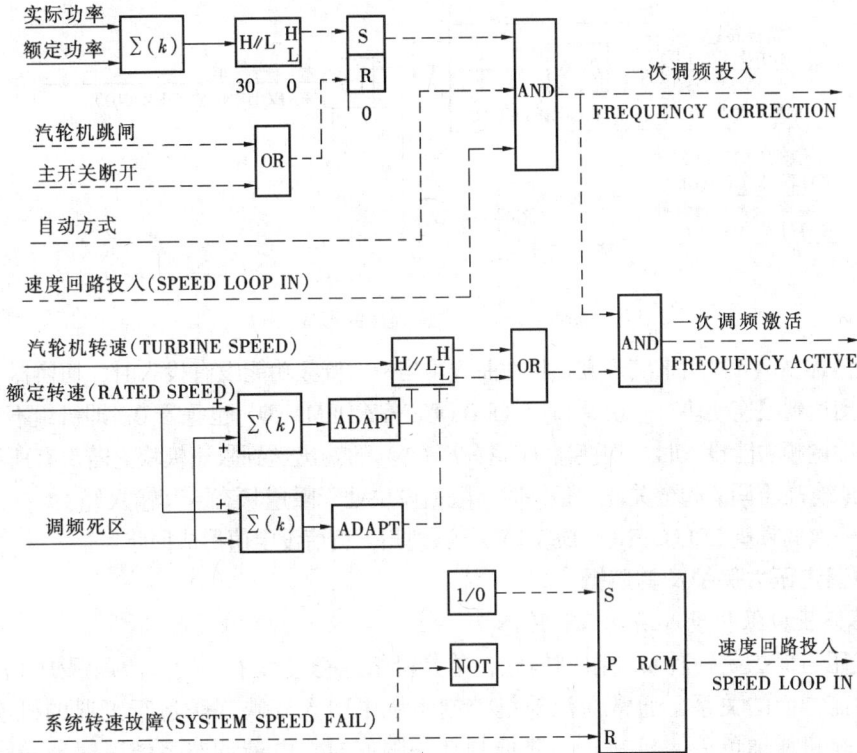

图5-9 一次调频逻辑

（1）汽轮机运行在自动方式，AUTO = 1；

（2）机组功率大于某一值；

（3）系统转速无故障。

一次调频激活的条件为：频率校正投入且汽轮机转速大于（3000 + 调频死区）或汽轮机转速小于（3000 - 调频死区）。

当出现下列任一条件时，将使一次调频功能退出：

（1）转速信号故障；

（2）DEH 处于手动方式；

（3）主开关断开；

（4）汽轮机跳闸。

通常为使机组承担合理的一次调频量，设置 DEH 的不等率及死区与液压调节系统的不等率及迟缓率一致。不等率在 3% ~ 6% 内可调，设为 4.5%。死区在 0 ~ 30r/min 内可调。当调频功能投入且机组转速大于（3000 + 调频死区）或机组转速小于（3000 - 调频死区）

时，使一次调频功能激活，使逻辑信号置位，即 FREQUENCY ACTIVE = 1；此时将实际转速按照调频特性转化为一次调频量（FREQUENCY DEMAND），送到归一负荷设定值形成逻辑，使归一设定值变化，相应的改变机组的实际负荷，机组实施一次调频。一次调频量（FREQUENCY DEMAND）的形成原理如图 5-10 所示。

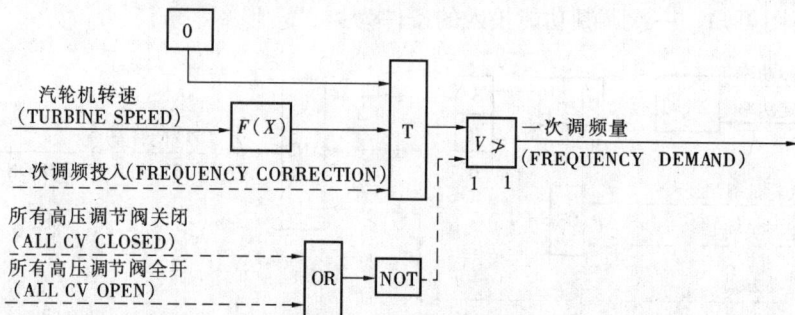

图 5-10　一次调频量的形成

函数发生器 $F(X)$ 用来实现调频特性曲线，当一次调频功能没有投入时，切换器 T 选择常数 0 作为输出送到限速模块，一次调频量（FREQUENCY DEMAND）也等于 0，即机组不参加一次调频。当一次调频功能投入时，切换器 T 选择 $F(X)$ 的输出送到限速模块。若没有所有高压调节阀全开或所有高压调节阀全关任一条件时，限速模块处于限速状态，其输入经 1%/s 的速率限制后将得到一次调频量 FREQUENCY DEMAND，送到归一负荷设定值形成回路。

二、主蒸汽压力保护及其逻辑

1. 主蒸汽压力保护投入逻辑（TPR IN）

主蒸汽压力保护是一种负荷限制措施，单元机组运行过程中，为了协调锅炉和汽轮机两者在能量供需方面的关系，通常在汽轮机控制系统中引入反映锅炉运行工况的机前压力信号。由于汽轮机增加负荷使机前压力降低到某一限值时，电液调节系统适时地减小功率定值，使功率回路和调速级压力回路退出，直接使阀位设定值减小，从而减小进入汽轮机的蒸汽量，减小机组功率，协助锅炉恢复主蒸汽压力。主蒸汽压力保护功能可由操作员通过硬操作盘或 OIS 投入或切除，投切逻辑如图 5-11 所示。

（1）主蒸汽压力保护功能投入的允许条件为同时满足以下条件：

1）主蒸汽压力大于 90% 额定主蒸汽压力。

2）主蒸汽压力大于（主蒸汽压力保护限值 + 0.35MPa）。

3）没有任一复位条件。

（2）主蒸汽压力保护功能投入的置位条件为：操作员通过操作盘按下"TPC IN"功能键。

（3）主蒸汽压力保护功能退出的条件为出现下列任一情况：

1）主蒸汽压力保护功能已投入又按下主蒸汽压力保护投入键。

2）汽轮机控制系统处于手动方式。

3）主开关断开。

4）主蒸汽压力信号故障。

2. 主蒸汽压力保护激活（TPR ACTIVE）逻辑

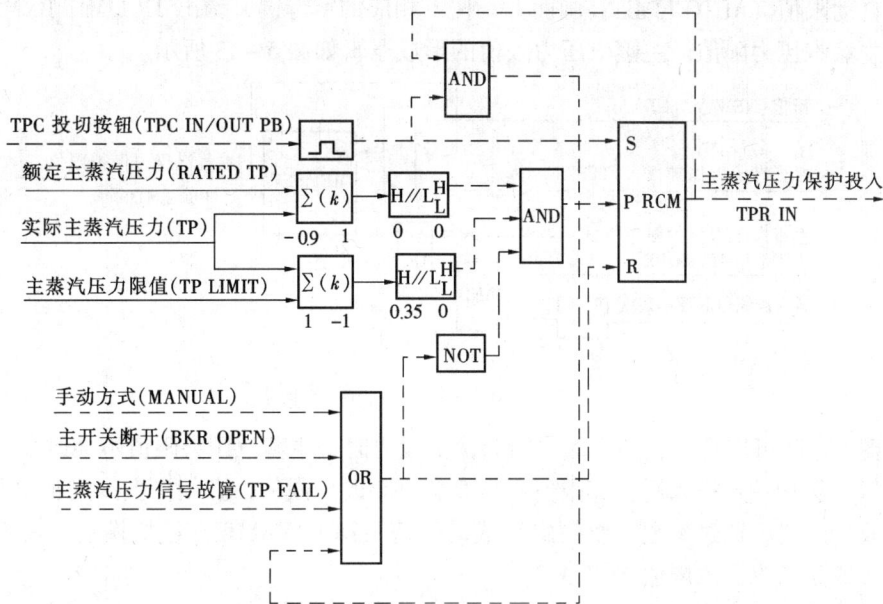

图 5 - 11　主蒸汽压力保护投切逻辑

主蒸汽压力保护激活逻辑如图 5 - 12 所示。在机组已并网，主蒸汽压力保护功能已投入时，若实际主蒸汽压力低于主蒸汽压力保护限值，就会使主蒸汽压力保护功能激活，使主蒸汽压力保护修正值以一定的速率减小，使归一负荷设定值以一定的速率减小，直至阀位设定值（REFERENCE）减小到 20%，或 TPC 保护工况消失。

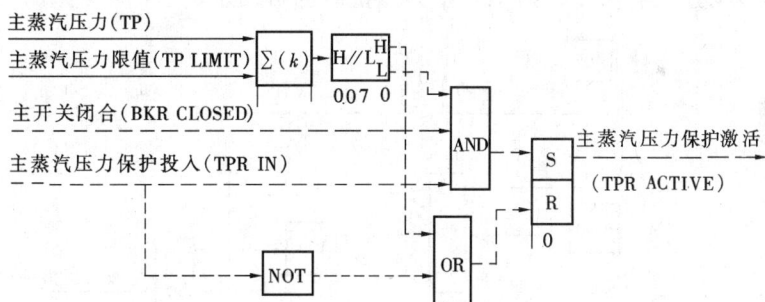

图 5 - 12　TPR ACTIVE 逻辑

当主蒸汽压力大于限值或主蒸汽压力保护功能没有投入时，主蒸汽压力保护功能不会激活，即 TPR ACTIVE = 0，在归一设定值形成回路中主蒸汽压力保护对功率的修正值为 0，即使发生了主蒸汽压力低这一情况，归一负荷设定值也不会减小。所以，要使主蒸汽压力保护功能发挥作用，必须先投入这种功能。

3. 主蒸汽压力保护限值调整

主蒸汽压力保护限值可由运行人员修改。可通过硬操作盘按下"TPC LIMIT"按钮，进入主蒸汽压力限值模式（TPC LIMIT MODE = 1），按下增、减按钮，观察变量显示表上的主蒸汽压力限值符合要求，然后按下"输入"（ENTER）按钮，完成主蒸汽压力限值的设定。

也可在自动限值（AUTO LIMIT）画面上，按下相应的字母键，调出 TP LIMIT REMSET，输入所需的主蒸汽压力限值。主蒸汽压力限值的形成逻辑如图 5 – 13 所示。

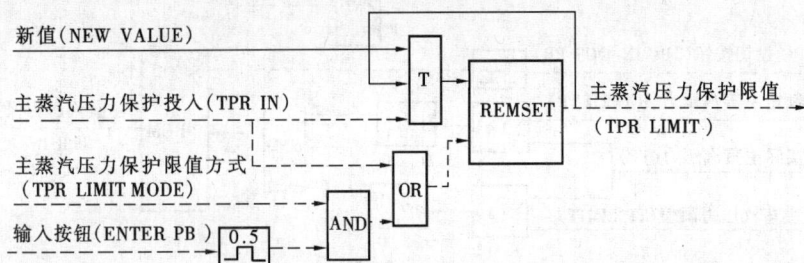

图 5 – 13 主蒸汽压力限值逻辑

从图 5 – 13 可以看出，当主蒸汽压力保护投入时，主蒸汽压力限值不会改变，也就是说主蒸汽压力保护一旦投入后，其限值不再改变，要改变限值，必须在主蒸汽压力保护功能退出时修改。此时，通过参数调整逻辑形成的新值（NEW VALUE）经切换器、遥控设定常数功能块形成主蒸汽压力限值 TP LIMIT。

4. 主蒸汽压力保护修正值的形成

图 5 – 14 为主蒸汽压力保护修正值形成逻辑。当主蒸汽压力保护功能激活或有负荷高限起作用，且阀位请求值 REF ≥ 20% 时，切换器 T1 选择 – 100 输出，送到限速功能块。限速块的输出以 1/s 的速率从 0 向 – 100 变化，经切换器 T2 输出形成主蒸汽压力保护修正值，送到归一设定值形成回路，使归一设定值减小，从而减小阀位，减小机组功率。随着机组功率的减小，主蒸汽压力若恢复且负荷高限不起作用，TPC 压力修正值将为 0，若阀位减小到 20%，主蒸汽压力还没有恢复，则 TPC 压力修正值也切换为 0。

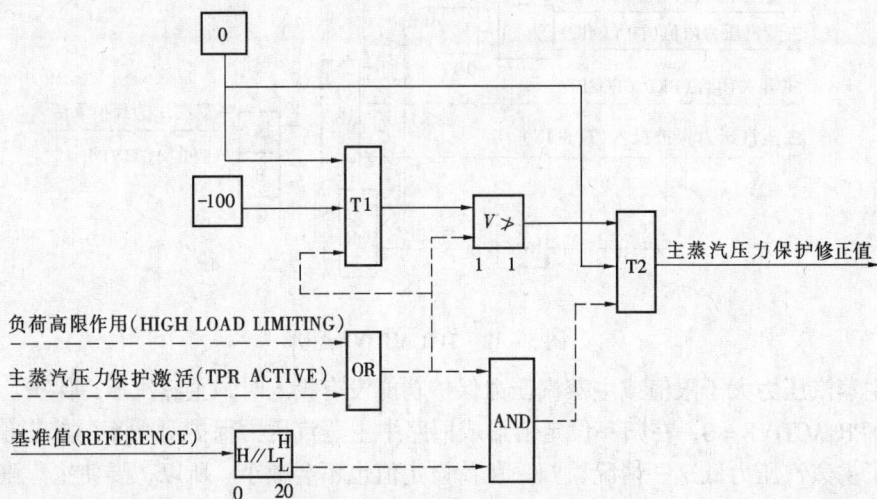

图 5 – 14 主蒸汽压力保护修正值形成

第三节 负荷控制系统分析 ⇨

DEH 控制系统中的负荷自动控制有三种形式：功率反馈控制、调速级压力反馈控制和

数字电液调节与旁路控制系统

开环控制，负荷控制系统的总貌如图 5 - 15 所示。

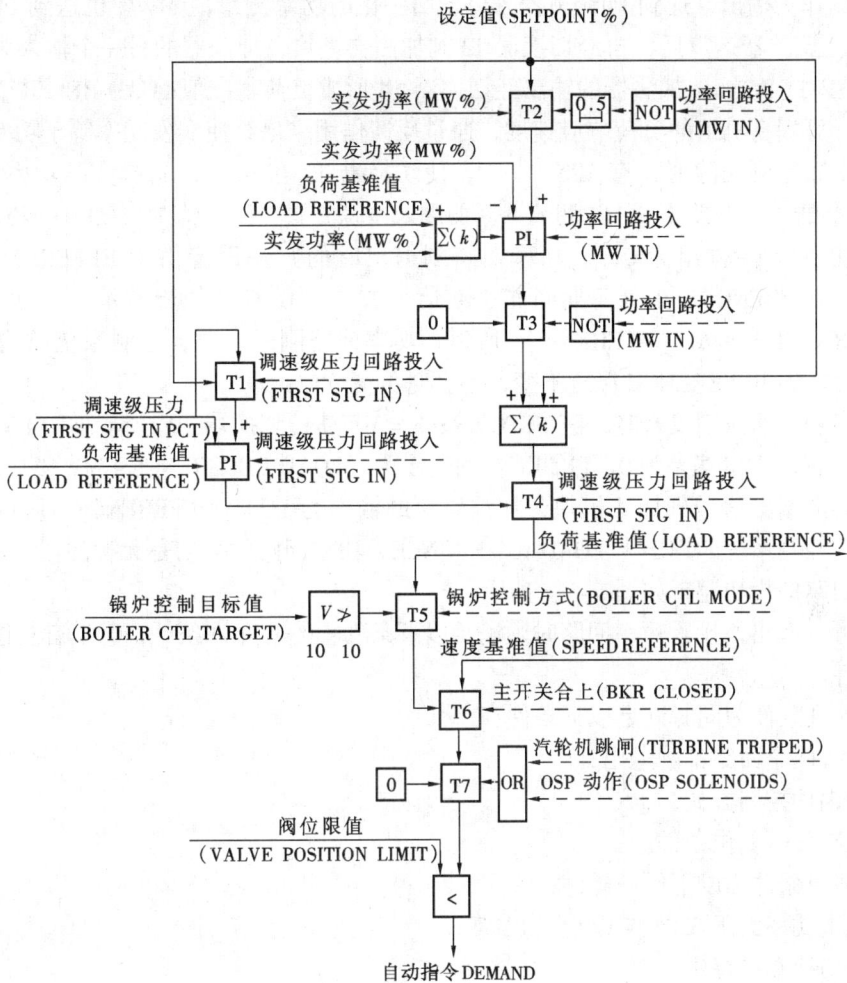

图 5 - 15　负荷控制系统总貌

由归一设定值形成回路形成的归一设定值（SETPOINT%）经切换器 T1、T2 后送到两个 PI 调节器作为给定值，反馈值分别是归一化的调速级压力（FIRST STG IN PCT）和归一化的实际功率（MW IN PCT）。两个闭环调节回路不可能同时投入，当一个回路投入时，另一个回路处于跟踪状态，实现回路无扰切换。两个调节器的输出经选择、切换形成负荷基准值（LOAD REFERENCE）。当两个回路都退出时，负荷控制为开环方式，直接由归一设定值 SET-POINT% 形成负荷基准值（LOAD REFERENCE）。负荷基准值（LOAD REFERENCE）、速度基准值（SPEED REFERENCE）及锅炉控制系统来的锅炉控制目标值（BOILER CONTROL TAR-GET）经切换、选择、阀限处理后形成自动指令（DEMAND）。阀限可由运行人员修改，自动指令（DEMAND）送到阀门管理程序，经过进一步转换后形成阀门的开度指令，通过阀门位置控制回路使实际阀位改变，从而使机组的功率改变，实现负荷的自动调节。

一、功率反馈控制回路分析

功率反馈控制回路是一个前馈—反馈复合调节系统，见图 5 - 15。

在功率回路投入时，有 MW IN = 1，使切换器 T2 的逻辑输入信号为 0，切换器 T2 选择 SETPOINT% 作为输出，送到 PI 调节器入口，归一化的功率测量值 MW% 也送到 PI 调节器入口，经过 PI 调节器运算后，再经切换器 T3 到加法器模块，加法器的另一个输入为功率定值前馈信号 SETPOINT%，加法器的输出经切换器 T4 形成负荷基准值 LOAD REFERENCE。加入前馈作用，可提高机组的负荷响应速度，通过反馈作用，最终使实发功率等于功率定值。

在功率回路刚切除时，有 MW IN = 0，使切换器 T2 在 0.5s 后选择实际功率作为输出，使 PI 调节器的入口偏差为 0；PI 调节器立即进入跟踪方式，跟踪值为（LOAD REFERENCE – MW%）；切换器 T3 输出为 0，而功率回路刚退出时的归一设定值为 REFERENCE 即 SET-POINT% = REFERENCE，在负荷期间非手动运行方式且没有其他异常情况（如 RB、TPC）下，REFERENCE = LOAD REFERENCE。所以，功率回路刚退出时，控制系统的输出为 SET-POINT% = LOAD REFERENCE 保持不变，不会对负荷造成扰动。

同理，功率回路刚投入时，有 SETPOINT% = MW%；切换器 T2 选择 SETPOINT% 作为输出，PI 调节器的入口偏差为 0，PI 调节器的输出为（LOAD REFERENCE – MW%）；切换器 T3 选择调节器的输出信号到加法模块，加法模块的输出为 LOAD REFERENCE。所以功率回路刚投入时，控制系统的输出为 LOAD REFERENCE，功率回路的投切是无扰的。

功率回路的投切逻辑如图 5 – 16 所示。

由图可以看出，投入功率回路时须满足以下条件：①有允许条件；②没有复位条件；③有复位条件。

（1）允许条件为同时满足以下条件：

1）没有两个回路都刚退出；

2）非锅炉控制方式；

3）没有任一复位条件。

（2）复位条件为以下任一条件：

1）机组功率大于 320MW 或小于 8MW；

2）阀切换在进行中；

3）功率信号故障；

4）调速级压力回路投入；

5）功率回路刚退出；

6）功率回路已投入又按下功率回路投入键；

7）强迫回路退出；

8）CCS 投入时，强迫回路退出；

9）手动方式；

10）负荷高限起作用；

11）主蒸汽压力保护激活；

12）汽轮机跳闸；

13）主开关断开；

14）RB 功能激活。

（3）置位条件：当允许条件存在且没有复位条件时，由操作员通过硬操作盘按下 "MW IN/OUT" 键或通过 OIS 投入功率回路。

数字电液调节与旁路控制系统

功率回路投切按钮
(MW IN/OUT PB)
两个回路刚都退出
(BOTH LOOPS JUST OUT)
锅炉控制方式(BOILER CTL MODE)

AND

3

NOT
NOT
NOT

AND

S
P
R

RCM

功率回路投入
MW IN

机组实发功率(MW)

H//L
L
320 8

阀切换(VALVE CHANGE)

功率信号故障(MW FAIL)

调速级压力回路投入(FIRST STG IN)

功率回路投入 MW IN

NOT

1.5

OR

强迫回路退出(FORCE LOOPS OUT)
协调系统强迫回路退出
(CCS FORCE LOOPS OUT)

负荷快卸功能激活(RB IN SERVICE)

手动方式(MANUAL)

阀切换(VALVE CHANGE)

主蒸汽压力保护动作(TPR ACTIVE)

负荷高限起作用(HIGH LOAD LIMITING)

汽轮机跳闸(TURBINE TRIPPED)

主开关断开(BKR OPEN)

OR

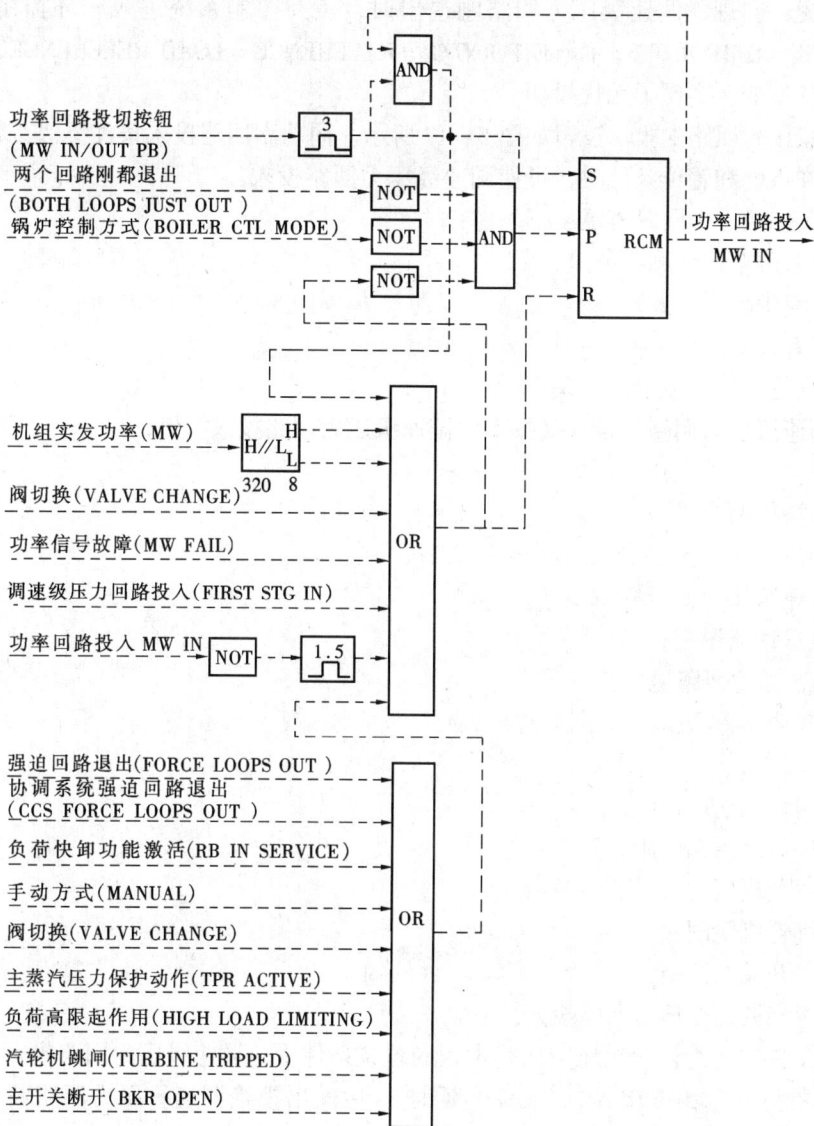

图 5-16　负荷反馈回路投切逻辑

二、调速级压力回路分析

调速级压力回路是一个单回路反馈控制系统，归一设定值 SETPOINT% 经切换器 T1（见图 5-15）送到调节器入口，被调量为归一化的调速级压力，调速级压力回路没有投入时，调节器的给定值跟踪实际值，使调节器的入口偏差为 0，调节器的输出跟踪负荷基准值 LOAD REFERENCE；当调速级压力回路投入后，调节器的给定值为归一负荷设定值 SET-POINT%，反馈值为实际的调速级压力，调节器根据入口偏差进行 PI 运算，输出控制信号，经切换器 T4 形成负荷基准值 LOAD REFERENCE。

当调速级压力回路刚投入时，因 SETPOINT% = FIRST STAGE IN PCT，PI 调节器的入口偏差为 0，调节器的输出为 LOAD REFERENCE，使调速级压力回路刚投入时负荷控制系统的输出保持不变；同理，调速级压力回路刚退出时，负荷控制系统进入开环控制方式，LOAD REFERENCE = SETPOINT%，而 SETPOINT% = REFERENCE = LOAD REFERENCE，使控制系统的输出保持不变，实现了无扰投切。

调速级压力回路的投切逻辑如图 5 - 17 所示。同功率回路投入条件类似，当没有复位条件，有允许条件和置位条件时，可使调速级压力回路投入。

(1) 允许条件为同时满足以下条件：

1) 没有两个回路刚都退出；

2) 非锅炉控制方式；

3) 没有任一复位条件。

(2) 复位条件为以下任一条件：

1) 调速级压力回路已投入又按下"调速级压力回路投入"键；

2) 功率回路投入；

3) 锅炉控制方式；

4) 调速级压力大于 15MPa 或小于 3MPa；

5) 调速级压力信号故障；

6) 强迫回路退出；

7) CCS 强迫回路退出；

8) RB 功能激活；

9) 手动方式；

10) 阀切换在进行中；

11) 负荷高限起作用；

12) 主蒸汽压力保护功能激活；

13) 汽轮机跳闸；

14) 主开关断开；

15) 拒绝调速级压力回路投入。

上述条件中拒绝调速级压力回路投入的置位条件为：调速级压力回路投入时，若设定值和实际值之差大于 20% 或小于 - 20%，延时 3s 后发出拒绝调速级压力回路信号，将使调速级压力回路退出。

(3) 置位条件：当允许条件存在且没有复位条件时，由操作员通过硬操作盘按下"IMP IN/OUT"键或通过 OIS 投入调速级压力回路。

三、负荷开环控制方式

当调速级压力回路和功率回路都切除时，进入负荷开环控制方式，此时的控制回路见图 5 - 15。由图可知，归一化的负荷设定值 SETPOINT% 送到加法器，而加法器模块的另一个输入为 0，所以此时加法器的输出为归一化的负荷设定值 SETPOINT%，即归一化的负荷设定值 SETPOINT% 经切换器 T4 直接作为负荷基准值（LOAD REFERENCE）。此时若想改变实际功率，可由操作员改变目标负荷，使设定值形成回路形成的负荷设定值随之改变，从而使负荷基准值发生改变，经过阀门管理程序后使阀门开度改变，改变机组的功率。

四、负荷协调控制方式

锅炉控制模式（BOILER CONTROL MODE）即 CCS 方式，在这种方式下，负荷目标值跟

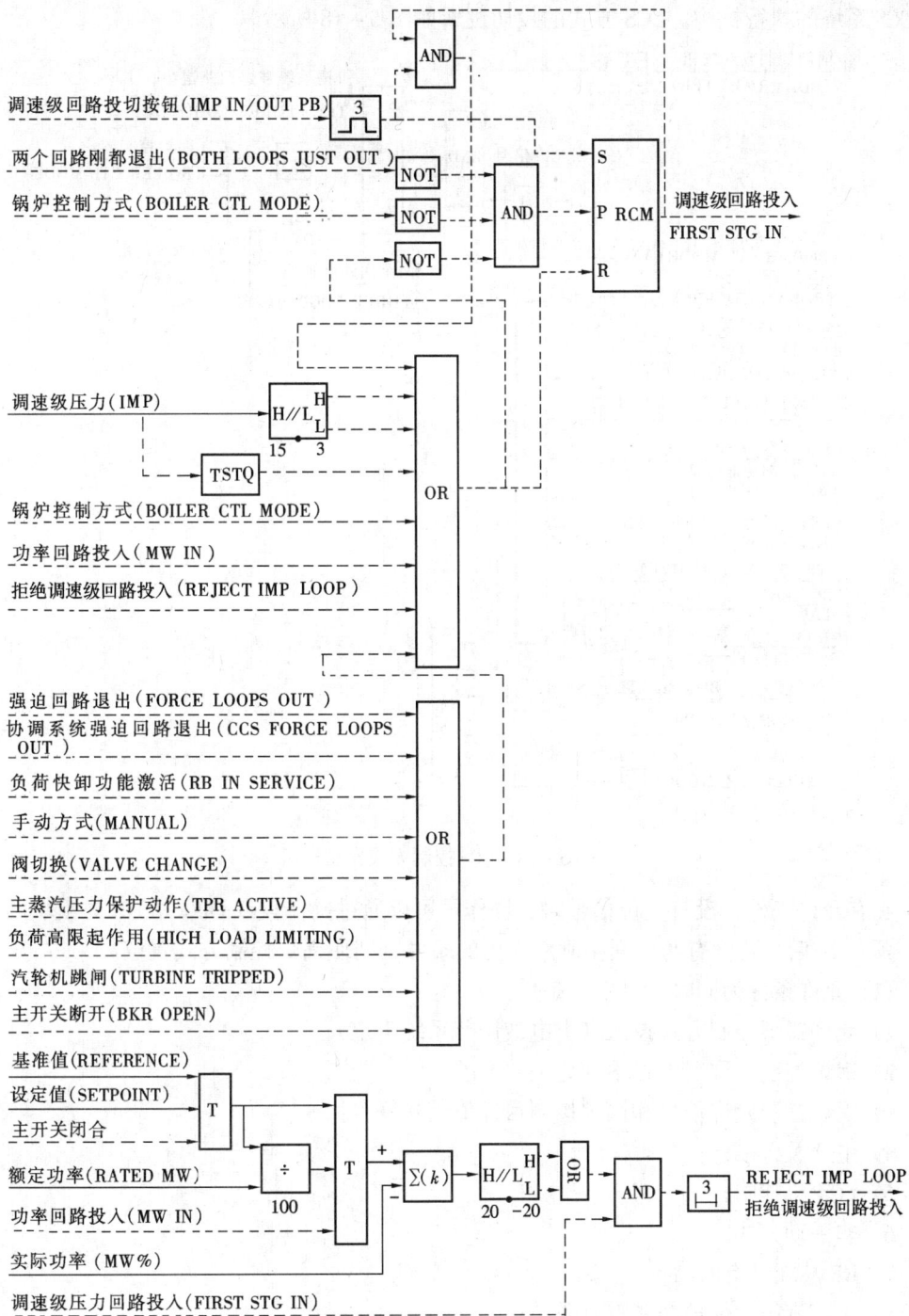

图 5 - 17　调速级压力反馈回路投切逻辑

踪负荷设定值，而负荷设定值又跟踪基准值（REFERENCE），DEH 的功率回路、调速级压力回路切除，DEH 接收 CCS 来的指令即锅炉控制目标值（BOILER CONTROL TARGET）经 10%/s 的变化率限速后形成自动指令（DEMAND）送到阀门位置控制回路，此时 DEH 相当于 CCS 系统的执行机构。CCS 方式的投切逻辑如图 5-18 所示。

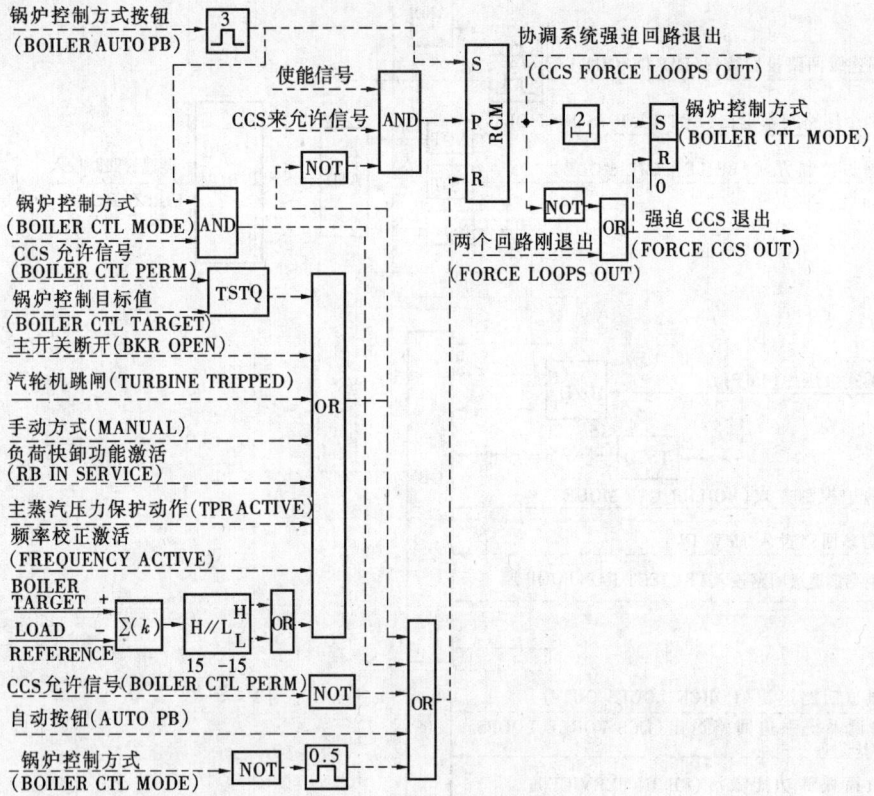

图 5-18 CCS 控制方式投切逻辑

在有允许条件，没有复位信号时，操作员可以通过操作盘或 OIS，使 RCM 模块的输出置位，延时 2s 后，若没有两个回路刚刚退出的条件，则使锅炉控制方式置位。

(1) 允许条件为同时满足以下条件：

1) 允许锅炉控制方式投入（由电液调节系统决定）；

2) 锅炉控制允许（由 CCS 决定）；

3) 锅炉控制允许信号和锅炉控制目标值信号好；

4) 主开关合上；

5) 汽轮机挂闸；

6) 非手动方式；

7) RB 功能没有激活；

8) 主蒸汽压力保护功能没有激活；

9) 频率校正没有激活；

10) 负荷基准值（LOAD REFERENCE）和锅炉控制目标值之差小于 15%。

(2) 复位条件，出现以下任一条件将使 RCM 块复位，使锅炉控制方式退出：

1) 锅炉控制不允许；

2) 按下"自动"按键；

数字电液调节与旁路控制系统

3）锅炉控制方式刚刚退出；

4）锅炉控制允许信号或锅炉控制目标值坏；

5）主开关断开；

6）汽轮机跳闸；

7）手动方式；

8）RB 功能激活；

9）主蒸汽压力保护激活；

10）频率校正激活；

11）负荷基准值（LOAD REFERENCE）和锅炉控制目标值之差大于 15%。

（3）置位条件：当允许条件存在时，由操作员按下"锅炉控制"按键或通过 OIS 发出置位条件，进入协调控制方式。

第四节　控 制 方 式 逻 辑 ⇨

DEH 刚上电时，首先进入紧急手动方式，若完成阀门管理任务的多功能处理器无故障，则自动切换到汽轮机手动方式。在手动方式下，与自动多功能处理器有关的许多功能均不能投入。若条件允许，操作员可发出指令切换到自动方式，许多功能只能在自动方式下才能投入，自动方式是进入更高级控制的前提和基础。若条件允许，操作员可发出指令切换到 CCS 方式或 ATR 方式。

当手动 MFP 与 HSS 伺服模件通讯中断时，则由手动方式退到紧急手动方式，此时操作盘上汽轮机手动、阀位增、阀位减灯变为红色。

除紧急手动到汽轮机手动外，从低级控制方式到高级控制方式的切换必须有操作员指令，而高级控制方式到低级控制方式的切换可自动完成也可通过操作员指令完成。

一、操作员自动方式（AUTO MODE）

操作员自动方式是最基本、最常用的一种控制方式下，在操作员自动方式下，操作员设置目标转速或目标负荷，通过设定值形成回路形成相应的设定值送到转速调节回路或功率调节回路，由控制回路形成阀位指令，送到液压伺服卡。液压伺服卡执行阀门位置控制功能，使实际阀位与阀位指令相适应，最终使汽轮机转速或负荷与给定值相平衡。

自动方式逻辑如图 5 - 19 所示。在有允许条件且没有复位条件时，操作员通过操作盘按下"自动"键或通过 OIS 进入自动方式。

（1）允许条件为以下条件同时满足：

1）没有任一复位条件；

2）自动指令（DEMAND）与基准值（REFERENCE）之差在 ±2% 之内，或不在 ±2% 之内不超过 5s；

3）没有阀限作用；

4）汽轮机控制系统已运行（RUN = 1）；

（2）复位条件为有以下任一条件，将使自动方式退出，进入手动方式：

1）有"手动"按钮按下；

2）阀门管理多功能处理器 MFP 没有复位；

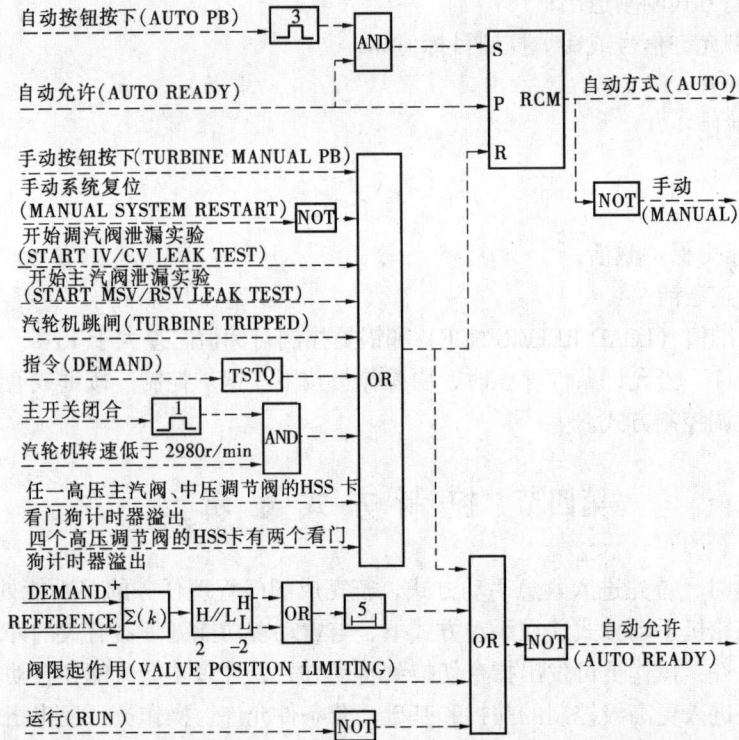

图 5-19 自动方式逻辑

3）有 CV/IV 泄漏试验；

4）有 MSV/RSV 泄漏试验；

5）汽轮机跳闸；

6）自动指令信号（DEMAND）坏；

7）并网而汽轮机转速小于 2980r/min；

8）左右高压主汽阀液压伺服子模件看门狗计时器溢出；

9）左右中压调节阀液压伺服子模件看门狗计时器溢出；

10）四个高压调节阀液压伺服子模件有两个以上看门狗计时器溢出。

二、自启动方式（ATR MODE）逻辑

自启动方式是一种高级的自动控制方式，在条件满足时投入自启动方式，它可以使汽轮机自动升速、暖机、同期、并网；根据机组应力的大小自动限制升速率和升负荷率，自启动方式逻辑如图 5-20 所示。

由图可知，投入 ATR 方式的允许条件为以下条件同时满足：

（1）允许 ATR 方式投入；

（2）汽轮机控制系统已运行；

（3）没有任一复位条件。

当条件允许且没有复位条件时可通过硬操作盘或 OIS 投入 ATR 方式。当出现以下任一条件时，将使 ATR 方式退出：

（1）ATR 方式下又按下汽轮机自启动键；

数字电液调节与旁路控制系统

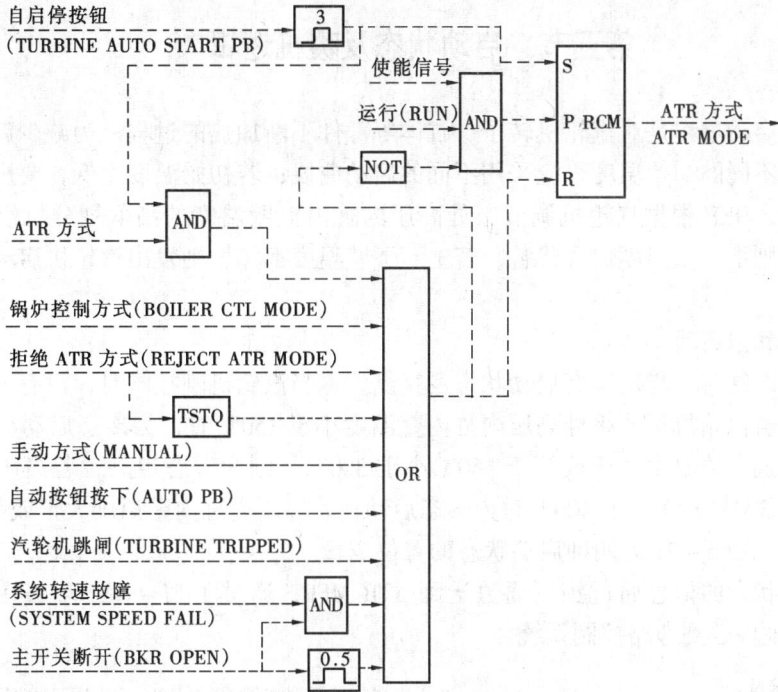

图 5 - 20　自启动方式逻辑

(2) 锅炉控制方式;

(3) 拒绝 ATR 方式;

(4) 拒绝 ATR 方式信号坏;

(5) 手动方式;

(6) 自动方式按钮按下;

(7) 汽轮机跳闸;

(8) 并网前系统转速故障;

(9) 主开关刚断开。

上述条件中拒绝 ATR 方式（REJECT ATR MODE）产生于以下任一条件:

(1) ATR 打闸（包括轴承温度高、轴承回油温度高、最大推力轴承温度高、轴位移大、润滑油压低、抗燃油压低、凝汽器真空低、低压排汽温度高、高压排汽温度高和轴振大）;

(2) 第一级金属温度坏;

(3) 再热器温度坏;

(4) 中压排汽温度坏;

(5) 任何发电机输入信号坏;

(6) 轴位移信号坏;

(7) 胀差信号坏;

(8) 转子应力故障;

(9) 相邻振动大跳闸。

第五节　启动状态及暖机逻辑 ⇨

汽轮机的启动过程是对汽轮机转子、缸体等部件不断加热的过程。为减少启动过程中的热应力，对于不同的初始温度，应采用不同的启动曲线；若初始温度太低，要进行预暖。在汽轮机挂闸时，DEH根据汽轮机调节级处高压内缸内上壁温度的高低划分机组热状态，若上壁温度坏，则由下壁温度信号代替，若上、下壁温度都坏，则发出汽轮机启动状态无法确定的信息。

一、启动状态逻辑

当汽轮机跳闸时，将使所有启动状态逻辑复位；当汽轮机刚挂闸时，没有上下壁温信号质量都坏时，若汽轮机调节级处高压内缸内壁温度小于150℃时，为冷态启动；若汽轮机调节级处高压内缸内壁温度大于或等于150℃小于300℃，则为温态启动；若高压内缸内壁温度大于或等于300℃，而小于400℃时为热态启动；若高压内缸内壁温度大于或等于400℃时为极热态启动。图5-21为四种启动状态的置位逻辑。

以上启动状态的信息通过控制通道送到 ATR MFP；通过 INFI-NET 环路送到别的 PCU 或 OIS，通过硬件送到旁路控制系统。

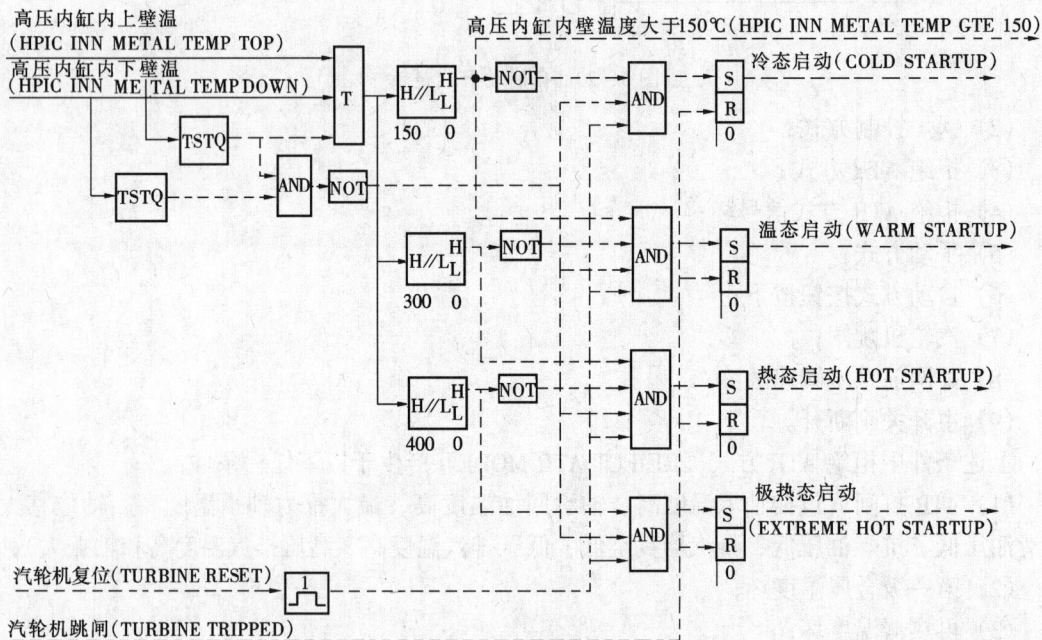

图 5-21　启动状态逻辑

二、预暖逻辑

在汽轮机挂闸后，根据高压缸内缸内壁金属温度以及高压主汽阀阀室内壁温度来决定机组是否预暖（PREWARM）。若机组需要预暖，则应首先检查高压缸是否预暖，在高压缸预暖完成后检查主汽阀是否需要预暖，主汽阀预暖完成后机组预暖结束。

1. 预暖进行（PREWARM IN PROGRESS）逻辑

图 5 – 22 为预暖进行逻辑，当有预暖允许条件时，硬操作盘上的预暖灯将闪烁，在硬操作盘或 OIS 上按下预暖键，预暖灯由闪烁变为平光，表示预暖开始进行。

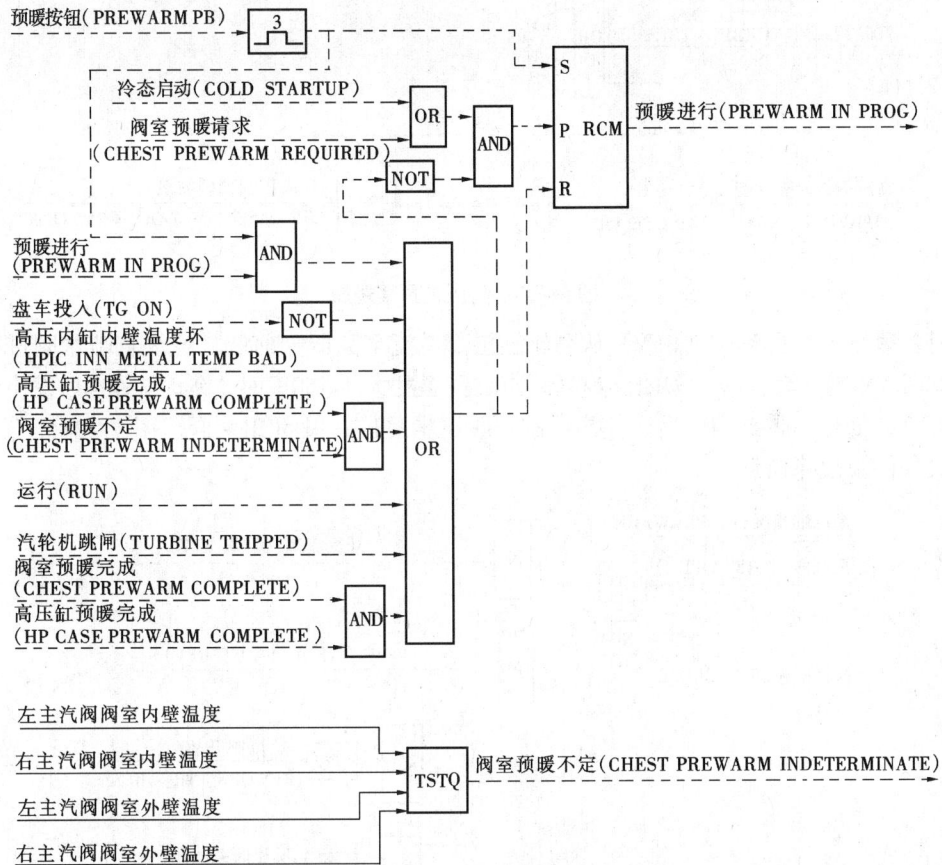

图 5 – 22　预暖进行逻辑

（1）预暖进行的允许条件为：机组为冷态启动或有主汽阀壳预暖请求，且没有任一复位条件。

（2）预暖进行的置位条件为：有允许条件且操作员按下"预暖"键。

（3）预暖进行的复位条件为出现以下任一情况：

1）盘车没有投入；

2）高压内缸内壁金属温度坏；

3）高压缸预暖完成而阀室预暖不定；

4）控制系统已运行；

5）汽轮机跳闸；

6）高压缸预暖、阀室预暖都完成；

7）预暖进行中又按下预暖键。

2. 高压缸预暖（HP PREWARM）逻辑

当预暖进行逻辑置位后，就使高压缸预暖进行逻辑置位，如图 5 – 23 所示。进行高压缸

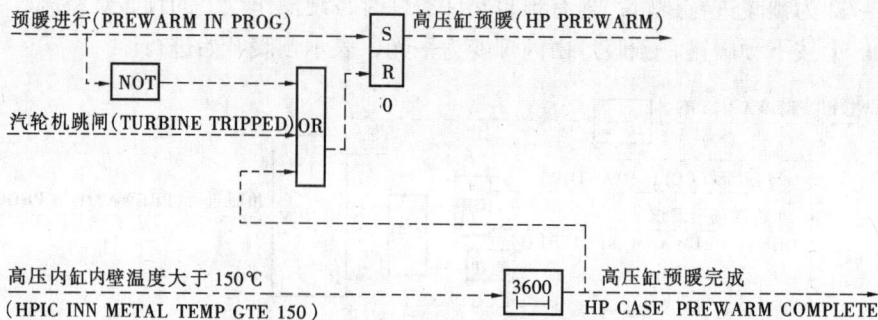

图 5-23　高压缸预暖逻辑

预暖时，蒸汽通过反流阀（RFV）从高压缸尾部逆流至高压缸前端，经汽缸疏水阀进入凝汽器，此时 VV 阀（真空阀）关闭。当高压内缸壁温度大于 150℃时，延时 3600s 后发出高压缸预暖完成的信号。暖缸完成后，使高压缸预暖逻辑复位，关闭 RFV 阀。图 5-24 示意了 RFV 的开关条件及故障信息。

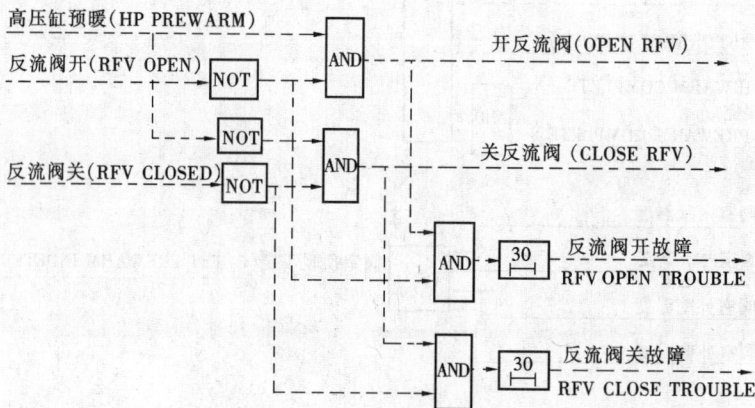

图 5-24　RFV 控制逻辑

高压缸预暖时发出打开 RFV 的指令，若 RFV 没有打开，延时 30s 后发出 RFV 开启故障信号；同理，高压缸预暖完成后发出关闭 RFV 的指令，若 RFV 没有关闭，延时 30s 后发出 RFV 关闭故障信号。

3. 主汽阀阀室预暖逻辑

当汽轮机刚挂闸时，若主汽阀阀室内壁温度小于 150℃，则需进行阀室预暖，图 5-25 示意了阀室预暖请求信号的形成。

由图可知，汽轮机跳闸时，预暖请求信号复位；当汽轮机刚挂闸时，若左侧或右侧主汽阀内壁温度小于 150℃且左右主汽阀内外壁四个温度测量信号都好时，将发出阀室预暖请求信号。当左右主汽阀内外壁四个温度测量信号任一质量坏时，将发出阀室预暖不定的信息。

当有阀室预暖请求信号，且有预暖允许条件时，操作员按下预暖键，将使预暖进行。首先进行高压缸预暖，高压缸预暖完成后再进行主汽阀阀室预暖，图 5-26 示意了主汽阀阀室预暖的逻辑，当有以下任一条件时将使阀室预暖逻辑复位（CHEST PREWARM = 0）。

数字电液调节与旁路控制系统

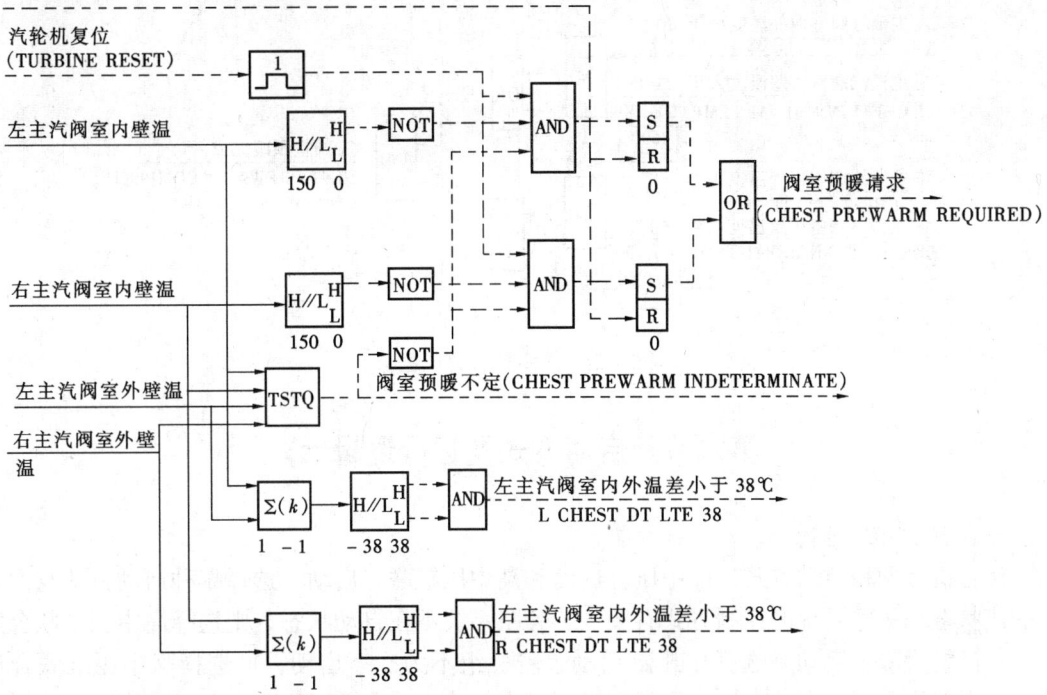

图 5 – 25 阀室预暖请求逻辑

（1）汽轮机跳闸（TURBINE TRIPPED）；

（2）预暖没有进行（PREWARM IN PROGRESS = 0）；

（3）阀室预暖完成（CHEST PREWARM COMPLETE）。

在没有任一复位条件时，若有以下条件同时满足，延时 1s 后，将使阀室预暖逻辑置位：

（1）高压缸预暖不在进行 HP PREWARM = 0；

（2）有阀室预暖请求信号 CHEST PREWARM REQUIRED = 1；

（3）反流阀已关 RFV CLOSED = 1；

（4）预暖进行逻辑置位 PREWARM IN PROGRESS = 1。

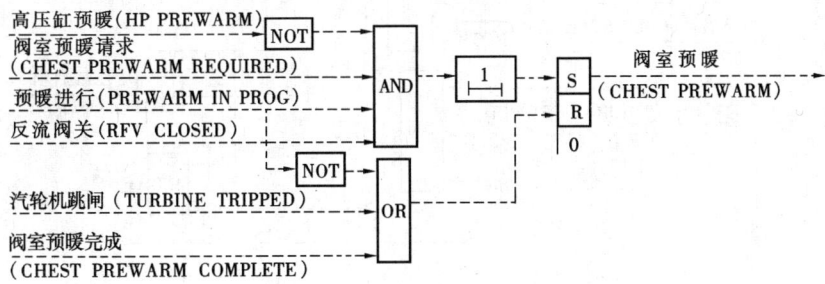

图 5 – 26 阀室预暖逻辑

当进行阀室预暖时，主汽阀开启 10%，蒸汽由主汽阀经主汽阀的疏水管流入疏水系统。
图 5 – 27 为阀室预暖完成逻辑，当左、右两个主汽阀阀室内壁温度高于 150℃且阀室内外壁
温差小于 38℃或主汽阀室内壁温度高于 150℃延时 3600s 时，阀室预暖完成。高压缸预暖、

阀室预暖都完成后，将复位预暖进行信号，表明预暖结束。

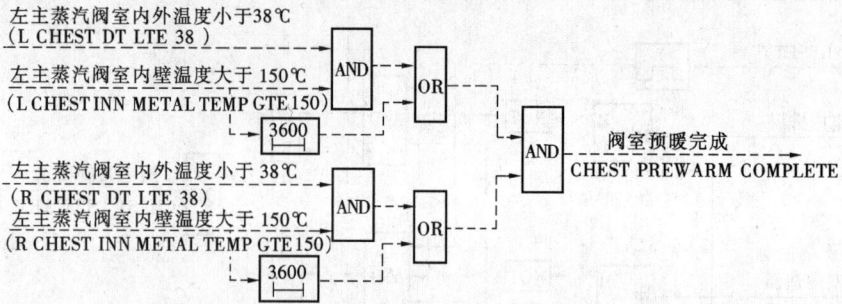

图 5－27　阀室预暖完成逻辑

第六节　启动方式及运行逻辑 ⇨

一、启动方式逻辑

汽轮机有两种启动方式，即中压缸启动和高中压缸联合启动，选择哪种启动方式与汽轮机的热状态和旁路系统的控制方式有关。若旁路系统不在自动状态，则选择高中压缸联合启动；若机组为冷态启动则选择中压缸启动；若机组不为冷态启动，可选择高中压缸联合启动，也可选择中压缸启动，操作员可通过硬操作盘或 OIS 选择两种方式之一。控制系统一旦运行后（RUN＝1），启动方式不能再改变。图 5－28 为启动方式逻辑。

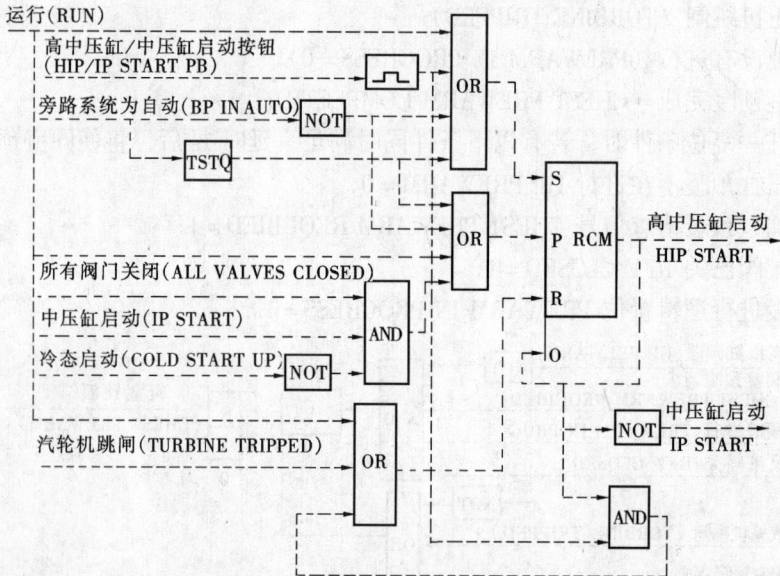

图 5－28　启动方式逻辑

由图可知：

（1）汽轮机跳闸时，将使高中压缸联合启动方式复位，中压缸启动方式置位，即 HIP START＝0，IP START＝1。

（2）当汽轮机挂闸后，若旁路系统为手动或旁路系统自动信号质量坏，则使高中压缸联合启动方式置位，即 HIP START = 1；若旁路系统为自动且机组为冷态启动，RCM 功能模块的允许信号为假，将使中压缸启动保持置位，也即选择中压缸启动方式，即 IP START = 1；若机组为非冷态启动，可由操作员通过硬操作盘或 OIS 对两种启动方式进行选择、切换。

（3）当控制系统运行后，RUN = 1，RCM 功能块的置位端、允许端、复位端都为"1"。RCM 模块处于超驰状态，其输出由超驰信号决定，此时的超驰信号为该块的输出。这样，一旦运行后，启动方式信号将保持不变。

（4）中压缸启动方式下，将打开真空阀（VV），控制高压缸转子的温度，图 5 - 29 示意了 VV 阀的控制逻辑。由图可知，当汽轮机跳闸后延时 10s，发出开 VV 阀指令；当下列条件同时满足时，也发出开 VV 阀指令，使 VV 阀开启。

1）中压缸启动方式；

2）汽轮机在转动；

3）所有高压调节阀关闭；

4）阀切换没有完成。

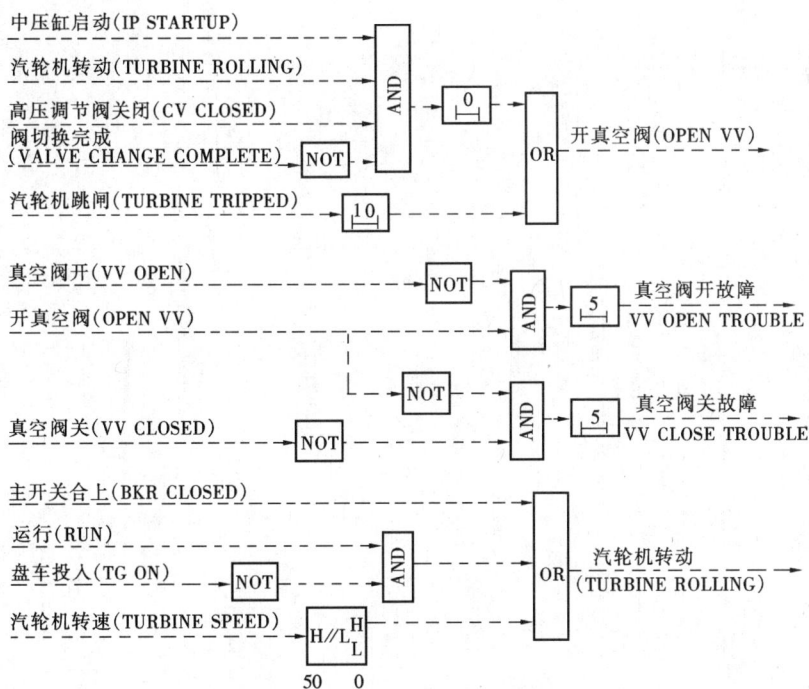

图 5 - 29　VV 阀控制逻辑

二、运行（RUN）逻辑

图 5 - 30 为运行逻辑，当机组跳闸后，运行信号复位；当机组挂闸后，若所有阀门均关闭且没有阀门校验进行，则通过硬操作盘或 OIS 可使运行状态建立，表明控制系统已投入运行。操作员只能使运行逻辑置位，而不能使运行逻辑复位，当机组跳闸时，才能使运行逻辑复位。

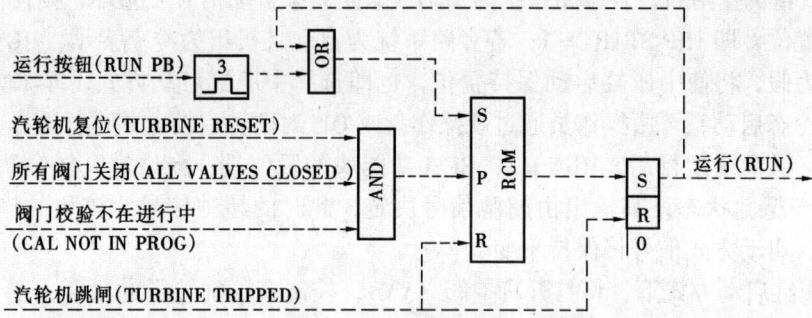

图 5 − 30 运行逻辑

运行按钮(RUN PB)　3

OR

汽轮机复位(TURBINE RESET)

所有阀门关闭(ALL VALVES CLOSED)

AND

阀门校验不在进行中
(CAL NOT IN PROG)

汽轮机跳闸(TURBINE TRIPPED)

S
P　RCM
R

S
R
0

运行(RUN)

数字电液调节与旁路控制系统

阀门控制与管理

不论是转速控制，还是负荷控制，最终都是通过改变阀门的开度实现的，各种控制回路的输出经选择、切换后形成自动指令（DEMAND）；若控制系统处于手动方式，可由操作人员通过硬操作盘或 OIS 形成手动阀位设定值；若机组投入协调控制，则接受 CCS 指令；若 RB 功能投入且发生 RB 工况，则使阀位设定值（REF）按照一定的速率减小，直至 REF 减小到 50%，由以上几个回路的输出形成的阀位基准值 REFERENCE 为总的流量请求值或总的阀位请求值，经过单阀/顺序阀系数、切换系数、阀门流量特性修正后形成每个阀门的阀位指令，送到各个阀门的液压伺服卡；由液压伺服卡实现阀门位置控制功能，输出控制电流到电液伺服阀，从而改变油动机的充油量，使阀门开度发生变化，当实际阀位与阀位指令相平衡时，阀门开度不再改变。为了保证阀门动作的可靠性，要定期对阀门进行活动试验。

第一节 阀门位置控制 ⇨

一、自动/手动阀位设定值（AUTO/MAN REFERENCE）形成原理

自动/手动阀位设定值（AUTO/MAN REFERENCE）的形成逻辑如图 6 - 1 所示。自动方式下，阀位设定值为自动指令 DEMAND 信号；手动方式下，阀位设定值为操作员通过硬操作盘上的阀增、阀减按钮形成的阀位设定值或通过 OIS 直接输入的阀位设定值。

由图 6 - 1 可知：

（1）当发生以下任一情况时，使 AUTO/MAN REFERENCE 置 0。

1）开始高压调节阀/中压调节阀泄漏试验；

2）汽轮机已跳闸；

3）超速限制 OSP 动作；

4）发出汽轮机跳闸命令。

（2）当发生以下情况时，将使 REMSET 模块处于跟踪方式，限速模块处于释放状态，使 DEMAND 或 PANEL RAISE/LOWER 或 CACULATED REF 输出作为 AUTO/MAN REFERENCE。

1）手动方式下有阀增、阀减按钮按下；

2）手动系统没有复位；

3）负荷高限作用；

4）OSP 动作；

5）没有运行（RUN = 0）；

6）自动方式（AUTO = 1）；

7）RB 功能激活。

当手动系统（MANUAL SYSTEM）没有复位时，将根据实际阀位计算得到阀位设定值，作为

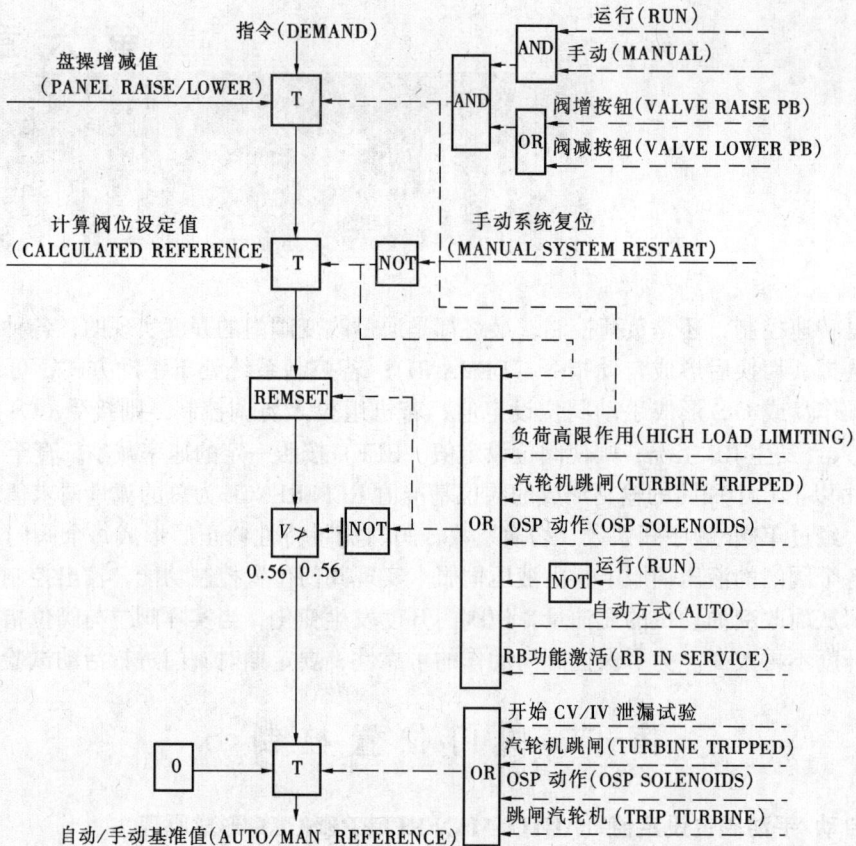

图 6-1 自动/手动阀位基准值（AUTO/MAN REFERENCE）形成逻辑

AUTO/MAN REFERENCE；当控制系统处于自动方式时，将自动系统（AUTO SYSTEM）形成的指令 DEMAND 作为 AUTO/MAN REFERENCE；当控制系统处于手动方式时，将盘操阀位值 PANEL RAISE/LOWER 作为 AUTO/MAN REFERENCE。盘操阀位值的形成如图 6-2 所示。

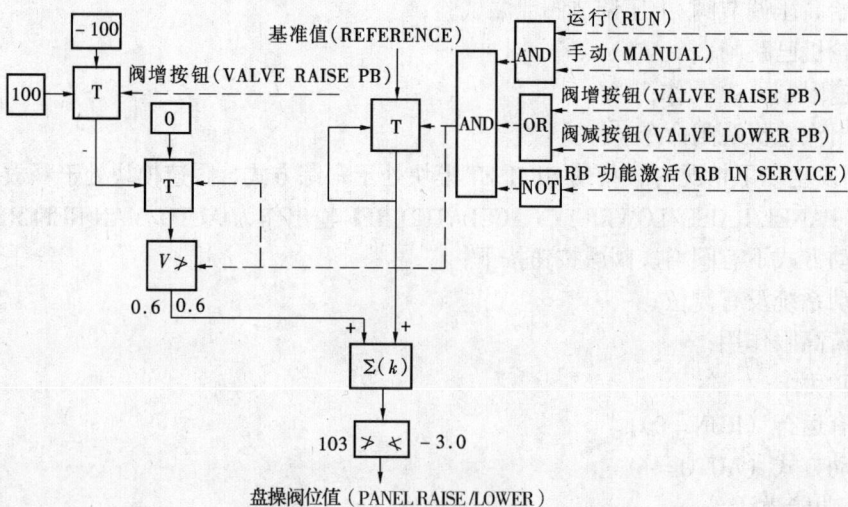

图 6-2 盘操阀位值（PANEL RAISE/LOWER）形成逻辑

数字电液调节与旁路控制系统

在自动方式下，盘操阀位值将跟踪总的阀位设定值 REFERENCE；在手动方式下，当没有操作阀增、阀减按钮时，盘操阀位设定值保持不变；正常情况下当手操阀增、阀减按钮时，盘操阀位设定值将在原来的基础上增加或减小，增减变化率为 0.6%/s。形成盘操阀位设定值时，还受到双向限幅模块的限制，被限制在 −3% ~ 103% 之间。

二、总阀位设定值（REFERENCE）形成原理

自动/手动阀位设定值 AUTO/MAN REFERENCE 经 RB 快卸负荷功能修正后形成总的阀位设定值 REFERENCE，如图 6－3 所示。

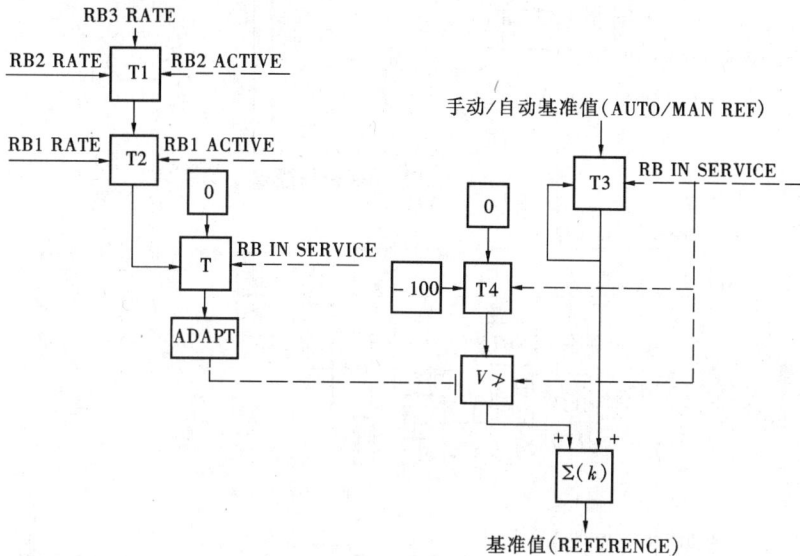

图 6－3　总阀位设定值（REFERENCE）形成逻辑

当 RB 功能没有激活时，即 RB IN SERVICE = 0，则使快卸负荷修正量为 0，总阀位设定值 REFERENCE = AUTO/MAN REFERENCE。当 RB 功能激活时，有 RB IN SERVICE = 1，使切换器 T3 处于输出保持状态；使切换器 T4 选择 −100 输出到限速模块，且限速模块此时处于限速状态，其输出以一定的速率减小，使总阀位设定值 REFERENCE 也减小，使各个阀门的开度减小，使机组实发功率减小。

单元机组协调控制系统根据不同辅机的故障，把 RB 工况分为三种 RB1、RB2、RB3，相应地把三个接点信号送到 DEH。在 DEH 中，由操作员根据需要可投入 RB 功能，RB 功能投切逻辑如图 6－4 所示。由图可知，RB 功能投入允许条件为发电机已并网且机组功率大于 25%，当允许条件存在且没有复位条件时，操作员可通过硬操作盘或 OIS 投入 RB 功能。当发电机功率小于 25% 或汽轮机跳闸，或发电机解列时，该功能自动退出，当 RB 已投入若再按下 RB 功能投入键时，RB 功能也退出。

当 RB 功能投入且发生 RB 工况时，将使 RB 功能激活，即 RB IN SERVICE = 1。发生任一 RB 工况，将使总阀位设定值以一定的速率减小，但是只能减小到 50%，当 REFERENCE < 50% 时，使 RB IN SERVICE = 0，不再减小负荷。根据不同的辅机故障，可以选择不同的快卸负荷速率，图 6－5 示意了 RB 功能激活的逻辑。

当 RB 功能激活时，将使反馈回路切除，变闭环控制为开环控制；使强迫目标值逻辑置位，使目标值跟踪设定值，设定值跟踪基准值（REFERENCE）变化，基准值以一定的速率减小。

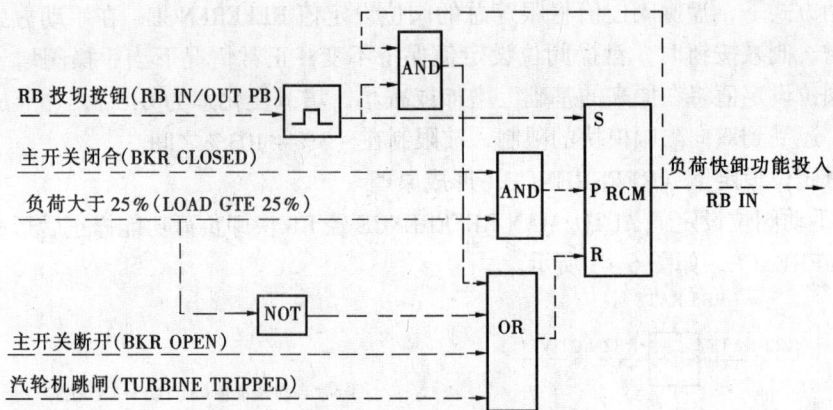

图 6-4 RB 功能投切逻辑

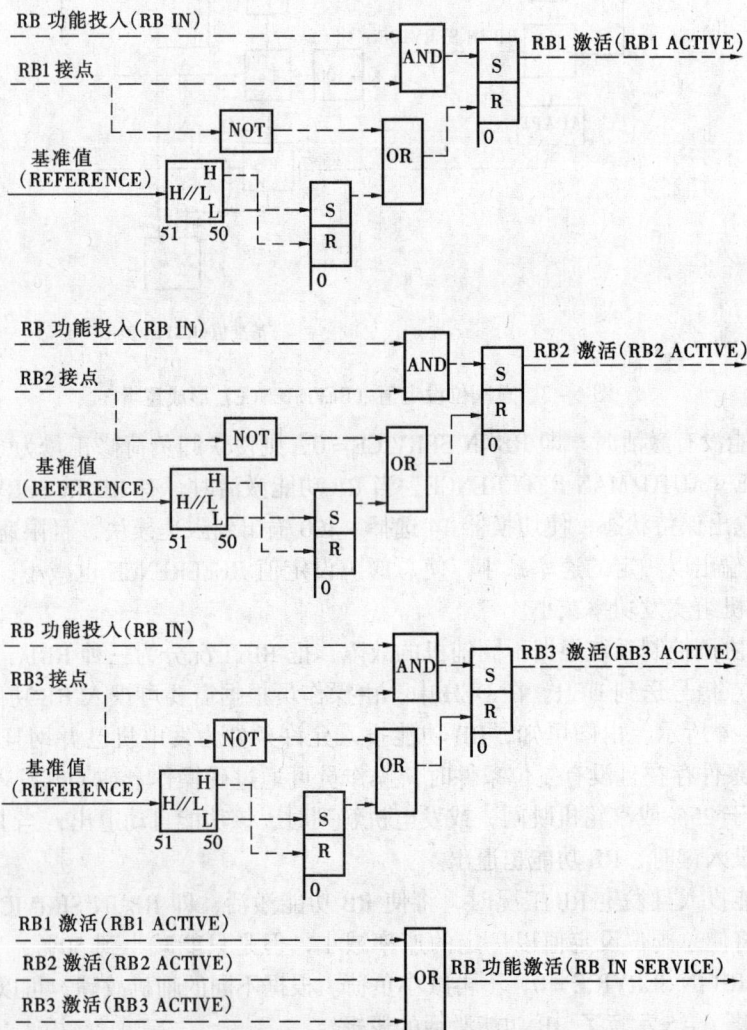

图 6-5 RB 功能激活逻辑

数字电液调节与旁路控制系统

三、单阀/顺序阀逻辑

四个高压调节阀有两种运行方式：单阀与顺序阀。在单阀方式下，四个调节阀同时启闭，高压缸全周进汽，可使机组的热应力减小，但节流损失加大，这种方式用于机组启动或变负荷过程中。顺序阀方式下，四个调节阀依次开启，实现喷嘴调节，可减小节流损失，但机组受热不均，应力大，这种方式适用于定压运行或额定负荷工况。

操作员可根据机组运行情况选择单阀、顺序阀方式，当两种方式相互切换时，单阀系数 SPEC3、顺序阀系数 SPEC4 也随着改变；当切换完成后，单阀系数 SPEC3、顺序阀系数 SPEC4 停止变化。

1. 单阀/顺序阀方式逻辑

图 6-6 为单阀/顺序阀方式逻辑。当机组跳闸或有强迫单阀方式信号时，使 RCM 模块复位，进入单阀方式；有强迫顺序阀方式信号时，进入顺序阀方式；当有以下条件同时满足时，可由操作员通过操作盘或 OIS 切换到顺序阀方式。

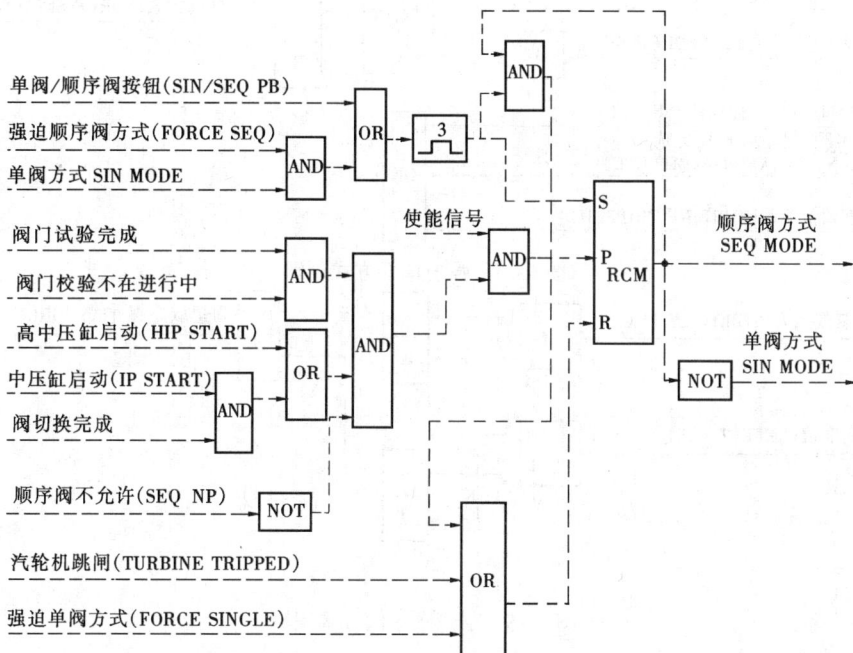

图 6-6　单阀/顺序阀方式逻辑

（1）允许顺序阀方式使能信号；

（2）阀门试验完成；

（3）阀门校验完成；

（4）高中压缸联合启动方式或中压缸启动且阀切换已完成；

（5）没有顺序阀不允许信号。

其中，顺序阀不允许信号、强迫单阀方式信号、强迫顺序阀方式信号的逻辑如图 6-7、图 6-8、图 6-9 所示。

由图 6-7 可知，当汽轮机跳闸时，SR 触发器复位，经过非门后输出逻辑 1 信号，即顺序阀方式不允许；当汽轮机挂闸后，若有以下任一条件，将使顺序阀方式不允许信号置位。

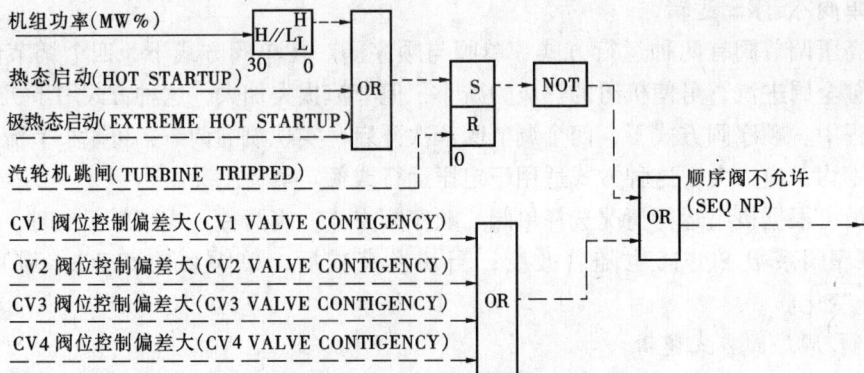

图6-7 顺序阀不允许信号逻辑

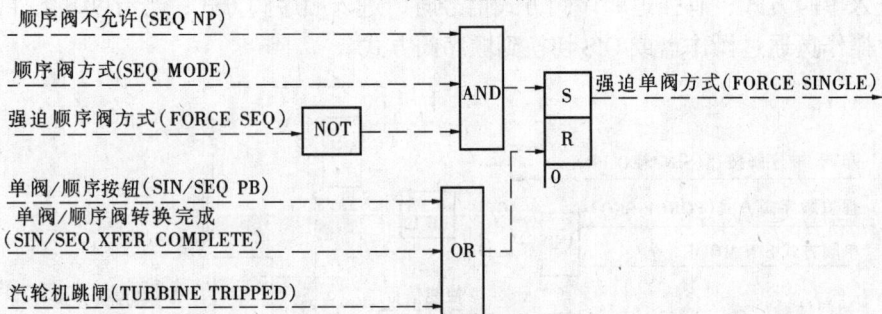

图6-8 强迫单阀方式逻辑

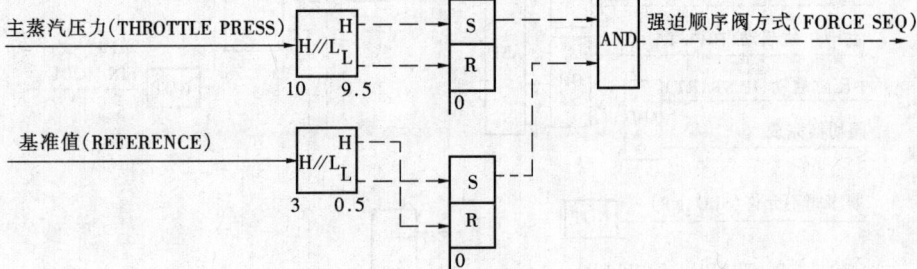

图6-9 强迫顺序阀方式逻辑

(1) CV1 阀位控制偏差大；

(2) CV2 阀位控制偏差大；

(3) CV3 阀位控制偏差大；

(4) CV4 阀位控制偏差大；

(5) 冷态或温态启动且实发功率小于30%。

在自动方式下，单阀→顺序阀的转换已完成，处于顺序阀方式，没有强迫顺序阀信号，若出现顺序阀方式不允许信号，将使强迫单阀信号置位，进入单阀方式。

当主蒸汽压力大于10MPa且阀位设定值 REFERENCE 小于3%时，将使强迫顺序阀信号置位，切换到顺序阀方式。

2. 单阀/顺序阀转换进行、完成逻辑

在形成高压调节阀的阀位指令时，引入了单阀系数 SPEC3 和顺序阀系数 SPEC4，CV 阀

数字电液调节与旁路控制系统

开度 = 单阀系数 × 单阀给定 + 顺序阀系数 × 顺序阀给定。在单阀方式下，SPEC3 = 1，SPEC4 = 0；在顺序阀方式下，SPEC3 = 0，SPEC4 = 1。在单阀向顺序阀转换过程中，SPEC4 由 0 逐渐变到 1，SPEC3 由 1 逐渐变到 0；在顺序阀向单阀转换过程中，SPEC4 由 1 逐渐变到 0，SPEC3 由 0 逐渐变到 1。任何时候，两个系数满足如下关系：SPEC3 + SPEC4 = 1。图 6 - 10 示意了单阀系数 SPEC3、顺序阀系数 SPEC4 的形成原理。

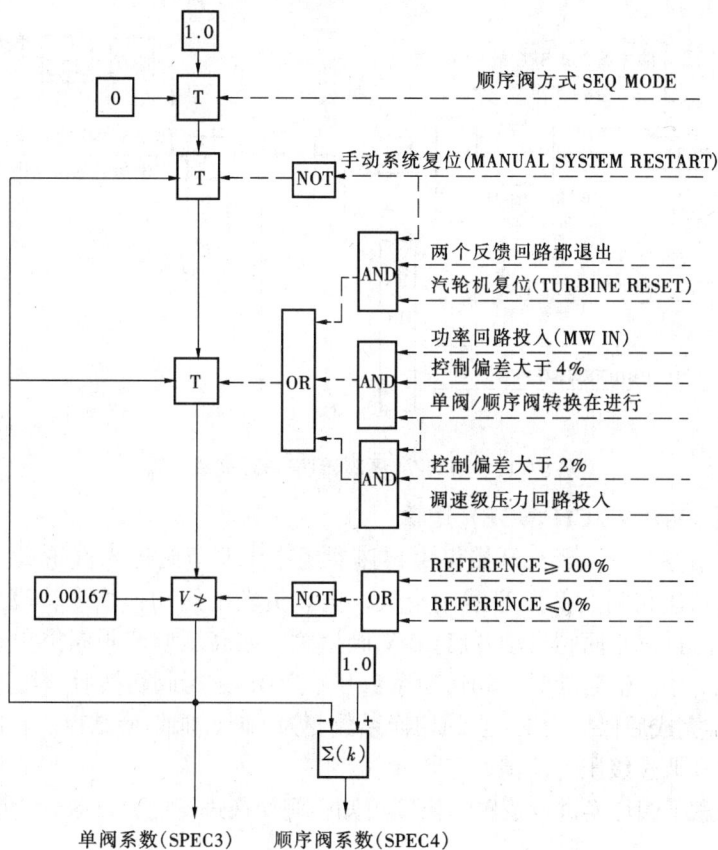

图 6 - 10　单阀系数、顺序阀系数形成原理

由图 6 - 10 可以看出：

（1）单阀/顺序阀转换正常进行时，单阀/顺序阀的切换时间为 10min，这是通过限速模块的速率决定的。

（2）切换过程中，出现以下三种情况时，暂停切换，等到异常情况消失后，再继续切换。

1）汽轮机复位，手动系统复位，两个反馈回路刚刚都退出；

2）功率回路投入，功率定值与实际功率之差大于 4%；

3）调速级压力回路投入，设定值与反馈值之差大于 2%。

判断单阀顺序阀之间的转换是否完成，转换是否在进行中，应以 SPEC3（或 SPEC4）是否达到其稳态值来衡量，如图 6 - 11 所示。若刚进入顺序阀方式，SPEC3 将由 1 逐渐变化到 0，SPEC3 稳态值为 0，二者相减，若其差值不在 ± 0.001 之间，与门输出为 "0"，经逻辑非运算后，使 SR 触发器置位，使信号单阀/顺序阀转换在进行中置位；当转换结束时，SPEC3 达到其稳态值 0，加法器的输出为 0，高低限比较器的输出为 1，延时 1s 后，SR 触发器复位，使信号单阀/顺序阀转换在进行复位，即 SIN/SEQ XFER IN PROGRESS = 0，同时发出 2s 的脉冲信号，单阀/顺序阀转换完成。

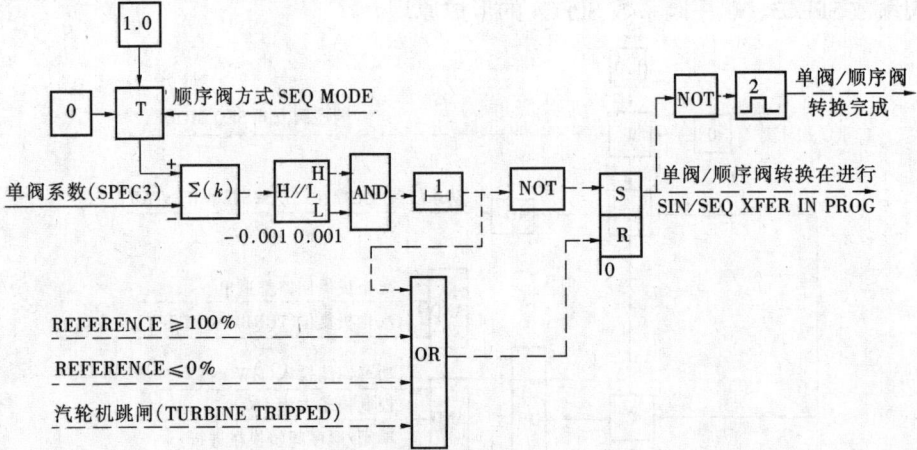

图 6 - 11　单阀/顺序阀转换进行/完成逻辑

四、阀切换（VALVE CHANGE）逻辑

在中压缸启动方式下，蒸汽开始仅由再热器经中压调节阀进入汽轮机。汽轮机完成升速、并网、低负荷暖机后，低压旁路阀全关，操作员发出阀切换指令，高压调节阀（CV）逐渐开大，高压缸排汽止回阀自动开启，VV 阀全关。在高压调节阀阀位指令的形成中，引入了阀切换系数。中压缸启动时，阀切换系数开始为 0，进行阀切换后，经过 1min 时间，由 0 变到 1，阀切换完成后保持为 1。当阀切换系数变为 1 时，阀切换结束。在阀切换期间，将使负荷反馈回路和调速级压力反馈回路切除。

图 6 - 12 示意了阀切换进行逻辑，由图可知，阀切换进行的允许条件为下列条件同时存在：

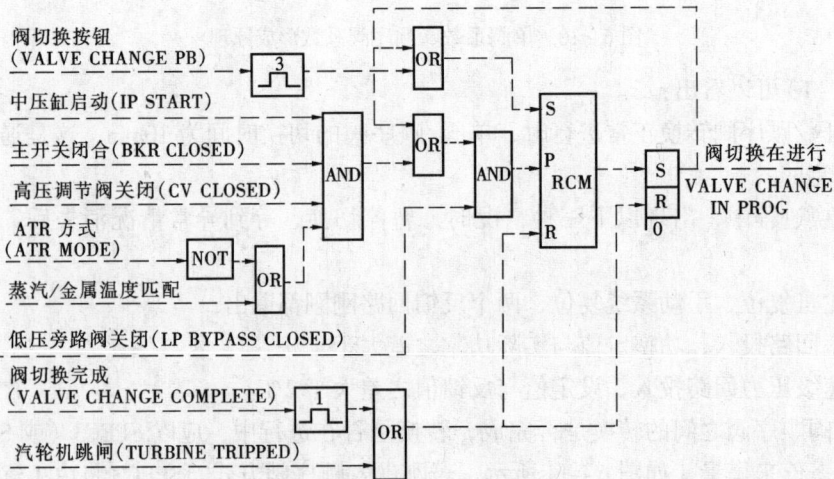

图 6 - 12　阀切换进行逻辑

（1）所有高压调节阀关闭；

（2）中压缸启动；

（3）并网；

（4）低压旁路关闭；

（5）非 ATR 方式或蒸汽温度、金属温度相匹配。

在允许条件满足时，操作员在硬操作盘上按下阀切换按钮（VALVE CHANGE PB）或通过 OIS 使阀切换进行。当阀切换完成后，发出 1s 的脉冲信号，复位阀进行信号切换。阀切换是否完成，看阀切换系数是否达到 1，阀切换完成的逻辑如图 6–13 所示。在中压缸启动方式下，阀切换没有进行时，阀切换系数为 0，切换器 T 的输出为 0；当阀切换开始进行时，切换器 T 的输出为 1，送到加法模块和阀切换系数比较，当阀切换系数由 0 变到 1 时，使 SR 触发器置位，发出阀切换完成的信号。

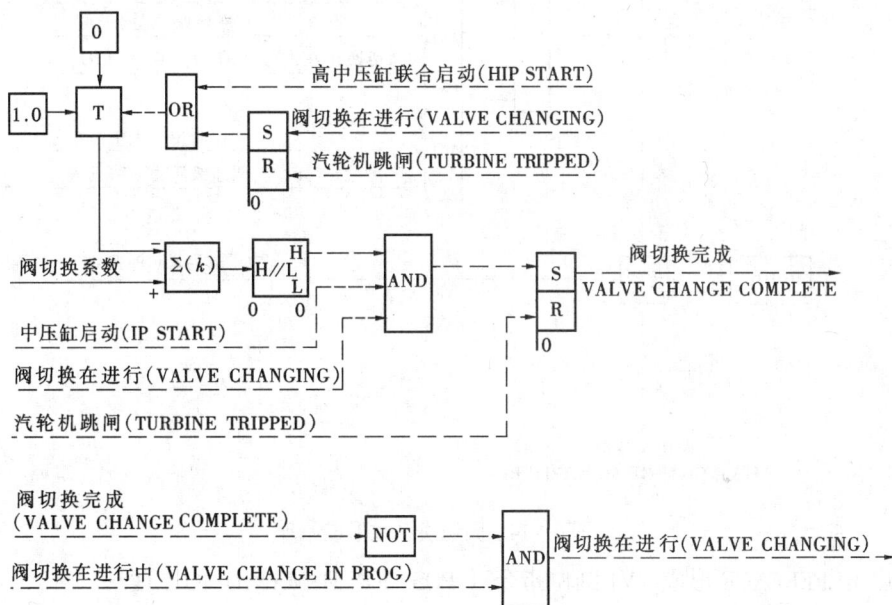

图 6–13　阀切换完成逻辑

当机组为高中压缸联合启动时，阀切换系数不经限速直接等于 1；当机组为中压缸启动且阀切换没有进行时，阀切换系数为 0。当阀切换进行逻辑置位后，阀切换系数以 0.016/s 的速度由 0 变到 1，阀切换系数的形成原理如图 6–14 所示。在阀切换进行中，若出现以下任一情况，将使阀切换暂停，等下列情况消失后，继续进行切换。

（1）手动系统复位且汽轮机复位，两个反馈回路刚都退出；

（2）功率回路投入而控制偏差大于 4%；

（3）调速级压力回路投入而控制偏差大于 2%。

五、阀门位置指令的形成

1. 高压调节阀阀位指令的形成

由总的阀位设定值 REFERENCE 形成各个高压调节阀的阀位指令时，要考虑阀切换系数、单阀流量特性、顺序阀流量特性、单阀系数、顺序阀系数及阀门试验偏置等。图 6–15

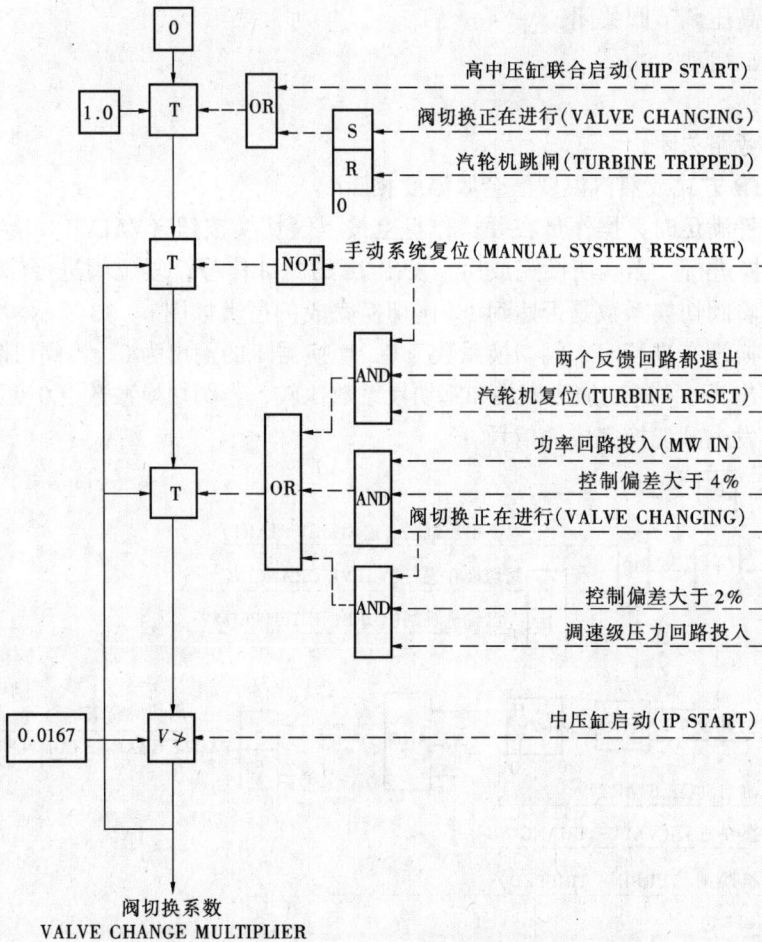

图 6-14 阀切换系数形成原理

示意了由 REFERENCE 形成 CV1 阀位指令（POSITION DEMAND）的原理。

当机组没有复位运行时，阀位指令置为 -3%，使调节阀关闭。

当机组为高中压缸联合启动时，阀切换系数等于 1，且启动初期一般为单阀方式，所以 SPEC3 = 1，SPEC4 = 0，总的阀位设定值 REFERENCE 经过 CV1 的单阀特性曲线转换后形成单阀基准值（CV1 SINGLE REFERENCE），该值经两个切换器后形成单阀设定值 CV1 SINGLE；若没有进行阀门试验，CV1 SINGLE 经乘法器后送到加法器，加法器的另一个输入为 0，所以此时 CV1 的阀位指令就由 REFERENCE 经 CV1 的单阀阀门特性曲线得到。

当机组为中压缸启动时，启动初期阀切换系数为 0，乘法器的输出 REFERENCEX 也为 0，REFERENCEX 经单阀特性曲线转换后形成的输出也为 0，CV1 SINGLE = 0，REFERENCE 经顺序阀特性曲线转换后形成 CV1 SEQ，因顺序阀系数 SPEC4 = 0，所以加法器的两个输入信号均为 0，此时 CV1 阀位指令为 0，使 CV1 阀门关闭。当低压旁路阀关闭，由操作员发出阀切换命令后，开始阀切换，阀切换系数由 0 逐渐变到 1，使高压调节阀逐渐开启。当阀切换完成后，可根据需要进行单阀→顺序阀转换，SPEC3 由 1 逐渐到 0，SPEC4 由 0 逐渐到 1，转换完成后，调节阀的阀位指令仅由顺序阀特性决定。

基准值(REFERENCE)

阀切换系数
VALVE CHANGE
MULTIPLIER ×

REFERENCE X

$F_1(X)$ CV1 单阀基准值(CV1
SINGLE REFERENCE) $F_2(X)$

阀门试
验偏置

T ---- CV1 阀试验在进行
CV1 TEST IN PROG

$\Sigma(k)$ + +

T

CV1 顺序阀
设定值
CV1 SEQ

CV1 单阀设定值
CV1 SINGLE

单阀系数
SPEC3 ×

顺序阀系数
SPEC4 ×

$\Sigma(k)$ + +

−3

T 运行(RUN)

CV1 阀位指令(CV1 POSITION DEMAND)

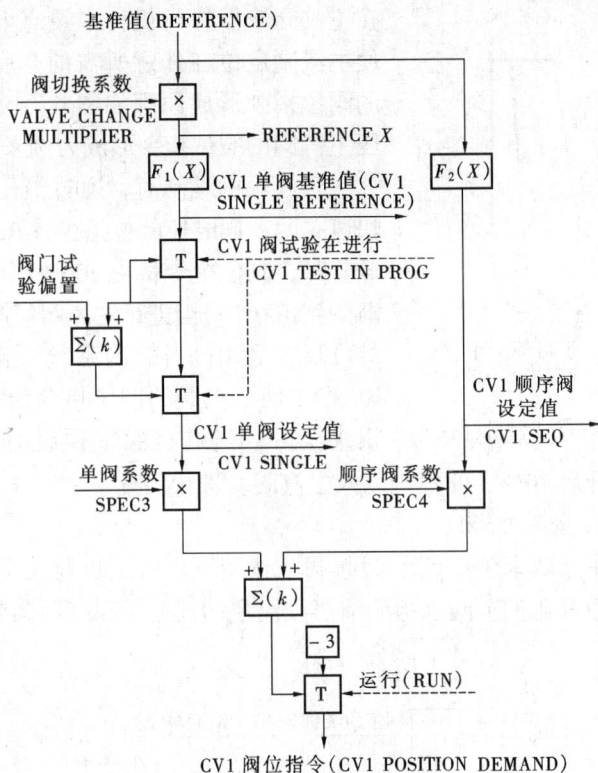

图 6−15 CV1 阀位指令的形成

当汽轮机跳闸时，一方面通过液压回路使所有阀门快速关闭，另一方面复位运行逻辑，即 RUN = 0，使阀位指令置为 − 3%。

4 个调节阀的单阀特性曲线、顺序阀特性曲线如图 6−16、图 6−17、图 6−18 所示，在组态逻辑中，特性曲线由函数功能码 $F(X)$ 来实现。

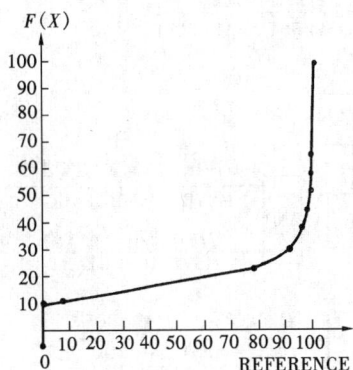

$F(X)$

100
90
80
70
60
50
40
30
20
10
0   10 20 30 40 50 60 70 80 90 100
REFERENCE

图 6−16 CV1~CV3 单阀特性曲线

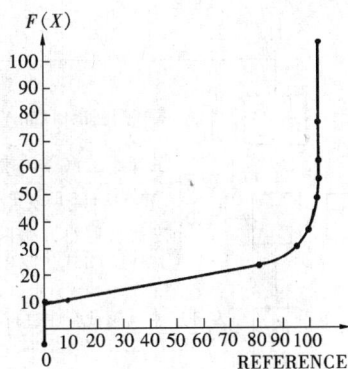

$F(X)$

100
90
80
70
60
50
40
30
20
10
0   10 20 30 40 50 60 70 80 90 100
REFERENCE

图 6−17 CV4 单阀特性曲线

2. 高压主汽阀阀位指令的形成

在机组正常运行中高压主汽阀全开，汽轮机跳闸时高压主汽阀全关。可以说高压主汽阀不参与汽轮机的调节任务。但进行主汽阀阀室预暖时，需要主汽阀开启 10% 的开度，所以

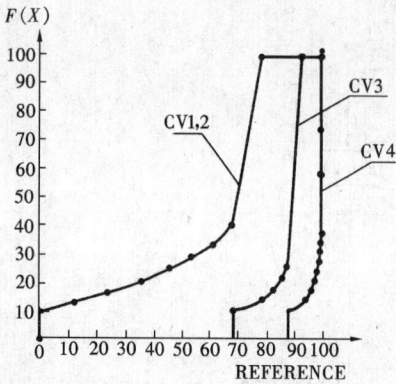

图 6-18 高压调节阀顺序阀特性曲线

在主汽阀液压执行机构中设有电液伺服阀，它可以使主汽阀定位在任意所需的开度。左右高压主汽阀的阀位指令形成原理如图 6-19 所示，现以左侧高压主汽阀的阀位指令形成为例来分析。

当汽轮机跳闸时，通过液压回路使高压主汽阀快速关闭，同时使阀位指令置 0；当进行高压主汽阀试验时，阀位指令将由 100% 逐渐变到 0，之后再逐渐变到 100%；当进行主汽阀门严密性试验时，也使阀位指令置 0；当控制系统发出"运行"命令时，RUN=1 使主汽阀的阀位指令为 100%，高压主汽阀很快全开；当进行阀室预暖时，阀位指令设置为 10%，使高压主汽阀开启 10%，使蒸汽流入主汽阀，进行预暖。

3. 中压调节阀阀位指令的形成

机组在启动过程中，两个中压调节阀起调节作用，当机组负荷大于 30% 以后，中压调节阀保持全开，单独由高压调节阀承担调节蒸汽流量的任务，和高压调节阀的阀位指令形成

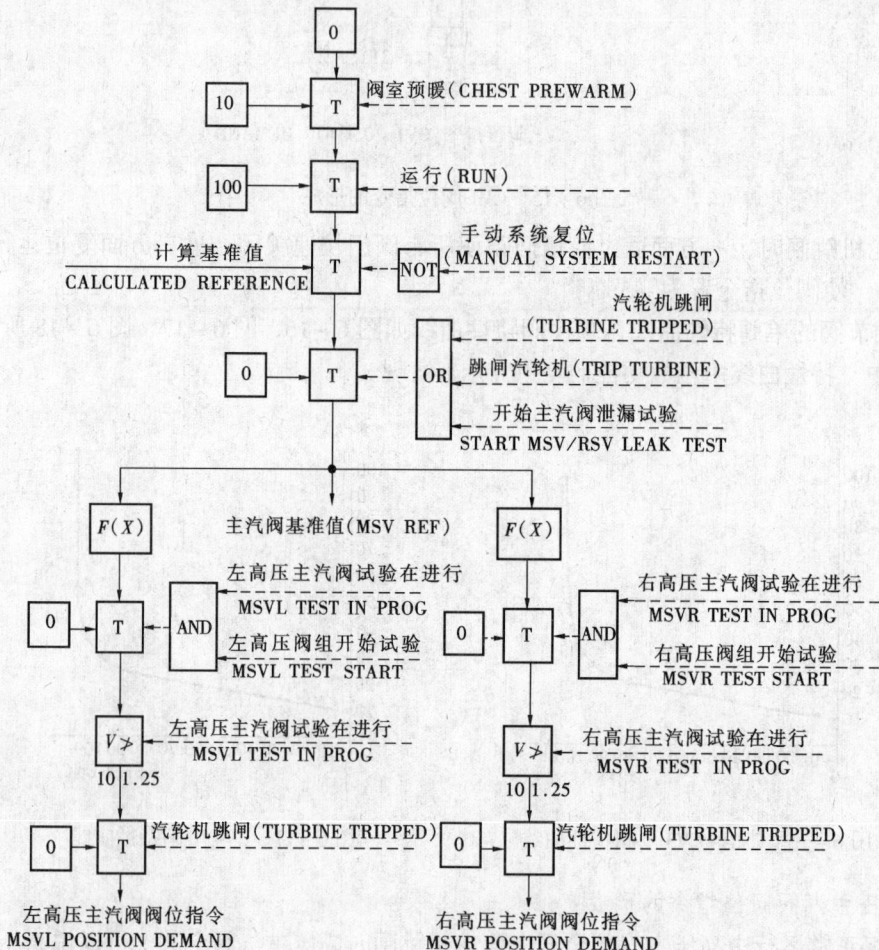

图 6-19 高压主汽阀阀位指令的形成

一样，REFERENCE 经中压调节阀特性曲线形成中压调节阀基准值（IV REFERENCE），考虑中压调节阀的阀门试验以及负荷不平衡时快关中压调节阀，形成 LIV REFERENCE（或 RIV REFERENCE），考虑汽轮机复位运行，由 LIV REFERENCE、RIV REFERENCE 形成最终的左、右中压调节阀阀位指令送到中压调节阀的液压伺服卡。图 6－20 为左中压调节阀 LIV 阀位指令的形成逻辑。

由图 6－20 可以看出，当机组没有复位运行时，阀位指令为 －3％，使中压调节阀关闭；若阀门进行试验时，阀位指令将叠加阀门试验偏置，使阀门关小而后再开大；当发生负荷不平衡且该功能已投入时，DEH 将发出指令到中压调节阀门液压执行机构使中压调节阀快速

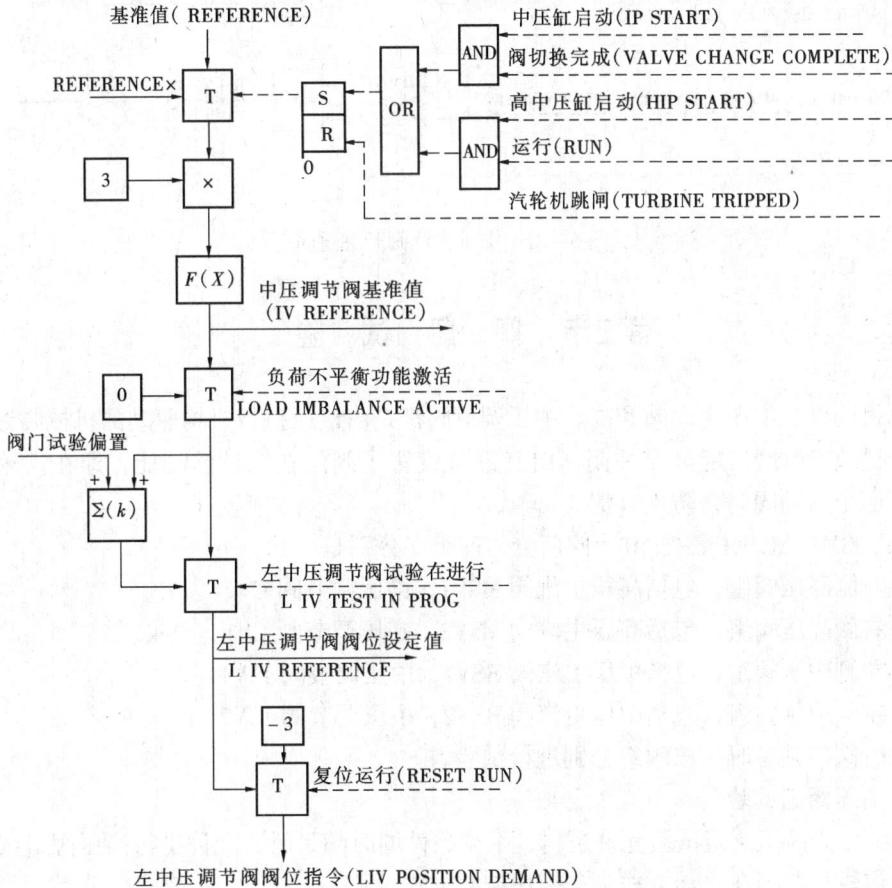

图 6－20 中压调节阀阀位指令的形成

关闭，同时使中压调节阀的阀位指令也置为 0；当汽轮机为高中压缸联合启动且已运行，或当中压缸启动阀切换已完成时，将使 SR 触发器置位，切换器 T 选择 REFERENCE ×（REFERENCE × ＝ REFERENCE × 阀切换系数）输出，若为中压缸启动阀切换没有完成，则切换器选择 REFERENCE 输出；切换器的输出乘以常数 3，这样限定了中压调节阀的调节范围，即 30％负荷以下参与调节，30％负荷以上中压调节阀就基本全开，不再参与调节。乘法器的输出，经中压调节阀特性曲线 $F（X）$ 转换后形成中压调节阀基准值 IV REFERENCE。

4. 中压主汽阀的开关逻辑

在中压主汽阀的液压执行机构中，没有电液伺服阀，中压主汽阀在运行时全开，跳闸时关闭，为两位式执行机构。中压主汽阀的开启与关闭受其液压执行机构中的电磁阀控制，电磁阀带电，阀门关闭，电磁阀失电，阀门开启，电磁阀的控制逻辑如图6-21所示。

当机组没有运行（RUN＝0）或进行主汽阀严密性试验或有阀门试验关闭信号时，将使中压主汽阀关闭；当没有主汽阀严密性试验、没有阀门试验时，发出"RUN"命令后，将使中压主汽阀开启。

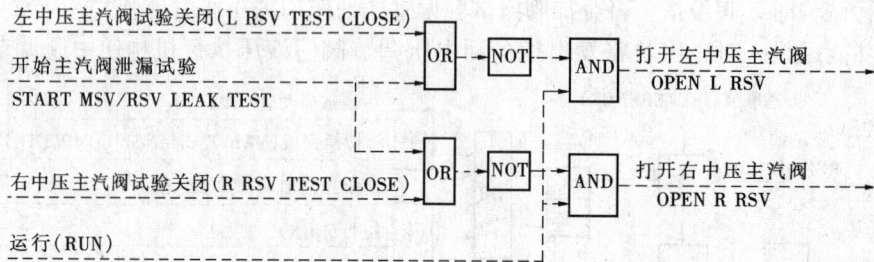

图6-21　中压主汽阀开关逻辑

第二节　阀　门　试　验 ⇨

汽轮机的高、中压主汽阀和高、中压调节阀都是由液压执行机构驱动的机械装置，为了保证汽轮机故障时阀门能可靠关闭，DEH系统设置了阀门在线试验功能，即在汽轮机带负荷情况下逐个活动阀门，防止卡涩。

在某300MW机组中，把10个阀门分为四组，分别是：

（1）左侧高压阀组，包括高压主汽阀MSV1，高压调节阀CV2、CV3。

（2）右侧高压阀组，包括高压主汽阀MSV2，高压调节阀CV1、CV4。

（3）左侧中压阀组，包括中压主汽阀RSV1，中压调节阀ICV1。

（4）左侧中压阀组，包括中压主汽阀RSV2，中压调节阀ICV2。

在进行阀门试验时，按阀组分别进行试验。

一、高压阀组试验

图6-22为高压阀组试验允许逻辑，下列条件同时满足时，允许进行高压阀组试验。

（1）汽轮机控制在自动方式，非锅炉控制方式。

（2）没有阀门校验进行。

（3）并网且发电机功率在150～210MW之间。

（4）阀门试验完成，即没有其他的阀门试验在进行。

（5）所有主汽阀打开。

（6）汽轮机在单阀方式。

（7）阀门试验钥匙开关在试验位置。

（8）任一高压主汽阀子模件没有故障。

（9）任一高压调节阀子模件没有故障。

左、右高压阀组试验的步骤、条件等均类似，现以右侧高压阀组试验为例加以说明。

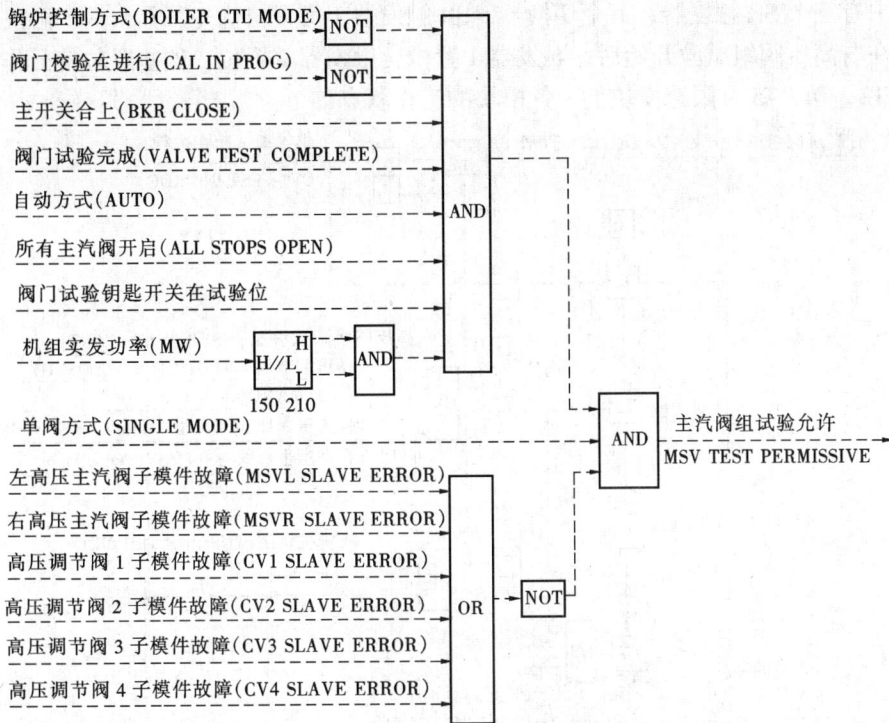

图 6 - 22 高压阀组试验允许逻辑

（1）当高压阀组试验允许进行时，操作员可通过硬操作盘或 OIS 选择阀组开始试验，图 6 - 23 为右侧高压阀组试验开始逻辑。由图可知，在试验进行过程中，右高压主汽阀关闭后延时 1s，将复位右高压阀组试验开始信号，右高压阀组试验开始信号复位 15s 后将发出右高压阀组试验停止信号。

（2）右高压阀组试验开始即 MSVR TEST START = 1 时，首先进行高压调节阀 CV1、CV4 试验，使 CV1 TEST IN PROG = 1，CV4 TEST IN PROG = 1。图 6 - 24 为 CV1 试验在进行的逻

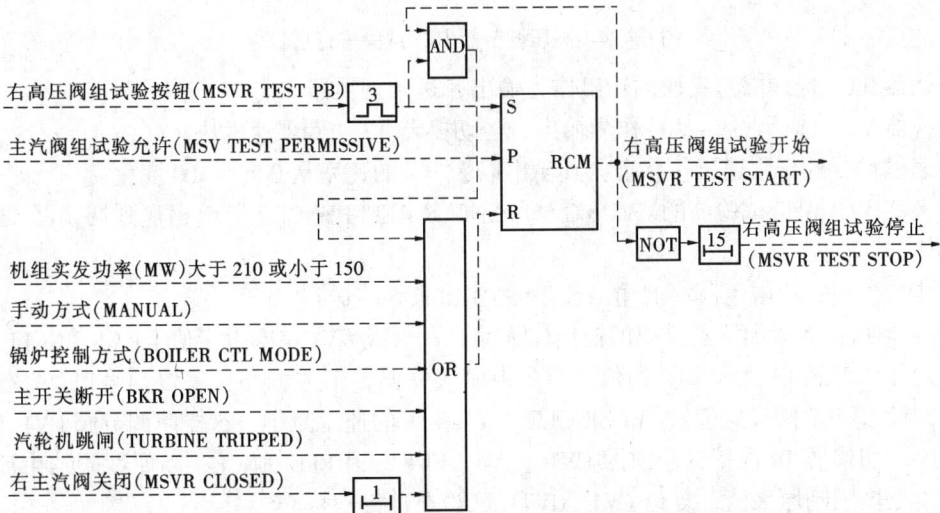

图 6 - 23　右侧高压阀组试验开始逻辑

辑。图中有三个 SR 触发器、五个切换器，SR 触发器 1 为置位优先，其余两个触发器为复位优先。在右高压阀组试验开始后，触发器 1 置位，触发器 2 置位；这些置位信号作用于切换器 T1、T2、T4、T5 及限速模块上。各模块的工作状态如下：

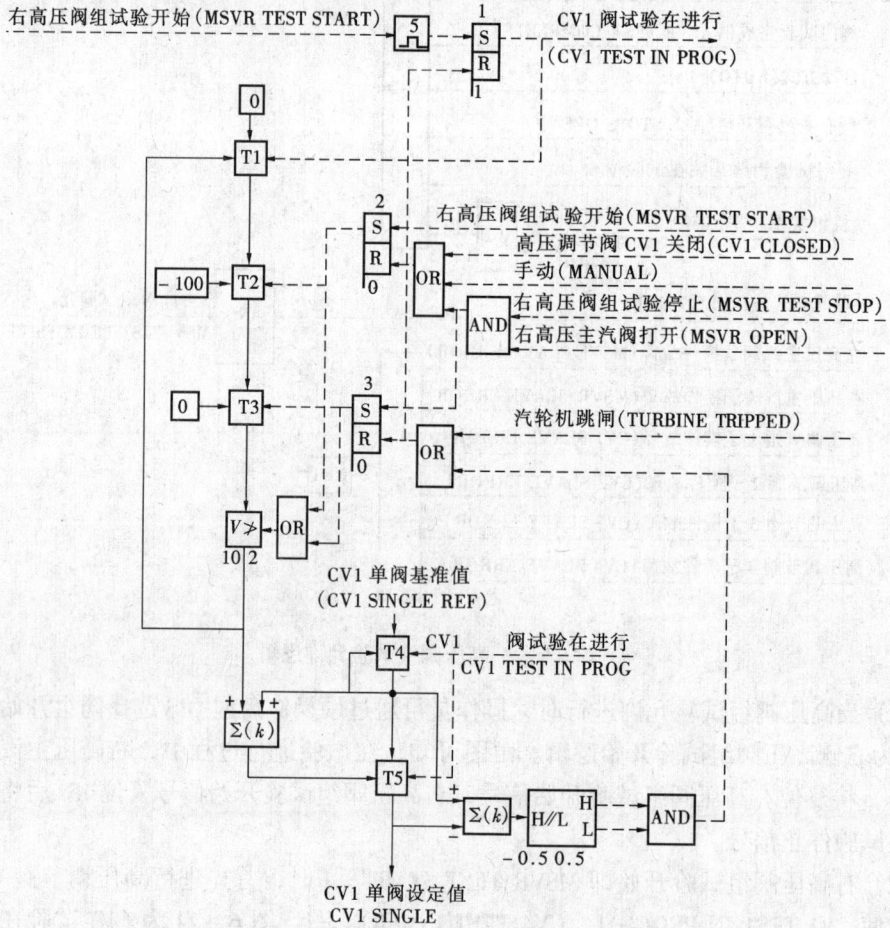

图 6-24　高压调节阀 CV1 试验进行逻辑

切换器 T1：选择限速模块的输出作为输出，送到切换器 T2。

切换器 T2：选择常数 -100 作为输出，经切换器 T3 送到限速模块。

限速模块：处于限速工作状态，其输出以 2%/s 的速率从 0 向 -100 变化。

切换器 T4：保持试验前的 CV1（CV4）SINGLE REFERENCE，其输出送到切换器 T5 和加法器模块。

加法器模块：对限速模块的输出和 T4 的输出求和，送到 T5。

切换器 T5：选择加法器模块的输出作为输出，形成 CV1 单阀设定值（CV1 SINGLE）。

因此在调节阀 CV1（CV4）的位置指令中加入关偏置信号，并且偏置信号以 2%/s 的速率变化，使 CV1 单阀设定值（CV1 SINGLE）以 2%/s 的速率减小，这样使调节阀 CV1（CV4）逐渐关闭；切换器 T4 保持试验前的 CV1（CV4）SINGLE REFERENCE，以便试验结束后调节阀阀位指令恢复到原来值，复位 CV1（CV4）试验在进行信号。

（3）当调节阀 CV1、CV4 关闭后，开始进行右高压主汽阀的活动试验，使 MSVR TEST IN

数字电液调节与旁路控制系统

PROG = 1，使主汽阀阀位指令以 1.25%/s 的速率变到 0，使主汽阀逐渐关闭。图 6 – 25 示意了右高压主汽阀试验在进行的逻辑。当主汽阀关闭后，将复位右侧高压阀组试验开始信号，即 MSR TEST START = 0，该信号使：

1）高压主汽阀的阀位指令以 10%/s 的速率恢复到 100%，使主汽阀逐渐开启；当主汽阀开度恢复到试验前的开度后，使 MSVR TEST IN PROG 复位。

2）延时 15s 后，发出右侧高压阀组试验停止信号，即 MSVR TEST STOP = 1。

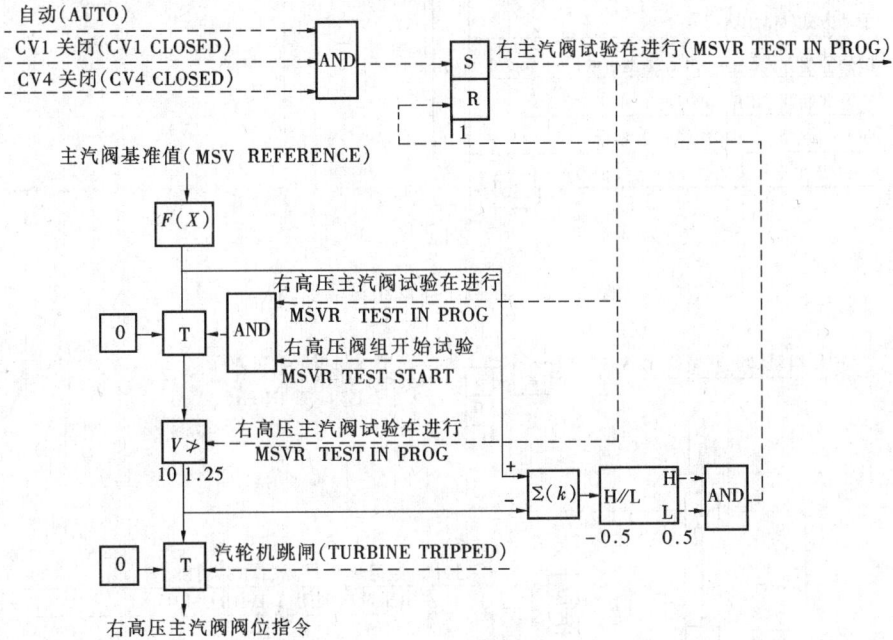

图 6 – 25　右高压主汽阀 MSVR 试验进行逻辑

（4）当右高压主汽阀打开且右高压阀组试验停止后，使图 6 – 24 中的触发器 2 复位，触发器 3 置位，将使高压调节阀 CV1（CV4）的关偏置由 – 100% 变为 0，且变化速率为 10%/s，这样将使调门开度指令逐渐恢复到原开度指令。当高压调节阀 CV1、CV4 的开度指令恢复到试验前的值时，将使高压调节阀 CV1（CV4）试验进行信号复位，即 CV1 TEST IN PROG = 0，CV4 TEST IN PROG = 0。

（5）阀组的试验进行完毕，发出阀门试验完成的信号，即 VALVE TEST COMPLETE = 1；可选择别的阀组进行试验。在高压阀组试验过程中，主汽阀、调节阀 CV1（CV4）的开度随时间的变化曲线如图 6 – 26 所示。

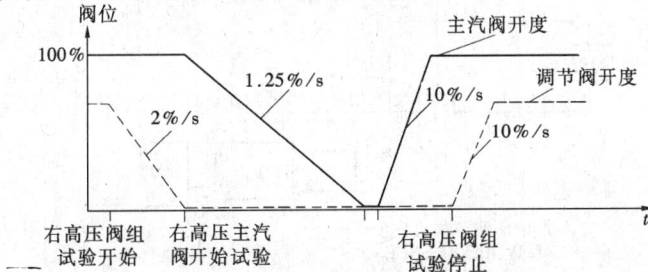

图 6 – 26　阀门试验过程中阀位的变化

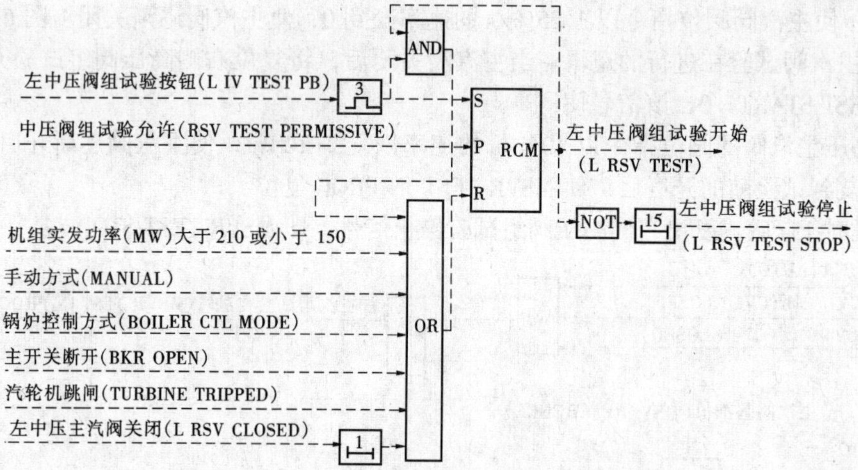

图 6-27　左侧中压阀组试验逻辑

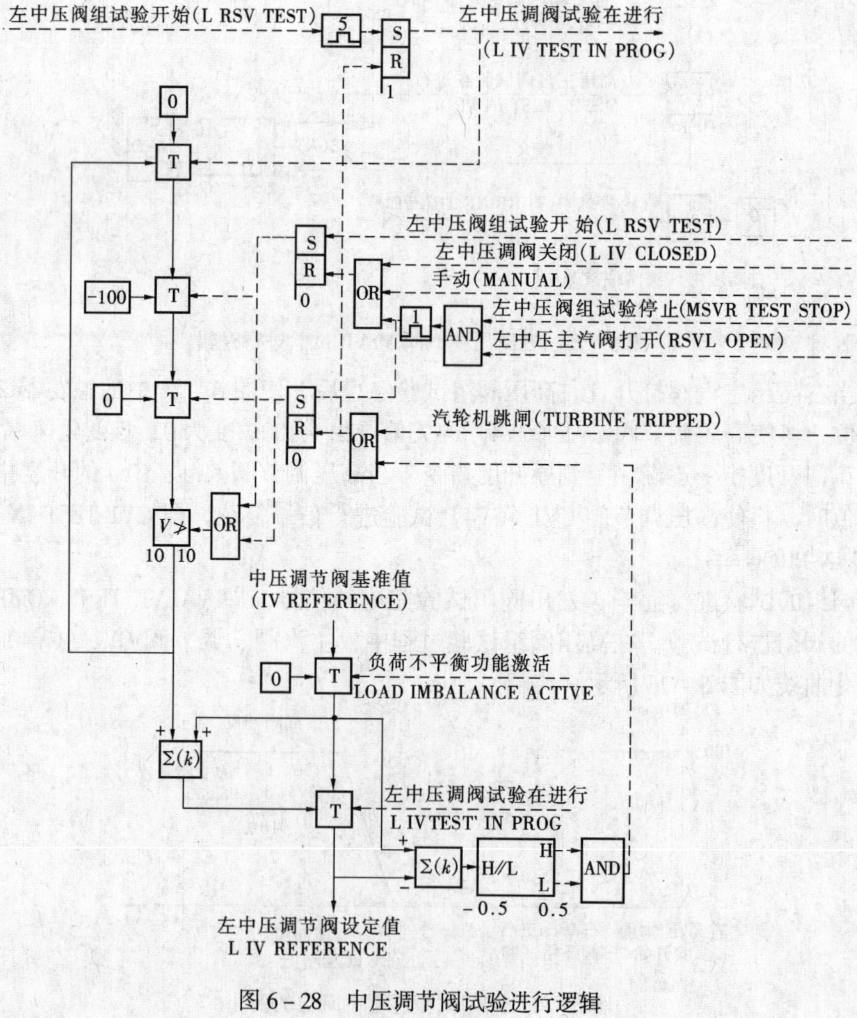

图 6-28　中压调节阀试验进行逻辑

数字电液调节与旁路控制系统

二、中压阀组试验

中压阀组试验允许条件和高压阀组试验允许条件基本一样，在中压阀组试验允许时操作员可通过硬操作盘上的按钮或 OIS 开始进行中压阀组的试验，现以左侧中压阀组试验为例说明试验步骤。

（1）在有中压阀组试验允许信号后，由操作员按下"左中压阀组试验"按钮，使左侧中压阀组试验置位，即 L RSV TEST = 1，其置位逻辑如图 6 - 27 所示。当左中压主汽阀关闭 1s 后，将复位左中压主汽阀组试验开始信号。

（2）首先进行中压调节阀活动试验，当左中压主汽阀组试验开始信号置位后，使左中压调节阀试验进行信号置位，即 L IV TEST IN PROG = 1，其置位逻辑如图 6 - 28 所示，该信号作用在切换器、触发器上，使中压调节阀的阀门指令中叠加关偏置信号，使中压调节阀逐渐关闭。

（3）当中压调节阀关闭后开始中压主汽阀的活动试验，发出左中压主汽阀试验关闭信号，即 L RSV TEST CLOSE = 1，其逻辑如图 6 - 29 所示。该信号送到中压主汽阀的液压伺服回路，使中压主汽阀关闭。

（4）当中压主汽阀关闭后，将使左侧中压阀组试验信号复位，即 L RSV TEST = 0，该信号一方面经 15s 延时后发出左中压阀组试验停止信号，即 L RSV TEST STOP = 1；另一方面复位 L RSV TEST CLOSE 信号，使中压主汽阀开启。

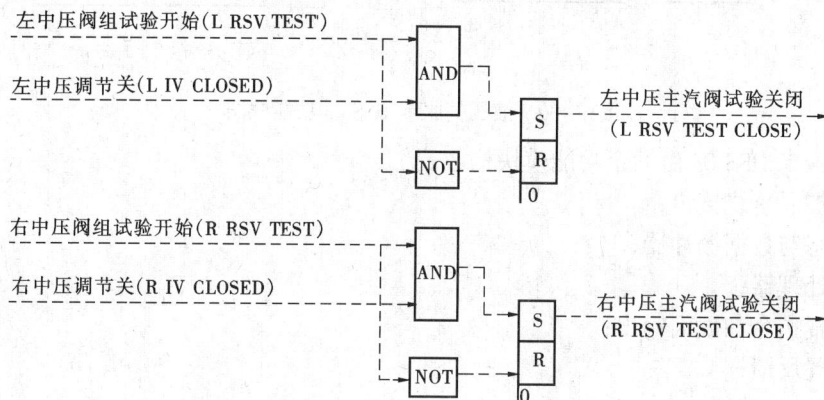

图 6 - 29　中压主汽阀试验进行逻辑

（5）中压主汽阀开启后，中压调节阀试验偏置信号由 - 100％变为 0％，经过限速后叠加到中压调节阀的阀位指令中，使中压调节阀逐渐开启，当开度指令恢复到试验前的值时，复位 L IV TEST IN PROG，发出阀门试验完成信号，即 VALVE TEST COMPLETE = 1。

第三节　液压伺服卡 HSS03 介绍

液压伺服子模件 HSS03 是一种位置控制模件，是伺服阀与多功能处理器之间的接口，多功能处理器向液压伺服子模件传递阀位指令，液压伺服子模件接收该信号，并和实际阀位相比较、运算后输出控制信号到电液伺服阀。

HSS03 的功能框图如图 6 - 30 所示。HSS03 是以微处理器为基础的智能模件，能够执行多种任务：传送阀位指令、读取位置反馈、显示模件状态信息、手动控制、完成自检。

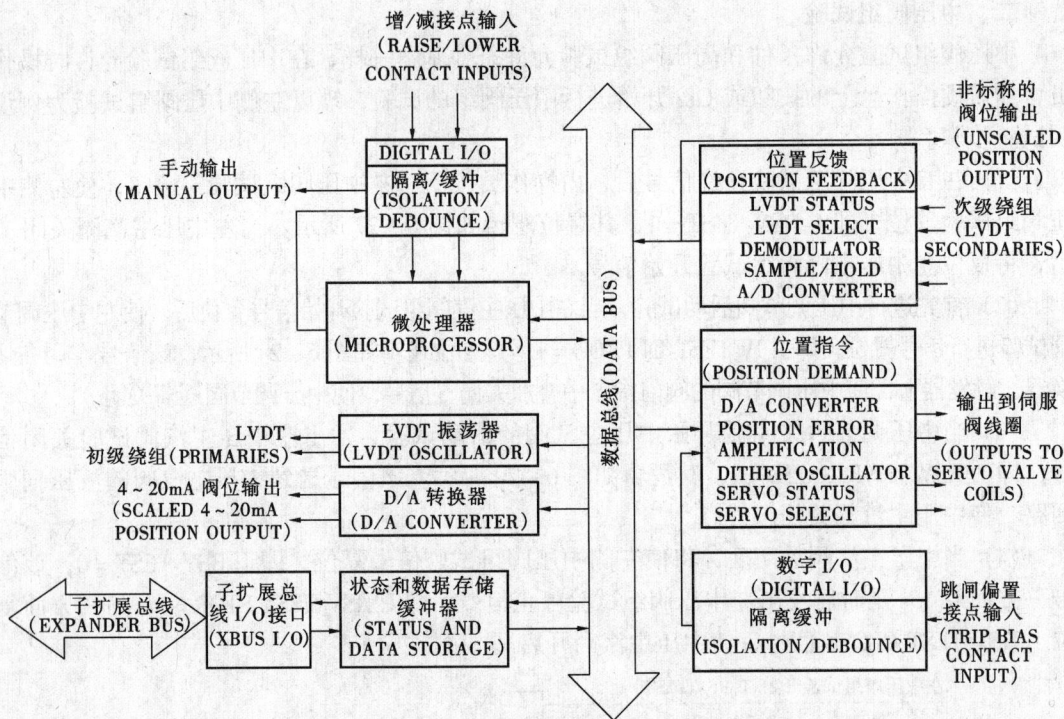

图 6-30　液压伺服卡 HSS 03 功能框图

液压伺服卡 HSS 03 由七个功能模块构成：

（1）子扩展总线接口；

（2）状态与数据缓冲器；

（3）微处理器；

（4）位置指令和放大输出；

（5）位置反馈；

（6）LVDT 振荡器；

（7）数字 I/O。

子扩展总线能够使主模件与 HSS 03 进行通信，MFP 通过子扩展总线接口给 HSS 03 发送下列信息：

（1）位置指令；

（2）校正/操作方式；

（3）校正进行/保持状态；

（4）校正周期；

（5）校正循环次数；

（6）LVDT 振荡频率；

（7）零位校验请求；

（8）校正行程时间。

HSS 模件通过子扩展总线接口给 MFP 传送以下信息：

（1）油动机位置；

（2）LVDT 在零点指示；

（3）新的校正数据；

（4）校正状态（完成/进行）；

（5）液压伺服卡件状态；

（6）通讯。

状态与数据缓冲器保存微处理器与子扩展总线 I/O 之间传输的状态信息与过程数据。HSS 用 16 位微控制器实现 HSS 的功能，微处理器控制模/数转换过程，传输位置反馈和状态信息，从 MFP 读取数据，传递位置指令给数模转换器，进行自检，微处理器可以控制紧急手动电路。

位置指令与输出电路包括四大部分：数/模转换器、位置误差、伺服放大器和高频振荡器。位置反馈由三部分组成：解调器、采样保持电路和模数转换器。差动变压器的输出是一个与初级绕组同频率的交流信号，通过解调器输出和执行机构位移成正比的直流信号，采样保持电路以每秒 1000 次对解调器的输出进行采样后送到位置指令与输出电路，完成阀位的闭环控制。阀位信号经 A/D 转换器转换成数字信号，送到微处理器，通过数据总线和子扩展总线接口送到 MFP。

LVDT 振荡器为 LVDT 初级线圈提供激励电压，在 LVDT 次级线圈感应差动电压。

如果 HSS 与 MFP 通讯失去，手动控制电路将使操作员能够手动改变执行机构位置，提供两个 +24VDC 的隔离数字输入作为从按钮来的增减命令，微处理器接收该数字信号输出位置指令到伺服阀，遮断偏置是第三个数字输入，偏置信号送到位置误差电路，驱动执行机构全关。

第七章

汽轮机保护系统

为了保证汽轮发电机组安全可靠的运行，除了 DEH 系统内部对一些主要参数进行监视外，还设置了本特利监测系统，ETS 主保护系统对一些重要参数再次进行监测，如果越限，则进行声光报警，遮断机组。

汽轮机主保护项目有：

(1) 凝汽器真空低二值；

(2) 润滑油压低二值；

(3) 轴向位移大二值；

(4) 汽轮机超速；

(5) 控制油压低；

(6) 高压排汽温度高；

(7) 发电机故障；

(8) 主燃料跳闸；

(9) DEH 内部 24V 电源消失。

在 DEH 中，主要对机组的转速进行检测，完成电超速保护功能、负荷不平衡预测及保护；在 ATR 方式，若保护允许投入，也对跳闸参数进行检测，参数越限时发出跳闸指令。

不论是主保护系统，还是 DEH 保护系统，保护动作都通过液压回路实现，使高压遮断电磁阀、低压遮断电磁阀带电，打开泄油口，使所有阀门迅速关闭。

本章重点分析汽轮机的挂闸逻辑、跳闸逻辑、超速保护逻辑以及保护试验逻辑。

第一节　汽轮机挂闸与跳闸逻辑 ⇨

在汽轮机挂闸与跳闸逻辑中，用了 4 个压力开关信号，其中压力开关 PS4、PS5、PS6 用来监测低压安全油，当油压超过 1.29MPa 时，PS4、PS5、PS6 三个压力开关同时动作且输出触点闭合；当油压降至 1.11MPa 时，三个压力开关同时动作且输出触点断开，DEH 据此发出汽轮机已跳闸的信号。另一个压力开关 PS3 用来监视危急遮断器滑阀上部的挂闸油压，当复位阀组件中的电磁阀带电，泄掉危急遮断器滑阀上部油压时，PS3 压力开关动作且输出触点断开，当复位阀组件中的电磁阀失电，危急遮断器滑阀上部油压建立后，PS3 闭合。通常由四个压力开关的状态决定汽轮机是否挂闸，挂闸逻辑如图 7-1 所示。

由图 7-1 可归纳出挂闸过程如下：

(1) 检查挂闸允许条件，汽轮机跳闸且所有阀门关闭。

(2) 从硬操作盘上按下"挂闸"按钮或通过 OIS 发出挂闸命令，由图 7-1 可知，发出挂闸命令后，使 RESET TURBINE=1，正常情况下该信号使复位阀组件中的电磁阀带电，泄掉危急遮断器滑阀

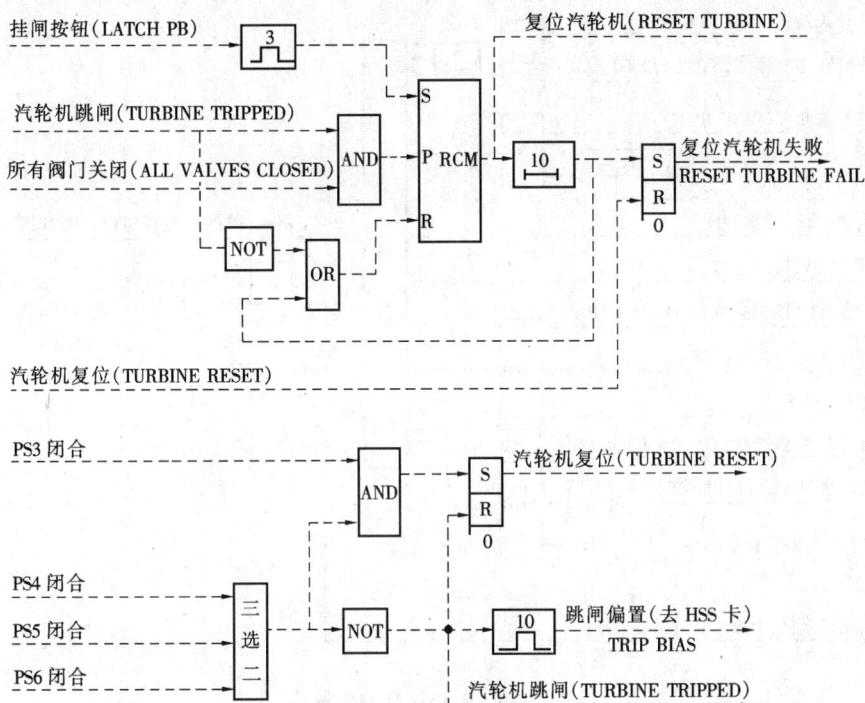

图 7-1 汽轮机挂闸逻辑

上部油压，使危急遮断器滑阀移到上止点，建立低压保安油，使 PS4、PS5、PS6 压力开关闭合。

（3）PS4、PS5、PS6 三个信号经三选二逻辑处理后，复位汽轮机跳闸状态信号，即TURBINE TRIPPED＝0，该信号又送到了 RCM 块的复位端，使 RCM 块的输出复位，即 RESET TURBINE＝0，复位阀组件中的电磁阀失电，使危急遮断器滑阀上部油压建立，PS3 压力开关闭合。

（4）四个压力开关都闭合，使 SR 触发器置位，发出汽轮机已挂闸的信号，即TURBINE RESET＝1。

若有故障时，发出复位汽轮机命令 10s 后，该命令依然存在，则也使 RCM 块复位，使复位阀组件中的电磁阀失电，同时使 SR 触发器置位，发出复位汽轮机失败的信息，即 RESET TURBINE FAIL＝1。

汽轮机跳闸逻辑如图 7-2 所示。

当出现以下几种情况时，由跳闸逻辑发出跳闸命令（TRIP TURBINE）到各个电磁阀控制回路；当机组已跳闸后，将复位跳闸汽轮机命令。

（1）并网前发生系统转速故障 2s 以后。

（2）发电机跳闸，且有使能信号。

（3）按下"跳闸"按钮。

（4）超速，指 110% 超速。

（5）任意 ATR 跳闸条件，指在 ATR 方式下且控制系统已运行，相应的保护功能均投入时，若有下列参数越限，将使汽轮机跳闸。

1）ATR 轴向位移大；

2）ATR 润滑油压低；

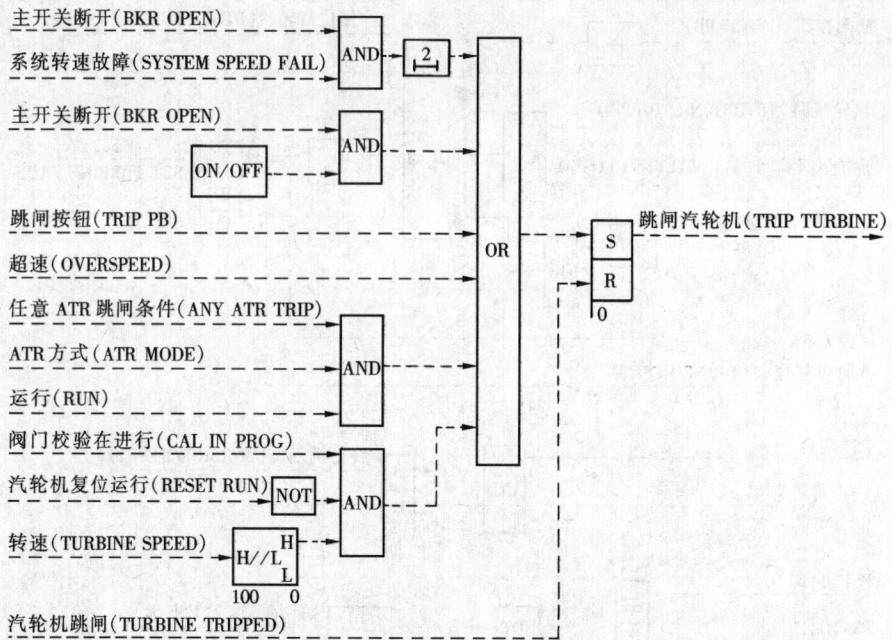

图 7-2 汽轮机跳闸逻辑

3）ATR 抗燃油压低；

4）ATR 真空低；

5）ATR 轴承振动大；

6）ATR 高压缸排汽温度高；

7）ATR 低压缸排汽温度高；

8）ATR 轴承温度高；

9）ATR 回油温度高；

10）ATR 推力瓦温度高。

（6）在汽轮机没有运行时进行阀门校验，机组转速大于 100r/min。

为了保证汽轮机设备的安全，汽轮机跳闸有多种方式，相关的设备有接口阀、危急遮断器滑阀、低压遮断部套（LPT）、超速保护部套（OSP）、高压遮断部套（HPT）。若由于飞锤动作，引起危急遮断器滑阀下移，将使低压安全油泄掉，薄膜接口阀打开，引起高压安全油

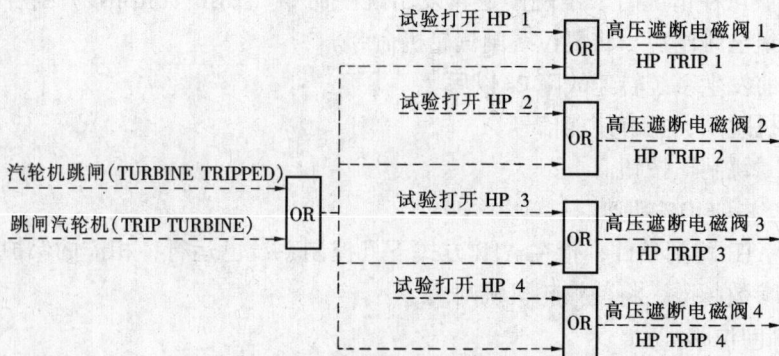

图 7-3 高压遮断部套动作逻辑

数字电液调节与旁路控制系统

泄放，快速关闭高、中压主汽阀；高压遮断集成块和超速保护集成块之间有单向阀联系，如果高压安全油泄掉将引起 OSP 油压失去，使高、中压调节阀快速关闭。

高压遮断部套动作逻辑如图 7 - 3 所示，当有以下任一情况时，将使高压遮断部套动作，打开相应的电磁阀。

（1）跳闸逻辑来的跳闸命令，TRIP TURBINE = 1；

（2）汽轮机已跳闸，TRUBINE TRIPPED = 1；

（3）高压遮断集成块电磁阀试验指令。

低压遮断部套动作逻辑如图 7 - 4 所示，当有以下情况时将使低压遮断部套的电磁阀打开。

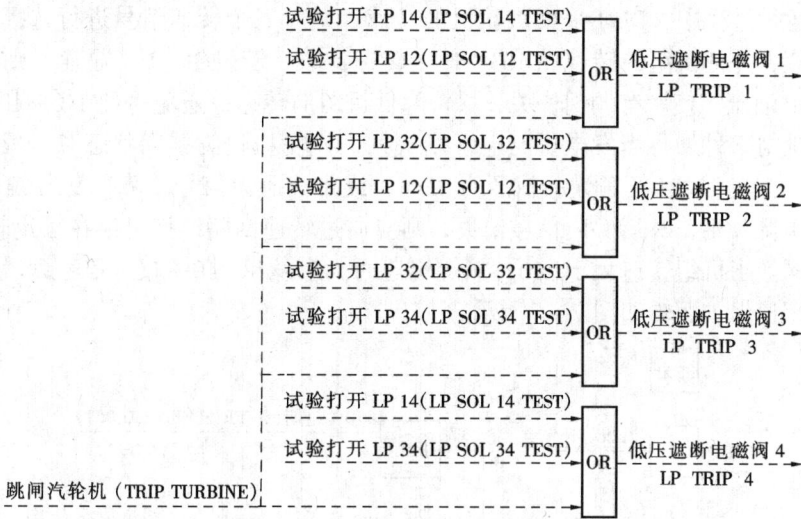

图 7 - 4　低压遮断部套动作逻辑

（1）汽轮机跳闸逻辑来的跳闸指令，TRIP TURBINE = 1；

（2）低压遮断集成块电磁阀试验指令。

超速保护集成块的动作逻辑如图 7 - 5 所示，当有以下情况时将使 OSP 部套的电磁阀动作。

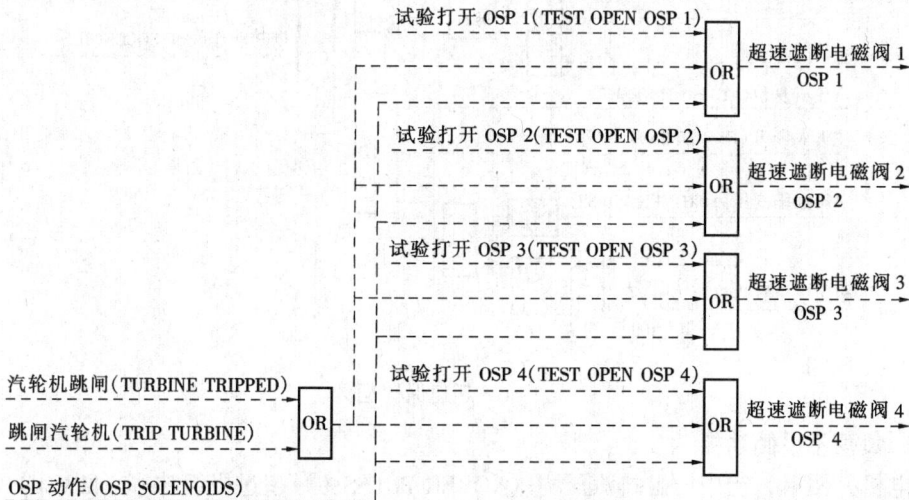

图 7 - 5　超速保护集成块的动作逻辑

（1）汽轮机跳闸命令，TRIP TURBINE = 1；

（2）汽轮机已跳闸，TURBINE TRIPPED = 1；

（3）OSP 电磁阀动作，指 103% 超速或功率不平衡时快关调门；

（4）OSP 电磁阀试验。

第二节　超速保护及负荷不平衡功能 ⇨

一、超速保护功能

在机组运行过程中，DEH 采集汽轮机的转速，并对三个转速信号进行选择后形成机组转速的测量值，并把机组的转速和 103% 额定转速比较，若发生 103% 超速，则通过 OSP 集成块泄掉 OSP 油压，使所有调门快关，尽快降低机组的转速，避免达到 110% 超速保护动作转速使机组跳闸。另外，当发电机与电网刚解列而汽轮机仍为挂闸状态时，机组很容易超速，若中压缸排汽压力大于额定排汽压力 15%，或排汽压力信号故障，发出 2s 的脉冲快速关闭高、中压调节阀，2s 后关闭信号消失，则应通过转速回路维持机组在额定转速下运行，以便尽快并网。当机组转速大于 110% 额定转速时，应发出 110% 超速信号到跳闸逻辑，使机组跳闸。超速保护逻辑如图 7-6 所示。

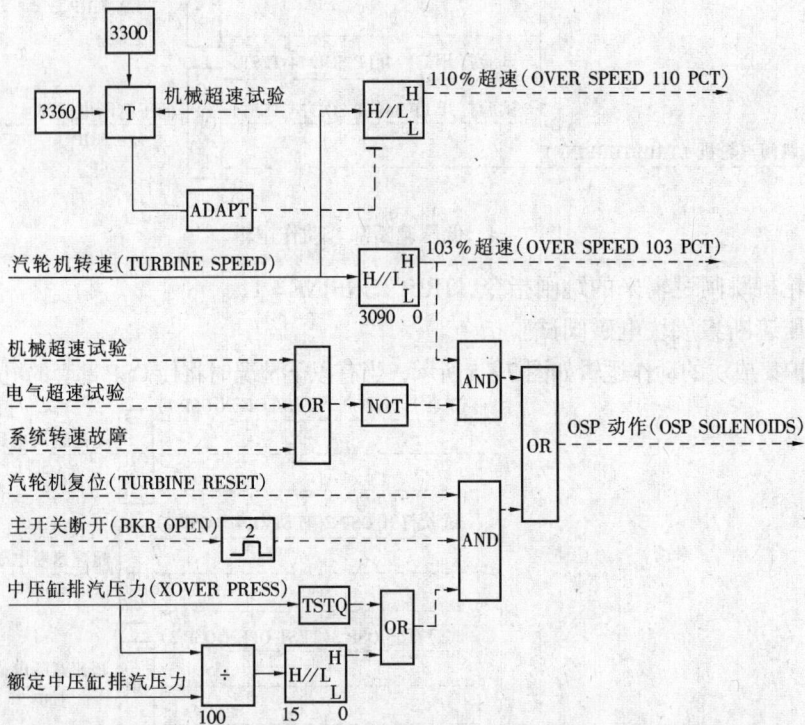

图 7-6　超速保护逻辑

二、负荷不平衡功能

发电机并网后，当中压缸排汽压力（XOVER PRESS%）超过机组功率（MW%）30% 时，将产生负荷不平衡。若操作员通过 OIS 投入负荷不平衡功能，则发出负荷不平衡功能激活信号，控制两个中压调节阀门的快关电磁阀 19YV、20YV，使中压调节阀快速关闭，减少中压缸进汽，降低汽轮机的机械功率，使机械功率与电功率相平衡，这是一种防止机组超速的措施。2s 后，因 SR 触发器复位，负荷不平衡功能激活信号为 0，使中压调节阀再开启。负荷不平衡功能的投切逻辑如图 7 - 7 所示。在投入负荷不平衡功能时应满足以下条件：

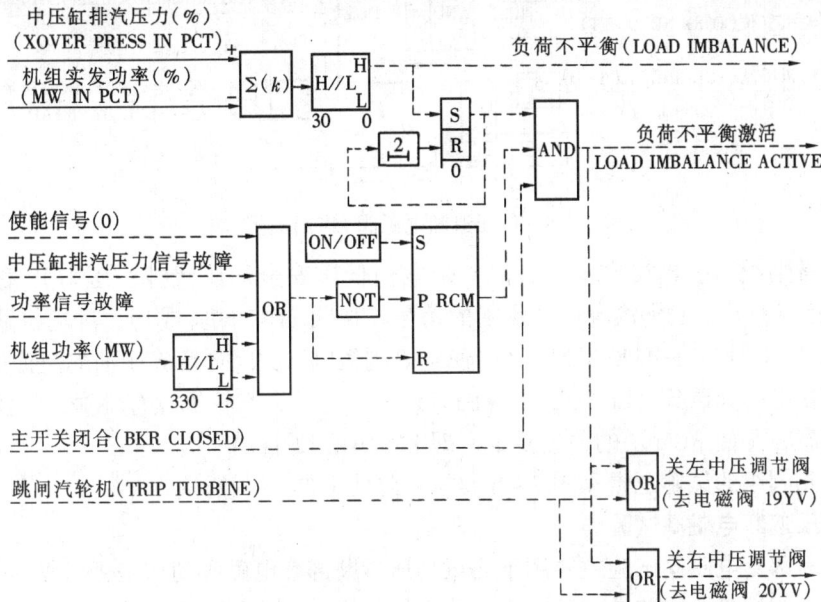

图 7 - 7　负荷不平衡功能

（1）中压缸排汽压力信号没有故障；

（2）功率信号没有故障；

（3）功率在 15～330MW 之间；

（4）有使能信号。

第三节　试　验　逻　辑 ⇨

一、低压遮断电磁阀试验

低压遮断部套电磁阀试验主要是为了试验低压遮断部套动作是否可靠。低压遮断部套有 4 个电磁阀（参见图 3 - 7），分别为：LP1 - 6YV、LP2 - 8YV、LP3 - 7YV、LP4 - 9YV。

以上四个电磁阀可组合成 4 组进行试验，即 LP12、LP14、LP32、LP34。在 4 种组合中，任一组电磁阀动作，都将引起低压安全油泄掉，使机组停机，所以低压遮断部套电磁阀试验只能在发电机并网前进行。现以试验 LP12 为例来说明其试验条件及步骤，图 7 - 8 为低压遮断电磁阀组 LP12 的试验逻辑。

由图 7 - 8 可知：

（1）试验允许条件为汽轮机已挂闸且汽轮机转速小于 100r/min。

（2）验证允许条件满足，在电磁阀试验画面上按下字母键"E"，调出 LP1、LP2 试验控制块，将其置于试验状态，即 LP SOL 12 TEST = 1。

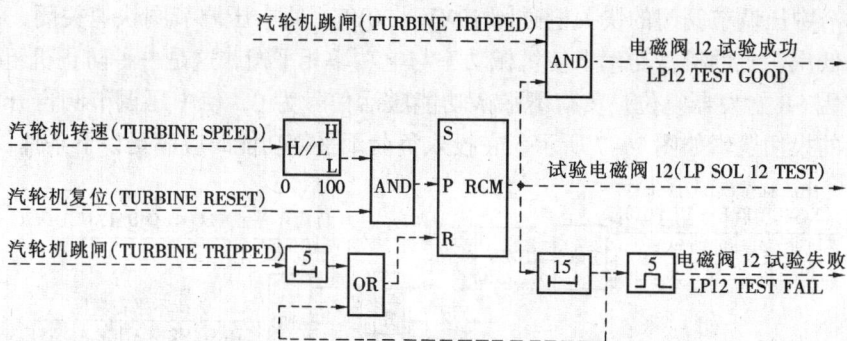

图 7 - 8　低压遮断电磁阀 LP12 试验逻辑

（3）正常情况下，电磁阀 6YV、8YV 带电使低压安全油压泄掉，压力开关 PS4、PS5、PS6 的输出接点断开，发出汽轮机已跳闸的信号，说明 LP12 试验成功，汽轮机跳闸 5s 后将使 RCM 块复位，即 LP SOL 12 TEST = 0，使电磁阀失电，关闭低压安全油的泄油通道。

（4）若在电磁阀试验（LP SOL 12 TEST = 1）15s 之后，汽轮机没有跳闸，将发出 LP12 试验失败的信息，并使 RCM 块的输出复位，即 LPS SOL 12 TEST = 0。

其他电磁阀组的试验逻辑和图 7 - 8 类似，此处不再一一讲述。

二、高压遮断电磁阀试验

高压遮断部套电磁阀试验主要用于测试高压遮断部套电磁阀动作是否可靠，但它与低压遮断部套电磁阀试验不同的是试验中不会使机组停机，因此可在并网前进行试验，也可在并网后进行试验。

高压遮断部套有 4 个电磁阀（参见图 3 - 10），分别为：HP1 - 13YV、HP2 - 11YV、HP3 - 14YV、HP4 - 12YV。

另外，在电磁阀与电磁阀之间有两个压力开关：HP PS1 - PS22、HP PS2 - PS23。

当油压超过 4.8MPa 时，PS22 动作，输出触点闭合。当油压超过 9.8MPa 时，PS23 动作，输出触点闭合。

每个电磁阀单独进行试验。

1. 电磁阀 HP1 试验逻辑

电磁阀 HP1 试验逻辑如图 7 - 9 所示。电磁阀 HP1 试验允许条件为下列条件同时满足：

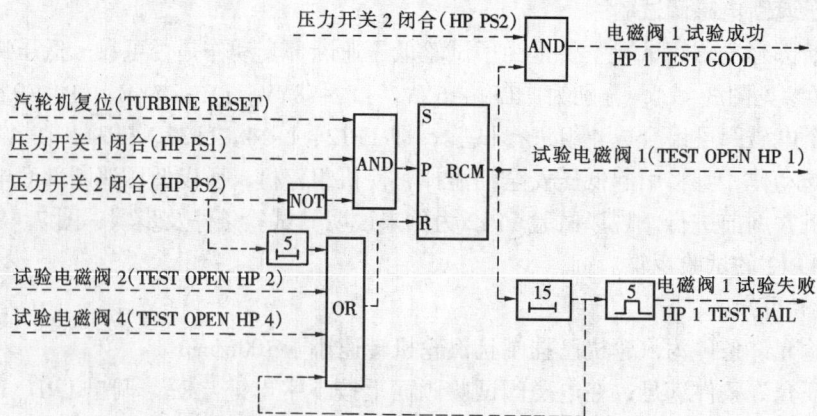

图 7 - 9　电磁阀 HP1 试验逻辑

（1）汽轮机复位；

（2）压力开关 PS22 闭合；

（3）压力开关 PS23 未闭合；

（4）没有电磁阀 HP2 试验；

（5）没有电磁阀 HP4 试验。

试验步骤如下：

（1）在电磁阀试验画面上调出 HP SOL1 TEST 操作画面，将其置于 YES 位，使 TEST OPEN HP1 = 1。

（2）正常情况下，在试验打开 HP1 指令发出后，使 HP1（13YV）电磁阀带电，电磁阀 13YV 打开，使高压安全油注入，电磁阀组间的油压升高，使压力开关 PS23 动作，输出触点闭合。此时发出 HP1 试验成功的信息，即 HP1 TEST GOOD = 1。在压力开关 PS23 闭合 5s 之后，使 RCM 块复位，即 TEST OPEN HP1 = 0，使电磁阀失电、关闭。

（3）若 TEST OPEN HP1 指令发出 15s 后，压力开关 PS23 没有闭合，则发出 HP1 试验失败的信息，即 HP1 TEST FAIL = 1，使 RCM 块的输出复位，即电磁阀 HP1 失电、关闭。

2. 电磁阀 HP2 试验逻辑

电磁阀 HP2 试验逻辑如图 7 - 10 所示。电磁阀 HP2 试验允许条件为：

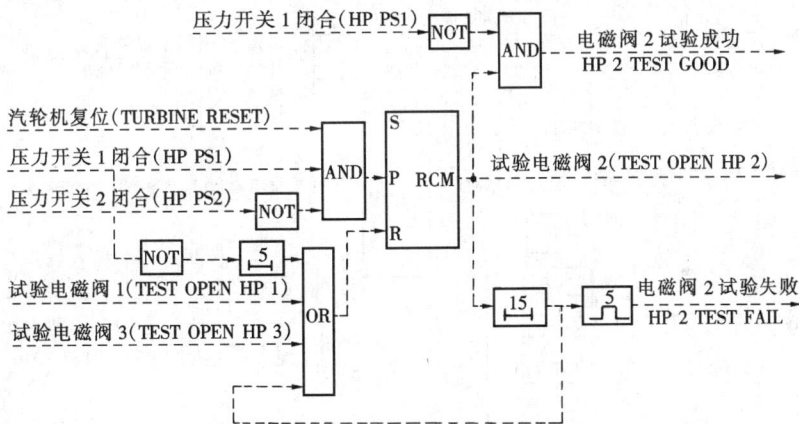

图 7 - 10　电磁阀 HP2 试验逻辑

（1）汽轮机复位；

（2）压力开关 PS22 闭合；

（3）压力开关 PS23 未闭合；

（4）没有电磁阀 HP1 试验；

（5）没有电磁阀 HP3 试验。

试验步骤如下：

（1）在上述试验允许条件均满足后，在 OIS 上调出电磁阀试验画面，调出 HP SOL2 TEST 操作画面，将其置于 YES，使 TEST OPEN HP2 = 1。

（2）正常情况下，在试验打开 HP2 指令发出后，使 HP2（11YV）电磁阀带电，电磁阀 11YV 打开，将电磁阀组之间的压力油泄掉，使压力开关 PS22 的输出触点断开，发出 HP2 电磁阀试验成功的信息，即 HP2 TEST GOOD = 1。经过 5s 延时后，使 RCM 块复位，TEST OPEN HP2 = 0，使电磁阀失电、关闭。

（3）若在试验打开电磁阀 HP2 指令发出 15s 后，压力开关 PS1（即 PS22）还没有断开，则发出 HP2 试验失败的信息，HP2 TEST FAIL = 1，且使 RCM 块的输出复位，电磁阀 HP2 失电、关闭。

三、超速保护部套电磁阀试验逻辑

超速保护部套电磁阀试验主要用来测试超速保护部套动作是否可靠，可以在并网前进行试验，也可在并网后进行试验，在试验中不会引起调汽阀关闭。

超速保护部套电磁阀共有 4 个：OSP1 – 17YV、OSP2 – 15YV、OSP3 – 18YV、OSP4 – 16YV。

4 个电磁阀两两并联后再串联，在并联阀组之间有两个压力开关，用来监视部套中的油压参见图 3 – 10，其中：

OSP PS1 – PS25，油压大于 4.8MPa 时，输出触点闭合；

OSP PS2 – PS26，油压大于 9.6MPa 时，输出触点闭合。

4 个电磁阀单独进行试验。

1. OSP1 电磁阀试验

OSP1 电磁阀试验逻辑如图 7 – 11 所示。试验允许条件为：

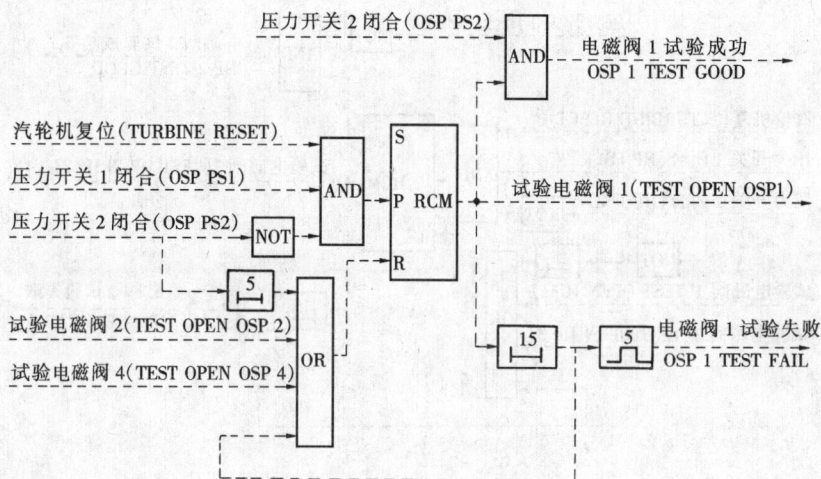

图 7 – 11　OSP1 电磁阀试验逻辑

（1）汽轮机已挂闸（TURBINE RESET = 1）；

（2）压力开关 PS25 已闭合；

（3）压力开关 PS26 未闭合；

（4）没有 OSP2 试验打开命令；

（5）没有 OSP4 试验打开命令。

试验步骤如下：

（1）在电磁阀试验画面上调出 OSP1 TEST 操作画面，将其置于 YES，即使 TEST OPEN OSP1 = 1。

（2）发出试验打开 OSP1 电磁阀命令后，将使 17YV 电磁阀带电打开，OSP 母管的油注入超速

数字电液调节与旁路控制系统

保护部套，使电磁阀组之间的油压升高，压力开关 PS26 闭合，发出 OSP1 电磁阀试验成功的信息，即 OSP1 TEST GOOD = 1。延时 5s 后，使 RCM 块复出，即 TEST OPEN OSP1 = 0，则 OSP1 电磁阀失电、关闭。若发出 TEST OPEN OSP1 命令 15s 后，压力开关 PS26 仍未闭合，则发出试验失败的信息，即 OSP1 TEST FAIL = 1，使 RCM 块的输出复位，OSP1 电磁阀失电、关闭。

2. OSP2 电磁阀试验

OSP2 电磁阀试验逻辑如图 7 - 12 所示。

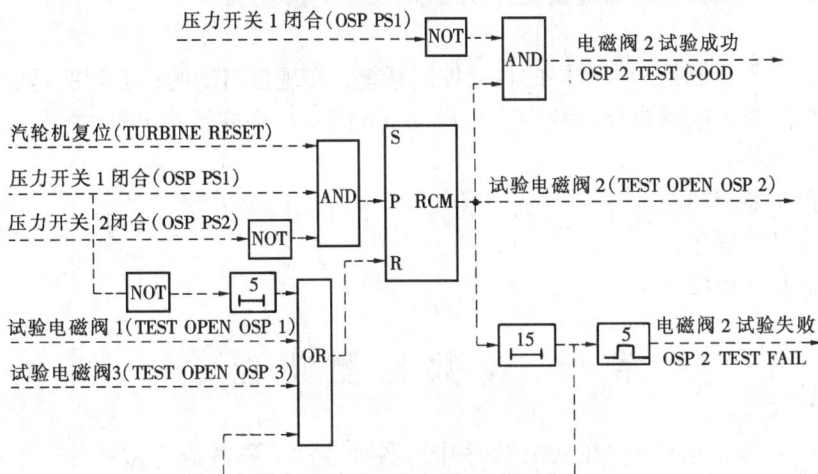

图 7 - 12　OSP2 电磁阀试验

OSP2 电磁阀的试验条件、试验步骤同 OSP1，不再赘述，请读者自行分析。

四、110 % 电超速保护试验

电超速保护试验的目的是验证电超速保护动作是否可靠，只能在并网前进行试验，试验允许条件为：

（1）汽轮机挂闸；

（2）发电机的主开关断开；

（3）汽轮机在自动方式，维持机组转速在 3000r/min。

试验步骤如下：

（1）操作员在硬操作盘上将超速试验开关打在电气超速试验位置，这将闭锁机组的 103%超速保护动作（参见图 7 - 6），同时，将目标转速的最大值设定为 3360r/min。

（2）由操作员通过硬操作盘或 OIS 输入目标值 3360r/min，输入升速率 50r/min/min，按下进行（GO）键。

（3）转速设定值将按照所设定的升速率增加，在转速控制系统的作用下实际转速跟随设定值而升高。

（4）当机组转速达到 110%超速动作值时，将发出 110%超速信号并通过跳闸逻辑触发机组跳闸。

（5）验证跳闸转速值，在超速试验画面上，观察停机转速，当汽轮机跳闸后在画面上将显示汽轮机跳闸状态信息以及跳闸转速。

（6）试验结束，将超速试验钥匙开关放至"正常"（NORMAL）位置。

第 八 章

ATR—自启动功能

汽轮机自启停控制是个大范围的自动控制系统，实现自启动的核心问题是应力控制，在 INFI-90 汽轮机数字电液调节系统中，自启动（ATR）程序驻留在 #8MFP 中，ATR 程序按功能可以分为三类：

(1) 检测、监视功能程序；

(2) 应力计算程序；

(3) 控制功能程序。

第一节 参 数 检 测 功 能 ⇨

为确保机组的安全运行，在 ATR 程序中对各种各样的参数进行监视并记录趋势，当参数越限时，发出报警信号，当传感器有故障时，可由运行人员操作"超驰"（OVERRIDE）键，以旁路坏的传感器或以相近的值替代，使 ATR 程序继续运行。被监视的参数由变送器转换后送到子模件处理后送到 ATR 处理器；还有一些参数通过模件总线输入，如机组功率、主蒸汽压力、机组转速等。ATR 站的模入信号如表 8-1 所示。

表 8-1   ATR 站的模入信号

序号	名 称	信号源	备 注
1	盖振 1Y	TSI	$0\sim100\mu m \Leftrightarrow 4\sim20mA$
2	盖振 2Y	TSI	$0\sim100\mu m \Leftrightarrow 4\sim20mA$
3	盖振 3Y	TSI	$0\sim100\mu m \Leftrightarrow 4\sim20mA$
4	盖振 4Y	TSI	$0\sim100\mu m \Leftrightarrow 4\sim20mA$
5	盖振 5Y	TSI	$0\sim100\mu m \Leftrightarrow 4\sim20mA$
6	盖振 6Y	TSI	$0\sim100\mu m \Leftrightarrow 4\sim20mA$
7	盖振 7Y	TSI	$0\sim100\mu m \Leftrightarrow 4\sim20mA$
8	盖振 8Y	TSI	$0\sim100\mu m \Leftrightarrow 4\sim20mA$
9	偏 心	TSI	$0\sim100\mu m \Leftrightarrow 4\sim20mA$
10	高中压缸（HIP）胀差	TSI	$-4\sim8mm \Leftrightarrow 4\sim20mA$
11	轴向位移	TSI	$-2\sim2mm \Leftrightarrow 4\sim20mA$
12	HIP 热膨胀（左）	TSI	$0\sim50mm \Leftrightarrow 4\sim20mA$
13	中压缸第一级入口蒸汽压力	就地	$0\sim6MPa \Leftrightarrow 4\sim20mA$
14	高压缸排汽压力（左）	就地	$0\sim6MPa \Leftrightarrow 4\sim20mA$
15	再热蒸汽压力（左）	就地	$0\sim6MPa \Leftrightarrow 4\sim20mA$
16	低压缸胀差	TSI	$0\sim20mm \Leftrightarrow 4\sim20mA$
17	HIP 热膨胀（右）	TSI	$0\sim50mm \Leftrightarrow 4\sim20mA$
18	再热蒸汽压力（右）	就地	$0\sim6MPa \Leftrightarrow 4\sim20mA$
19	凝汽器真空	就地	$-0.1\sim0MPa \Leftrightarrow 4\sim20mA$
20	润滑油压	就地	$0\sim0.25MPa \Leftrightarrow 4\sim20mA$
21	汽轮机油工作油压	就地	$0\sim2.5MPa \Leftrightarrow 4\sim20mA$
22	抗燃油工作油压	就地	$0\sim16MPa \Leftrightarrow 4\sim20mA$
23	1 号轴承金属温度	就地	$0\sim120℃$，热电阻
24	2 号轴承金属温度	就地	$0\sim120℃$，热电阻
25	3 号轴承金属温度 A	就地	$0\sim120℃$，热电阻

序号	名　称	信号源	备　注
26	4号轴承金属温度A	就地	0~120℃，热电阻
27	5号轴承金属温度	就地	0~120℃，热电阻
28	6号轴承金属温度	就地	0~120℃，热电阻
29	7号轴承金属温度	就地	0~120℃，热电阻
30	8号轴承金属温度	就地	0~120℃，热电阻
31	工作推力瓦块金属温度1	就地	0~120℃，热电阻
32	工作推力瓦块金属温度2	就地	0~120℃，热电阻
33	工作推力瓦块金属温度3	就地	0~120℃，热电阻
34	工作推力瓦块金属温度4	就地	0~120℃，热电阻
35	3号轴承金属温度B	就地	0~120℃，热电阻
36	4号轴承金属温度B	就地	0~120℃，热电阻
37	抗燃油箱油温	就地	0~80℃，热电阻
38	1号轴承回油温度	就地	0~80℃，热电阻
39	2号轴承回油温度	就地	0~80℃，热电阻
40	3号轴承回油温度	就地	0~80℃，热电阻
41	4号轴承回油温度	就地	0~80℃，热电阻
42	5号轴承回油温度	就地	0~80℃，热电阻
43	6号轴承回油温度	就地	0~80℃，热电阻
44	7号轴承回油温度	就地	0~80℃，热电阻
45	8号轴承回油温度	就地	0~80℃，热电阻
46	定位推力瓦块金属温度1	就地	0~120℃，热电阻
47	定位推力瓦块金属温度2	就地	0~120℃，热电阻
48	定位推力瓦块金属温度3	就地	0~120℃，热电阻
49	定位推力瓦块金属温度4	就地	0~120℃，热电阻
50	润滑油温	就地	0~60℃，热电阻
51	抗燃油温	就地	0~80℃，热电阻
52	高压主汽阀内壁金属温度（左）	就地	0~600℃，热电偶
53	高压主汽阀外壁金属温度（左）	就地	0~600℃，热电偶
54	高压内缸内壁金属温度（上）	就地	0~600℃，热电偶
55	高压内缸外壁金属温度（上）	就地	0~450℃，热电偶
56	高压外缸排汽口金属温度（上）	就地	0~450℃，热电偶
57	主蒸汽温度（左）	就地	0~600℃，热电偶
58	调节级后蒸汽温度	就地	0~600℃，热电偶
59	中压主汽阀金属温度（左）	就地	0~600℃，热电偶
60	中压缸第一级出口金属温度（上）	就地	0~450℃，热电偶
61	中压外缸排汽口金属温度（上）	就地	0~400℃，热电偶
62	再热蒸汽温度（左）	就地	0~600℃，热电偶
63	HIP外缸内壁金属温度（上）	就地	0~600℃，热电偶
64	中压排汽温度	就地	0~400℃，热电偶
65	高压主汽阀内壁金属温度（右）	就地	0~600℃，热电偶
66	高压主汽阀外壁金属温度（右）	就地	0~600℃，热电偶
67	高压内缸内壁金属温度（下）	就地	0~600℃，热电偶
68	高压内缸外壁金属温度（下）	就地	0~450℃，热电偶
69	高压外缸排汽口金属温度（下）	就地	0~450℃，热电偶
70	主蒸汽温度（右）	就地	0~600℃，热电偶
71	中压主汽阀金属温度（右）	就地	0~600℃，热电偶
72	中压缸第一级出口金属温度（下）	就地	0~450℃，热电偶
73	中压外缸排汽口金属温度（下）	就地	0~400℃，热电偶
74	再热蒸汽温度（右）	就地	0~600℃，热电偶

序号	名 称	信号源	备 注
75	HIP外缸内壁金属温度（下）	就地	0～600℃，热电偶
76	低压缸排汽温度（前）	就地	0～120℃，热电偶
77	高压缸排汽温度	就地	0～400℃，热电偶
78	低压缸排汽温度（后）	就地	0～120℃，热电偶
79	HIP外缸外壁金属温度（上）	就地	0～600℃，热电偶
80	HIP外缸外壁金属温度（下）	就地	0～600℃，热电偶
81	工作推力瓦块金属温度5	就地	0～120℃，热电阻
82	工作推力瓦块金属温度7	就地	0～120℃，热电阻
83	工作推力瓦块金属温度8	就地	0～120℃，热电阻
84	工作推力瓦块金属温度9	就地	0～120℃，热电阻
85	工作推力瓦块金属温度10	就地	0～120℃，热电阻
86	定位推力瓦块金属温度5	就地	0～120℃，热电阻
87	定位推力瓦块金属温度6	就地	0～120℃，热电阻
88	定位推力瓦块金属温度7	就地	0～120℃，热电阻
89	定位推力瓦块金属温度8	就地	0～120℃，热电阻
90	定位推力瓦块金属温度9	就地	0～120℃，热电阻
91	定位推力瓦块金属温度10	就地	0～120℃，热电阻
92	定位推力瓦块金属温度11	就地	0～120℃，热电阻
93	工作推力瓦块金属温度11	就地	0～120℃，热电阻

在机组运行过程中，ATR程序监视以上参数，并记录其趋势；判断轴振、瓦振、轴位移、高中压缸胀差、推力瓦温度、轴承金属温度、轴承回油温度、润滑油温、主蒸汽温度、主蒸汽压力、汽缸壁温等参数是否越限、参数变化率是否越限、参数质量是否坏而发出报警信息，送到OIS进行显示。该信息还送到ATR启动条件判断程序，使ATR发出保持命令。

当以下参数的传感器出现故障时，可以用一个常数0.0来代替：

（1）任意轴承温度；

（2）任意轴承回油温度；

（3）任意推力瓦金属温度；

（4）偏心度；

（5）任一轴承振动。

当以下传感器故障时，以某个常数代替：

（1）以常数 –90.0 替代凝汽器真空；

（2）以常数0.2替代润滑油压；

（3）以常数50.0替代润滑油温；

（4）以常数50.0替代抗燃油冷却水温；

（5）以常数15.0替代抗燃油压力。

当以下传感器故障时，用相似的传感器相互替代：

（1）前低压排汽温度/后低压排汽温度；

（2）高压外缸上/下金属温度；

（3）左/右主汽阀内壁金属温度；

（4）左/右主汽阀外壳金属温度；

（5）高压内缸内壁上/下金属温度；

(6) 高压内缸外壁上/下金属温度；

(7) 高中压外缸内壁上/下金属温度；

(8) 高压外缸排汽口上/下金属温度。

第二节 应 力 计 算 ⇨

为了控制汽轮机部件的应力，常把应力变化及应力大的高压转子、中压转子及中压排汽口转子作为重点监视部位。在 INFI－90 电液调节装置中，应力计算由专用的应力计算软件包实现，图 8－1 为高压转子应力计算框图。

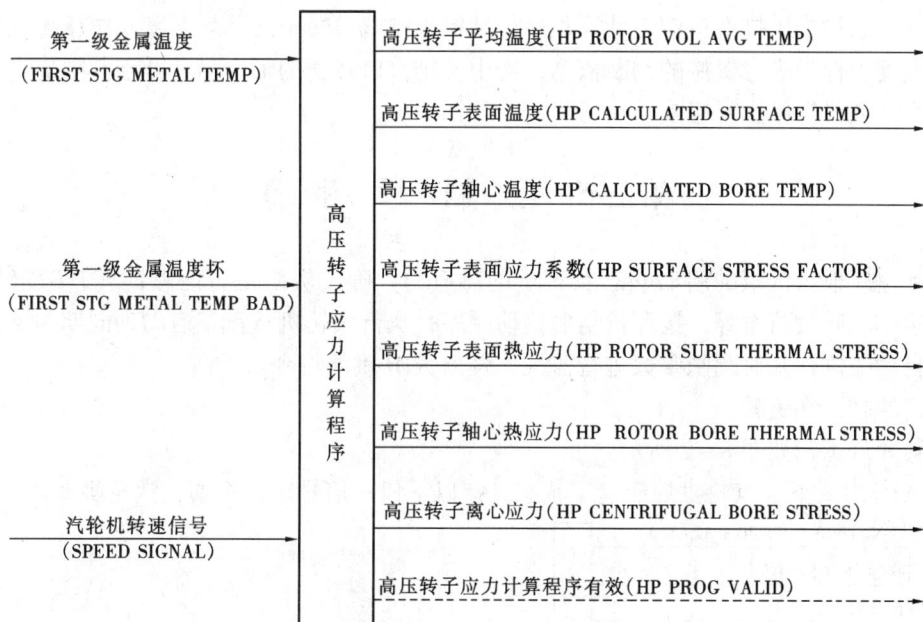

图 8－1 高压转子应力计算

应力计算软件包接收汽轮机第一级金属温度及其质量信号和汽轮机转速信号，经过计算后输出以下信息：

(1) 高压转子平均温度；

(2) 高压转子表面温度；

(3) 高压转子轴心温度；

(4) 高压转子表面应力系数；

(5) 高压转子表面热应力；

(6) 高压转子轴心热应力；

(7) 高压转子离心应力；

(8) 高压转子应力计算程序有效。

高压转子表面温度和高压转子平均温度相减，若差值大于 2℃ 且机组负荷在增加，则表明高压转子在加热；反之，若差值小于 －2℃ 且机组负荷在减小，则表明高压转子在冷却；在加热或冷却过程中，转子表面的应力将发生变化，ATR 控制程序根据转子应力的变化，适时修正机组的升负荷率。

高压转子轴心计算温度通过一个函数转换后得到允许的转子轴心热应力，和实际的转子轴心热应力相比后，得到高压转子轴心热应力比；高压转子表面热应力与允许的高压转子表面热应力相比，得到高压转子表面应力比。

当应力计算程序出故障时，将发出转子应力计算无效的信息，并且退出 ATR 方式。

同样，通过中压转子应力计算程序，也可得到相应的信息。

高压转子表面热应力比、高压转子轴心应力比、中压转子表面热应力比、中压转子轴心应力比四个值进行大选后得出最大应力比（MAX STRESS RATIO），在自启动方式下该值的大小决定升速过程中的升速率，以及并网时带初负荷的升负荷率。

另外，通过中压排汽口应力计算程序得到中压排汽口转子的平均温度及中压排汽口转子的轴心温度，作为应力保持的判断依据，若中压排汽口转子的轴心温度低于其限值，将发出保持命令，使机组停止升速或升负荷。

第三节 控 制 程 序 ⇨

控制程序根据机组的启动状态及转子的热应力，确定机组是否能够冲转，确定目标转速、升速率、升负荷率等，按照机组的启动顺序，执行汽轮机从盘车启动到同期并网、带初负荷的自动控制；并对跳闸参数进行监视，发出 ATR 跳闸指令。

一、冲转允许逻辑

冲转允许逻辑如图 8-2 所示。

在 ATR 方式下，汽轮机处于盘车状态，有以下任一信号时，将禁止汽轮机冲转。

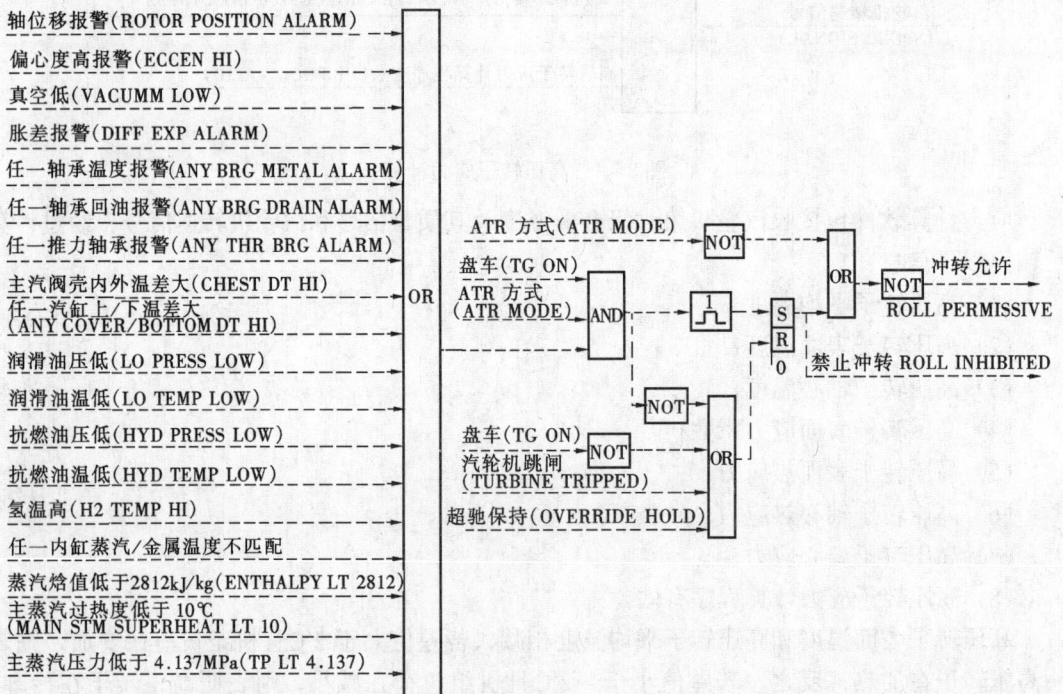

图 8-2 冲转允许逻辑

（1）轴位移大报警；

（2）偏心度高报警；

（3）真空低报警；

（4）胀差大报警；

（5）任一轴承金属温度报警；

（6）任一轴承回油温度报警；

（7）任一推力轴承温度报警；

（8）主汽阀壳内外温差高；

（9）任一汽缸上下温差高报警；

（10）润滑油压低报警；

（11）润滑油温低报警；

（12）抗燃油压低报警；

（13）抗燃油温低报警；

（14）氢气温度高；

（15）任一内缸蒸汽、金属温度不匹配；

（16）蒸汽焓值低于 2812kJ/kg；

（17）主蒸汽过热度低于 10℃；

（18）主蒸汽压力低于 4.137MPa。

当冲转禁止时，使 ATR 保持信号置位；允许操作员使用"超驰"键，发出超驰保持信号，即 OVERRIDE HOLD＝1，使禁止冲转信号复位。

二、自启动方式目标值（ATR TARGET）

由第四章目标值形成逻辑可知，当机组处于 ATR 控制方式时，目标值将由 ATR 程序决定。自启动目标值（ATR TARGET）的形成逻辑如图 8－3 所示。

由图 8－3 可知：

（1）当汽轮机为跳闸状态时，目标值设置为 0.0。

（2）当冲转允许时，把目标值设置为汽轮机监督速度（500r/min），在机组转速达到 500r/min 时进行 TSI 检查。

（3）当 TSI 检查完成后，目标值设置为第一暖机转速 1200r/min。

（4）当第一暖机转速暖机完成后，目标值设置为第二暖机转速 2000r/min。

（5）当第二暖机转速暖机完成后，目标值设置为额定转速 3000r/min。

在自动方式下，各个阶段的目标值由操作员改变，而在 ATR 方式下，ATR 通过条件判断，自动确定各个阶段的目标值，不需操作员干预。

三、自启动加速率（ATR ACCEL RATE）

自启动加速率逻辑如图 8－4 所示。

由图 8－4 可知：

（1）在汽轮机转速低于 1150r/min 或盘车时，若最大应力比小于 0.5 时，则 ATR 加速率为 180r/min^2；若最大应力比大于等于 0.5 时，则 ATR 加速率为 120r/min^2。

（2）在机组转速大于 1150r/min 时，若最大应力比小于等于 0.05 时，则 ATR 加速率为 360r/min^2；若最大应力比大于或等于 0.5 时，则 ATR 加速率为 120r/ min^2；若最大应力比介

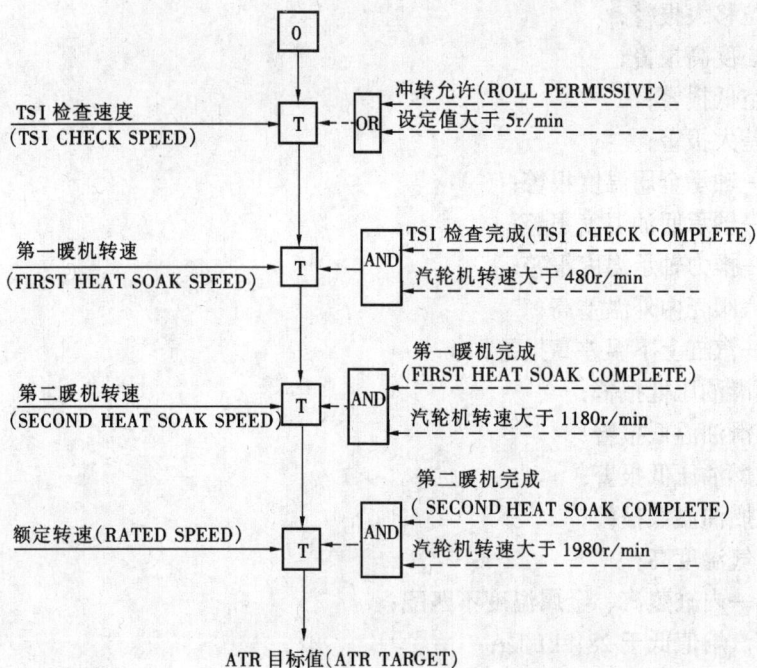

图 8－3　ATR TARGET 逻辑

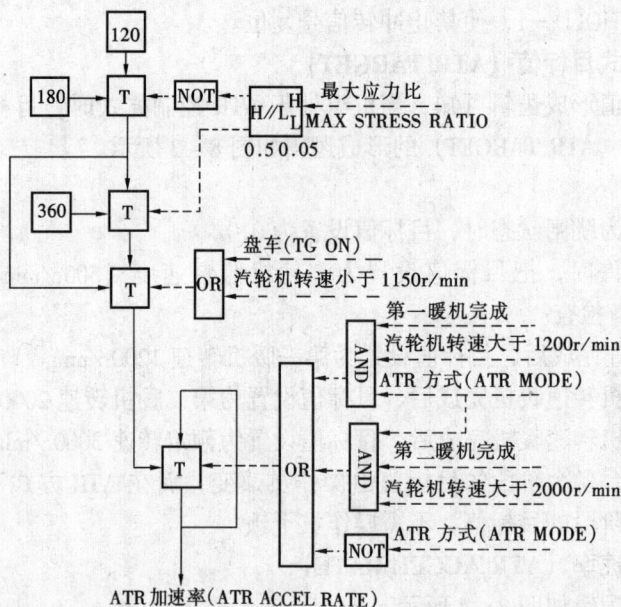

图 8－4　ATR 加速率逻辑

于 0.05 ~ 0.5 之间，则 ATR 加速率为 180r/min²。

（3）在 ATR 方式退出或处于第一暖机点、第二暖机点暖机时，ATR 升速率将保持不变。本机组的第一暖机点为 1200r/min，第二暖机点为 2000r/min。

数字电液调节与旁路控制系统

四、自启动负荷率（ATR LOAD RATE）

ATR 负荷率逻辑如图 8-5 所示。

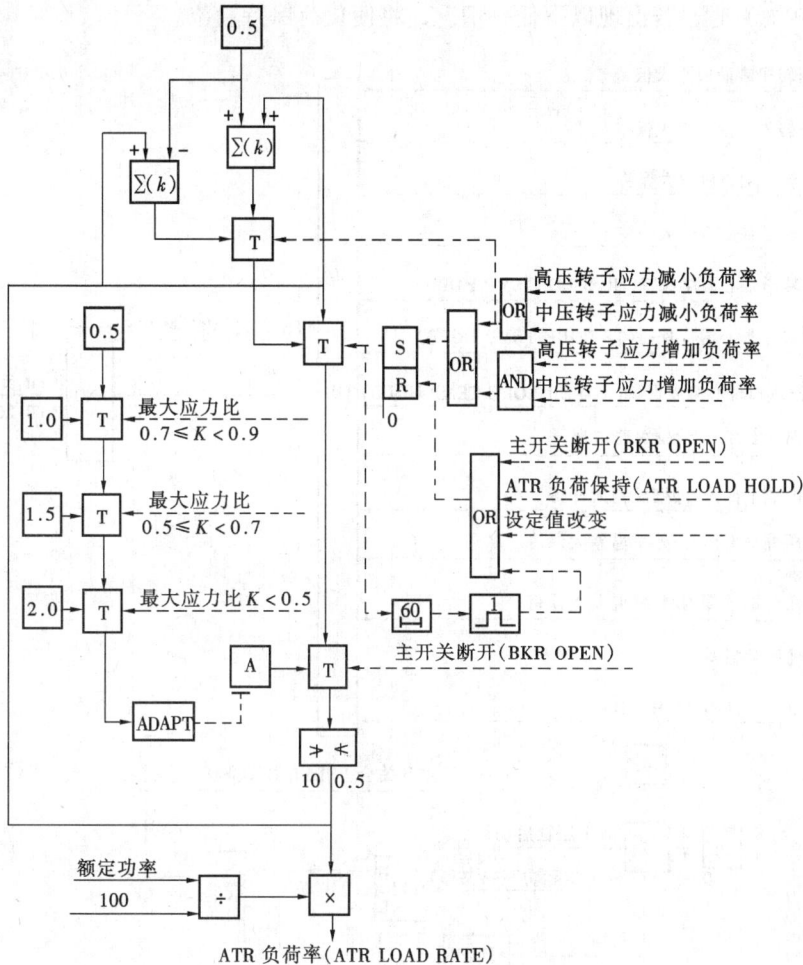

图 8-5 ATR LOAD RATE 逻辑

由图 8-5 可知：

（1）在 ATR 方式下，ATR LOAD RATE 的变化范围为 0.5%/min～10%/min。

（2）在机组并网前，ATR 程序根据最大应力比 K 预置了变负荷率：

1）当 $K < 0.5$ 时，负荷率为 2%/min；

2）当 $0.5 \leqslant K < 0.7$ 时，负荷率为 1.5%/min；

3）当 $0.7 \leqslant K < 0.9$ 时，负荷率为 1.0%/min；

4）当 $K \geqslant 0.9$ 时，负荷率为 0.5%/min。

（3）在机组刚并网时，根据预置的负荷率作为 ATR LOAD RATE；在机组并网后，根据转子的应力情况适时修正负荷率。若出现中压转子应力增大或高压转子应力增大时，需减小升负荷率（在原来值的基础上减小 0.5%/min）；若高压转子应力、中压转子应力同时减小，可增大负荷率（在原来值的基础上增加 0.5%/min）。当出现 ATR 负荷保持指令、设定值在改变、主开关断开时，使 SR 触发器复位，负荷变化率不再增加或减小。ATR 负荷保持逻辑如

图 8 – 6 所示。

在 ATR 方式下，且并网后，机组负荷大于 6%（对于中压缸启动为 6%，对于高中压缸联合启动为 9%）时，若出现以下任一情况，将使负荷保持置位。

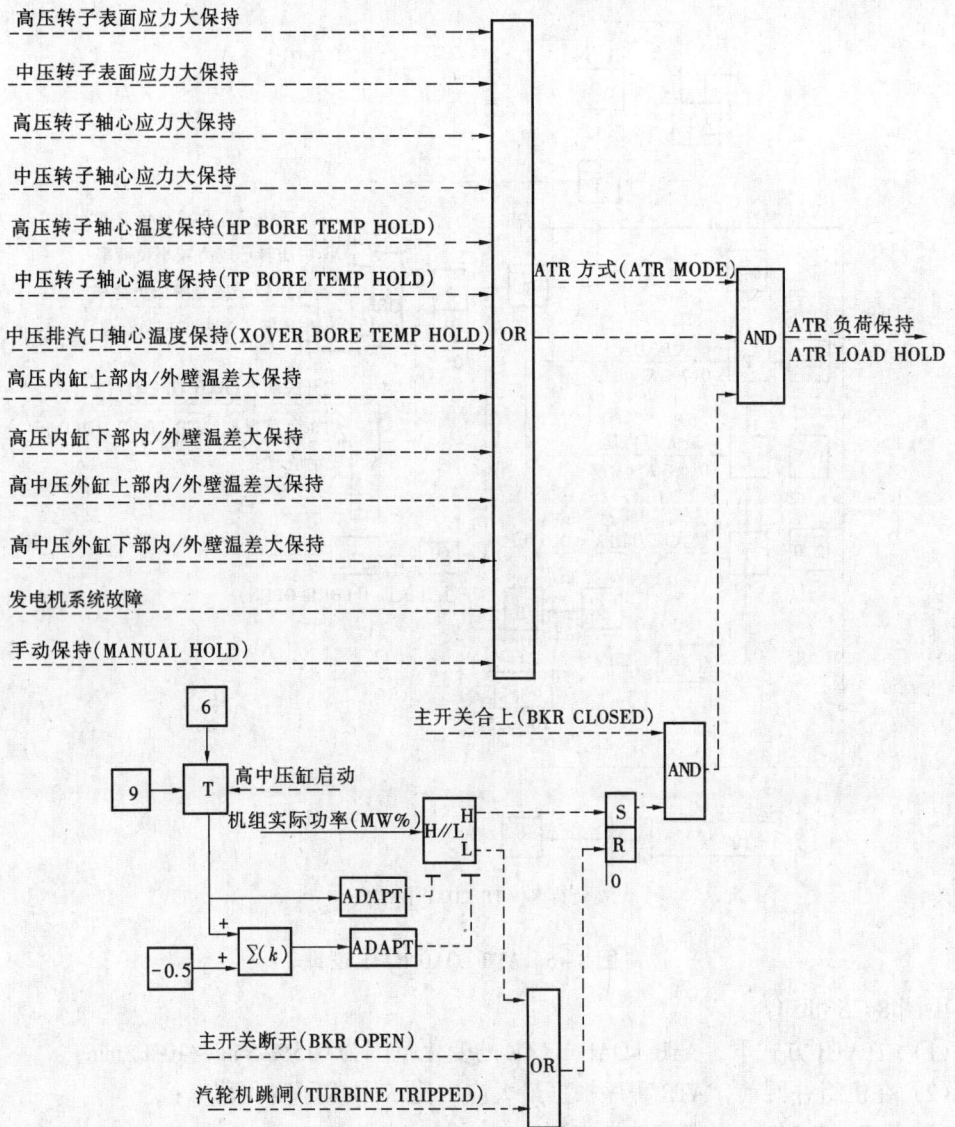

图 8 – 6　负荷保持逻辑

（1）高压转子表面实际应力大；

（2）中压转子表面实际应力大；

（3）高压转子轴心实际应力大；

（4）中压转子轴心实际应力大；

（5）高压转子轴心温度保持；

（6）中压转子轴心温度保持；

数字电液调节与旁路控制系统

（7）中压排汽口转子轴心温度保持；

（8）高压内缸上部内外壁温差大；

（9）高压内缸下部内外壁温差大；

（10）高中压外缸上部内外壁温差大；

（11）高中压外缸下部内外壁温差大；

（12）发电机系统故障（包括氢温高、氢压高、冷却水温度高、发电机定子温度高等）；

（13）手动保持命令。

五、ATR 跳闸逻辑

在 ATR 方式下，当出现以下条件时，将发出跳闸指令，通过汽轮机跳闸逻辑使汽轮机跳闸（参见第七章），ATR 跳闸逻辑如图 8-7 所示。

（1）任一轴承金属温度超限；

（2）任一轴承回油温度超限；

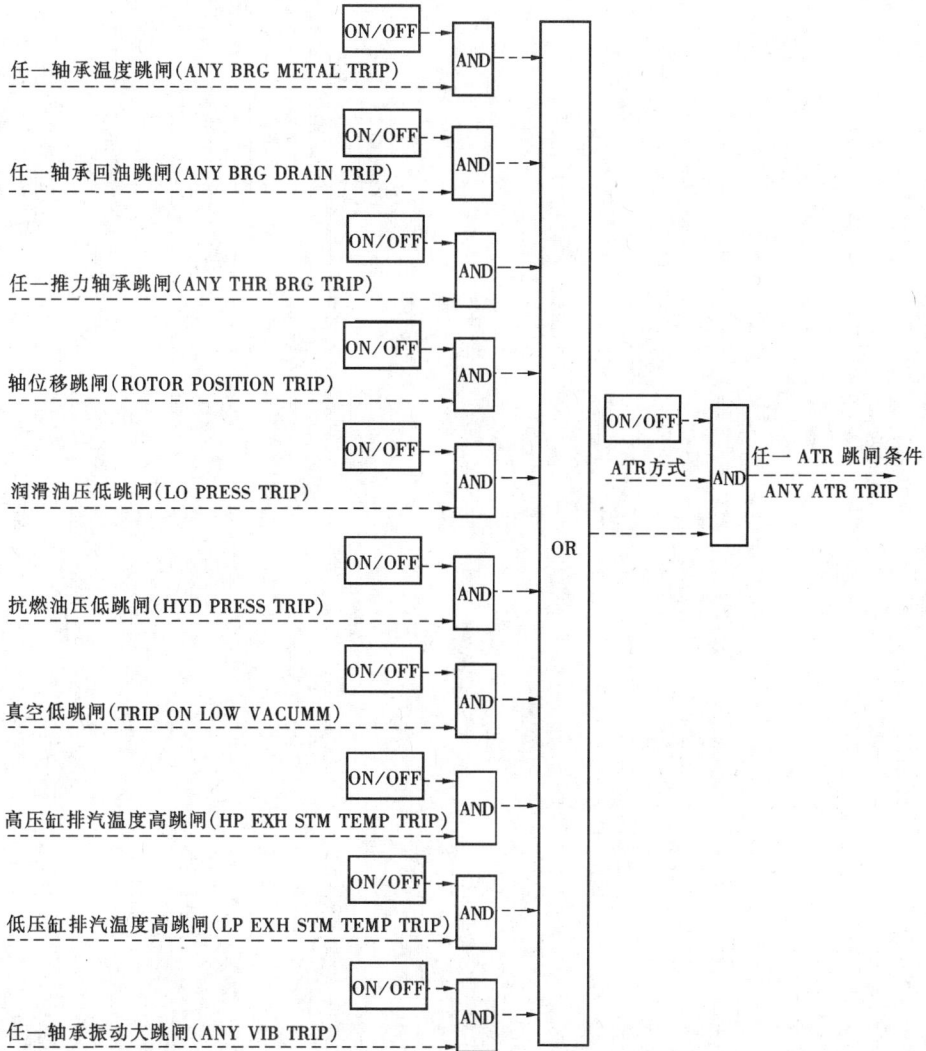

图 8-7 任一 ATR 跳闸逻辑（ANY ATR TRIP）

（3）任一推力轴承金属温度超限；

（4）转子轴位移超限；

（5）润滑油压低；

（6）抗燃油压低；

（7）真空低；

（8）高压缸排汽温度高；

（9）低压缸排汽温度高；

（10）任一轴承振动大。

在图8－7的逻辑图中，设有数字量常数功能模块，在组态时，若使其输出为 ON，将使该保护功能投入；若使其输出为 OFF，则使该保护功能退出。

第九章

硬操作盘HOP和
操作员站OIS

第一节　DEH 硬操作盘 HOP 功能及操作说明 ⇨

DEH 硬操作盘盘面布置如图 9－1 所示。DEH 硬操作盘可分为三部分：钥匙开关、操作按钮与灯光显示、数字显示表。

一、钥匙开关

钥匙开关有三个，分别为超速试验开关、喷油试验开关和阀门活动试验开关。

超速试验开关有三个位置，中间位为正常位置（NORMAL），即在此位置时，没有进行超速试验；左侧为电超速试验位置，当开关在此位置时，闭锁 103% 超速动作，并将转速目标值上限由 3060r/min 扩展到 3360r/min；右侧为机械超速试验位置，当钥匙开关在此位置时，将闭锁 103% 超速动作，将目标超速值上限由 3060r/min 扩大到 3360r/min，同时将电超速动作值由原来的 3300r/min 切换到 3360r/min。

喷油试验开关有两个位置，中间位置为正常位置，在这个位置上不能进行喷油试验，左侧位置为试验位置，在试验位置上可进行喷油试验。在进行喷油试验时，不能同时选择两个飞锤进行试验，只能一个进行完后再进行另一个。

阀门活动试验开关有两个位置，中间位置为正常位置，在这个位置上不能进行阀门活动试验；右侧位置为阀门活动试验位置，在这个位置可以进行阀门活动试验。不能同时选择两组或两组以上的阀组进行试验。

二、数字显示表

数字显示表有三块，分别为汽轮机转速显示表、汽轮机组负荷显示表和变量/阀位指令显示表。

左面的一块用来显示汽轮机实际转速（ACTUAL SPEED），不论发电机主开关闭合或断开，它一直显示汽轮机转速，显示范围为 0000～9999r/min，操作试灯按钮，可测试数码显示表显示正确与否。右上部的一块用来显示汽轮机实际负荷（ACTUAL LOAD），显示范围为 0～999MW。右下部的一块显示阀位指令或变量，显示的内容取决于当前所处的方式。若为目标值方式，则显示当前目标值，显示的是转速目标值还是负荷目标值，取决于发电机主开关是否闭合；在加速度方式下，显示加速度值，单位为 r/min/min；在负荷变化率方式下，显示负荷变化率，单位为 MW/min；在阀位指令方式下，显示阀位指令，单位为%；在负荷高限方式下，显示负荷高限值，单位为 MW；在负荷低限值方式下，显示负荷低限值，单位为 MW；在阀位限值方式下，显示阀位限值，单位为%；在主蒸汽压力保护限值方式下，显示主蒸汽压力限值，单位为 MPa。在以上八种方式均不存在时，则显示设定值（SETPOINT）。

三、带灯按钮功能说明

硬操作盘上共有 48 个带灯按钮（有两个为备用，下文叙述中只有 46 个），按功能又可

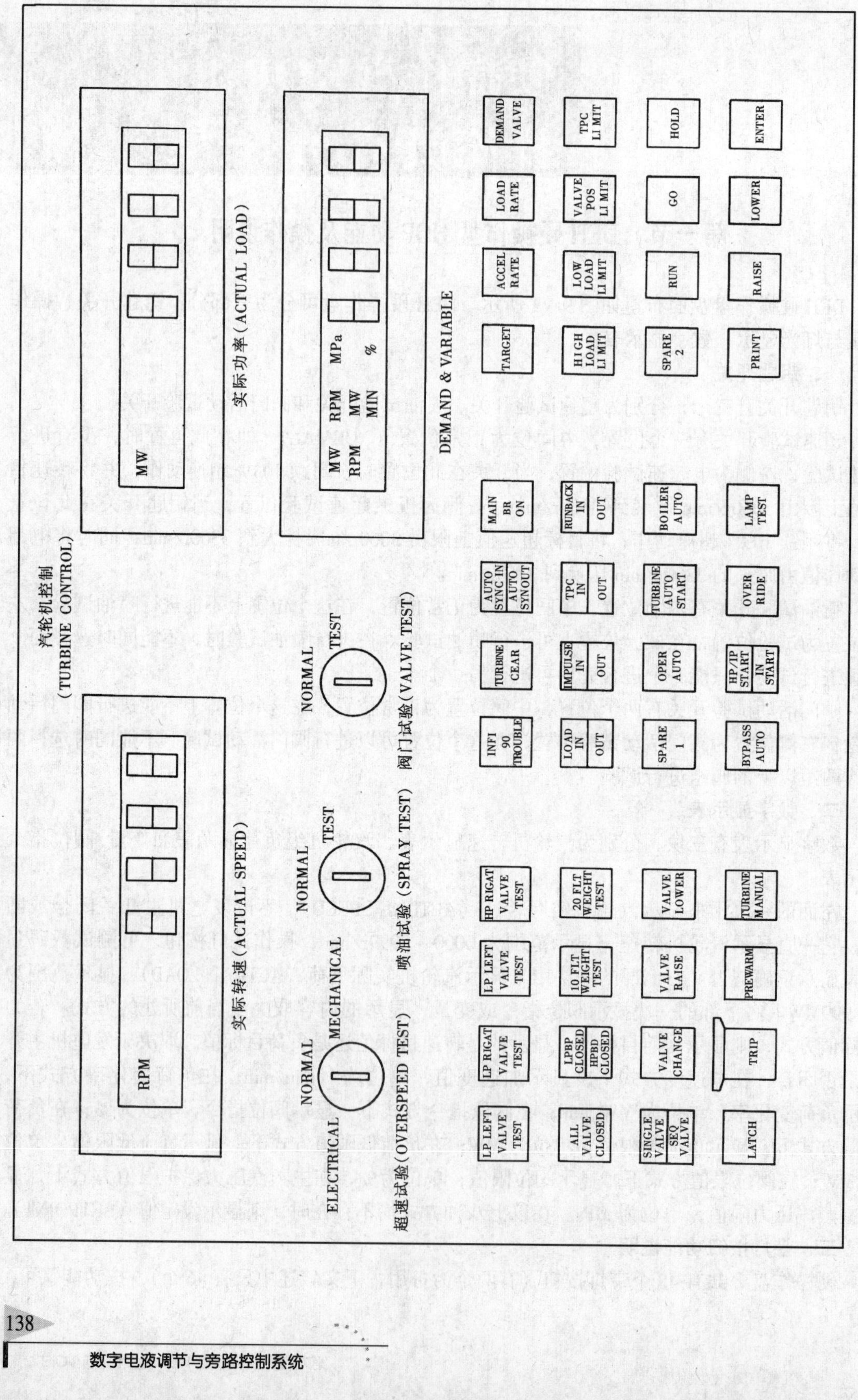

汽轮机控制
(TURBINE CONTROL)
RPM
实际转速(ACTUAL SPEED)
MW
实际功率(ACTUAL LOAD)
NORMAL
ELECTRICAL
MECHANICAL
超速试验(OVERSPEED TEST)
NORMAL
TEST
喷油试验(SPRAY TEST)
NORMAL
TEST
阀门试验(VALVE TEST)
MW RPM
RPM MW
MPa
MIN %
DEMAND & VARIABLE
LP LEFT VALVE TEST
LP RIGAT VALVE TEST
LP LEFT VALVE TEST
HP RIGAT VALVE TEST
INFI 90 TROUBLE
TURBINE CEAR
AUTO SYNC IN
AUTO SYNOUT
MAIN BR ON
TARGET
ACCEL RATE
LOAD RATE
DEMAND VALVE
ALL VALVE CLOSED
LPBP CLOSED
HPBD CLOSED
10 FLT WEIGHT TEST
20 FLT WEIGHT TEST
LOAD IN
OUT
IMPULSE IN
OUT
TPC IN
OUT
RUNBACK IN
OUT
HIGH LOAD LI MIT
LOW LOAD LI MIT
VALVE POS LI MIT
TPC LI MIT
SINGLE VALVE
SEQ VALVE
VALVE CHANGE
VALVE RAISE
VALVE LOWER
SPARE 1
OPER AUTO
TURBINE AUTO START
BOILER AUTO
SPARE 2
RUN
GO
HOLD
LATCH
TRIP
PREWARM
TURBINE MANUAL
BYPASS AUTO
HP/IP START
IN START
OVER RIDE
LAMP TEST
PRINT
RAISE
LOWER
ENTER

图 9－1 DEH 硬操作盘

分为三类：阀门管理、转速与负荷控制、变量调整。

1. 左侧中压阀门活动试验按钮及显示灯（IP LEFT VALVE TEST PUSHBUTTON）

(1) 该按钮用于左侧中压主汽阀和左侧中压调节阀活动试验。

(2) 当试验允许条件满足后，按下该按钮，按钮内白灯亮，表明试验开始进行。在整个试验过程中，按钮内灯一直点亮，试验结束后灯灭。

(3) 当阀门活动试验一开始，对阀门的控制便由阀门活动试验程序自动完成，试验结束后，阀门的控制才恢复正常，即由负荷指令控制阀门。

2. 右侧中压阀门活动试验按钮及指示灯（IP RIGHT VALVE TEST PUSHBUTTON）

(1) 该按钮用于右侧中压主汽阀和右侧中压调节阀的活动试验。

(2) 当试验允许条件满足后，按下该按钮，按钮内白灯亮，表示阀门活动试验开始进行，从试验一开始，按钮内灯一直点亮，直到试验结束后灯灭。

(3) 阀门活动试验由试验程序自动完成。

3. 左侧高压阀门活动试验按钮及指示灯（HP LEFT TEST PUSHBUTTON）

(1) 该按钮用于控制左侧高压主汽阀（MSVL）和左侧2号（CV2）、3号（CV3）高压调节阀的活动试验。

(2) 试验条件满足后，按下该按钮，按钮内白灯点亮，表明试验开始，试验过程如下：

1) 同时关闭2号（CV2）、3号（CV3）高压调节阀，两个高压调节阀全关后，接着关闭高压主汽阀（MSVL）。

2) 高压主汽阀（MSVL）全关后，延时1s。

3) 然后，打开高压主汽阀（MSVL），高压主汽阀（MSVL）全开后，同时打开2号（CV2）、3号（CV3）高压调节阀。

4) 在整个试验过程中，按钮灯一直点亮，试验结束后，灯灭。

(3) 阀门活动试验过程由活动试验程序自动完成。试验结束后，活动试验程序自动退出，阀门的开度由负荷指令控制。

4. 右侧高压阀门活动试验按钮及指示灯（HP RIGHT VALVE TEST PUSHBUTTON）

(1) 该按钮用来控制右侧高压主汽阀（MSVR）和右侧1号（CV1）、4号（CV4）高压调节阀的活动试验。

(2) 当试验条件满足后，按下该按钮，按钮内白灯亮，表明阀门活动试验开始。试验过程如下：

1) 首先，同时关闭1号（CV1）和4号（CV4）高压调节阀，两个高压调节阀全关后，接着关闭高压主汽阀（MSVR）。

2) 高压主汽阀全关后，延时1s。

3) 然后，打开高压主汽阀，高压主汽阀（MSVR）全开后，再同时打开1号和4号高压调节阀。

4) 在整个试验过程中，按钮内灯一直点亮，试验结束后，按钮内灯熄灭。

(3) 阀门活动试验过程是由活动试验程序自动完成的。试验结束后，阀门的开度由负荷指令控制。

5. 所有阀门关闭指示灯（ALL VALVES CLOSED）

(1) 这是一个状态指示灯。

（2）高压主汽阀、高压调节阀以及中压主汽阀、中压调节阀都全关闭后，指示灯点亮；若其中任一阀门未全关，则指示灯熄灭。

6. 低压旁路关闭/高压旁路关闭指示灯（LPBP CLOSED/HPBP CLOSED）

（1）这是一个状态指示灯。

（2）当低压旁路减压阀全关后，上半指示灯点亮（红光）；当高压旁路减压阀全关后，下半指示灯点亮（红光）。

7. 1号飞锤试验按钮及指示灯（1# FLY WEIGHT TEST）

（1）该按钮用于选择1号飞锤进行机械超速试验或者喷油试验。

（2）当飞锤试验条件满足后，按下该按钮，按钮内灯点亮（白光），表明该飞锤被选择成功。

（3）若超速试验开关在机械超速位置（MECHANICAL），可进行机械超速试验。

（4）若喷油试验开关（SPRAY TEST）在试验（TEST）位置，可进行喷油试验。

（5）在1号飞锤机械超速试验或喷油试验在进行时，指示灯点亮；当试验结束后，指示灯熄灭。

8. 2号飞锤试验按钮及指示灯（2# FLY WEIGHT TEST）

（1）该按钮用于选择2号飞锤进行机械超速试验或者喷油试验。

（2）当飞锤试验条件满足后，按下该按钮，按钮内灯点亮（白光），表明该飞锤被选择成功。

（3）若超速试验开关在机械超速位置（MECHANICAL），可进行机械超速试验。

（4）若喷油试验开关（SPRAY TEST）在试验（TEST）位置，可进行喷油试验。

（5）在2号飞锤机械超速试验或喷油试验进行中，指示灯点亮；试验结束，指示灯熄灭。

9. 单阀方式/顺序阀方式切换按钮及指示灯（SINGLE VALVE/SEQ VALVE）

（1）该按钮用于单阀方式向顺序阀方式切换，或者用于顺序阀方式向单阀方式切换。

（2）当高压调节阀处于单阀方式时，上半指示灯点亮（红光）；若满足切换条件，按下该按钮，单阀指示灯熄灭；同时，顺序阀指示灯（下半部分）开始闪烁（绿光），10min后，切换到顺序阀方式，顺序阀指示灯变为平光（绿光）。

（3）当高压调节阀处于顺序阀方式时，下半部分指示灯点亮（绿光）；若满足切换条件，按下按钮，顺序阀指示灯熄灭；同时单阀指示灯开始闪烁（红光），经10min后，顺序阀方式切换到单阀方式后，单阀指示灯变为平光（红光）。

10. 阀门切换按钮及指示灯（VAVLE CHANGE）

（1）该按钮用于中压缸启动方式下，中压调节阀控制向高中压调节阀控制的切换。

（2）当机组选择中压缸启动方式，在发电机并网后，低压旁路阀关闭且主蒸汽温度与高压缸第一级金属温度匹配，按下该按钮，按钮内灯点亮（白光）表明阀切换开始进行。

（3）经60s后，完成中压调节阀控制向高中压调节阀控制的切换，指示灯熄灭。

11. 阀位增加按钮及指示灯（VALVE RAISE）

（1）该按钮用于控制系统处于手动方式（MANUAL MODE）时，增大调节阀的开度。

（2）当汽轮机处于手动方式，按钮内灯点亮（白光）表示增加按钮可操作；若选择中压缸启动方式，且阀切换（VALVE CHANGE）没有进行，按下该按钮，可增大中压调节阀的开度，增加的开度与按下该按钮的时间有关；若汽轮机现在处于高、中压调节阀控制方式，则按下此按钮，可同时增加高、中压调节阀的开度。

12. 阀位减小按钮及指示灯（VALVE LOWER）

（1）该按钮用于控制系统处于手动方式（MANUAL MODE）时，减少调节阀的开度。

（2）当汽轮机处于手动方式，按钮内灯点亮（白光），表示减小按钮可操作，若选择中压缸启动方式，且阀切换（VALVE CHANGE）没有进行，按下该按钮，可减小中压调节阀的开度，减小的开度与按钮按下的持续时间有关；若汽轮机现处于高、中压调节阀控制方式，则按下此按钮，可同时减小高、中压调节阀的开度。

13. 挂闸按钮及指示灯（LATCH）

（1）该按钮用来使汽轮机挂闸。

（2）当汽轮机跳闸，所有阀门全关闭，即所有阀门关闭（ALL VALVES CLOSED）灯点亮时，按下此按钮，复位电磁阀（在机头左侧）激励动作10s。

（3）当汽轮机安全油压建立后，挂闸指示灯点亮，表明汽轮机已挂闸。

14. 停机按钮及指示灯（TRIP）

（1）该按钮用于停机，带保护罩，打开保护罩，才能操作按钮。

（2）按下该按钮，使高压遮断部套（HPT）、超速保护部套（OSPT）、低压遮断部套（LPT）同时动作，泄掉安全油和调节油，迅速关闭所有主汽阀和调节阀。

（3）当安全油压泄掉后，指示灯点亮（白光）。

15. 预暖按钮及指示灯（PREWARM）

（1）该按钮用于高压缸预暖以及高压主汽阀阀室预暖。

（2）汽轮机挂闸后，若高压缸内壁温度低于150℃或高压主汽阀阀室内壁温度低于150℃，预暖灯闪烁，表示需要预暖，按下该按钮预暖灯变为平光（白光）。

（3）预暖先进行高压缸预暖，然后进行高压主汽阀阀室预暖，若高压缸预暖不需要，可直接进行高压主汽阀阀室预暖。

（4）预暖结束后，预暖灯熄灭。

16. 汽轮机手动方式按钮及指示灯（TURBINE MANUAL）

（1）该按钮用于切换控制系统到手动方式。

（2）在任何时候，按下该按钮，按钮内灯点亮（白光），表示汽轮机现处在手动方式。

17. INFI - 90 故障灯（INFI 90 TROUBLE）

（1）这是一个状态指示灯。

（2）当下述任一条件满足后，指示灯点亮（红光）。

1）任一转速通道故障；

2）任一子模件故障；

3）任一多功能处理器故障。

（3）只有当所有的故障都排除后，指示灯熄灭。

18. 汽轮机盘车指示灯（TURNING GEAR）

（1）这是一个状态指示灯。

（2）当汽轮机盘车齿轮在啮合位置，且盘车电动机旋转时，指示灯点亮（白光）。

（3）当盘车退出时，指示灯熄灭。

19．内同期/外同期按钮及指示灯（AUTO SYNC IN/AUTO SYNC OUT）

（1）这是一个内同期或者外同期投入切除按钮。

（2）当外部逻辑（来自电气）选择内同期方式后，上半部分，即内同期方式灯闪烁，表示采用内同期方式，按下该按钮，内同期灯变为平光，表示内同期方式投入。

（3）当外部逻辑选择外同期方式后，下半部分闪烁，表示采用外同期方式，按下该按钮，外同期灯变为平光，表示外同期方式投入。

（4）内同期方式与外同期方式不能同时存在，只能选择一种方式。

20．发电机并网指示灯（MAIN BREAKER ON）

（1）这是一个状态指示灯。

（2）当发电机主开关闭合且发电机主开关不在进行试验时，指示灯点亮（白光），表示发电机并网。

（3）当发电机主开关断开后，指示灯熄灭。

21．功率回路投入/切除按钮及指示灯（LOAD IN/OUT）

（1）这个按钮用于功率控制器的投入或退出。

（2）当上半部分即功率控制器投入指示灯点亮（红光）时，表明功率控制器投入，按下该按钮，可将功率控制器切除，上半部分指示灯熄灭，下半部分指示灯点亮（绿光）。

（3）当下半部分指示灯点亮（绿光）时，表明功率控制器退出，按下该按钮，下半部分指示灯熄灭，上半部分指示灯点亮（红光），表明功率控制器投入。

22．调节级压力回路投入/切除按钮及指示灯（IMPULSE IN/OUT）

（1）这个按钮用于调节级压力控制器的投入或退出。

（2）当上半部分指示灯点亮（红光）时，表明调节级压力控制器投入，按下该按钮，上半部分指示灯熄灭，下半部分指示灯点亮（绿光），表示调节级压力控制器退出。

（3）当下半部分指示灯点亮（绿光）时，表明调节级压力控制器退出，按下该按钮，下半部分指示灯熄灭，上半部分指示灯点亮（红光），表明调节级压力控制器投入。

23．主蒸汽压力限制回路投入/切除按钮及指示灯（TPC IN/OUT）

（1）这个按钮用于主蒸汽压力限制回路的投入或者切除。

（2）当上半部分灯点亮（红光）时，表示主蒸汽压力控制器投入，按下该按钮，上半部分指示灯熄灭，下半部分灯点亮（绿光），表明主蒸汽压力控制器退出。

（3）当下半部分指示灯点亮（绿光）时，表明主蒸汽压力控制器退出，按下该按钮，下半部分指示灯熄灭，上半部分指示灯点亮（红光），表示主蒸汽压力控制器投入。

24．部分甩负荷投入/切除按钮及指示灯（RUNBACK IN/OUT）

（1）这个按钮用于控制快卸负荷功能的投入或切除。

（2）当上半部分指示灯点亮时，表明迫降功能投入，按下该按钮，上半部分指示灯熄灭，下半部分指示灯点亮（绿光），表明迫降功能切除。

（3）当下半部分指示灯点亮时，表明迫降功能切除，按下此按钮，下半部分指示灯熄灭，上半部分指示灯点亮（红光），表明迫降功能投入。

（4）当迫降功能从退出再投入时，必须满足投入允许条件。

25．操作员自动方式按钮及指示灯（OPER AUTO PUSHBUTTON）

（1）该按钮用于切换控制系统从手动方式（MANUAL）到自动方式（OPER AUTO）。

（2）当指示灯闪烁时（白光），表明允许进入自动方式条件满足，按下此按钮，指示灯由闪烁变为平光，表示控制系统现处于操作员自动方式。

（3）操作员自动方式满足后，才可能进入到高级自动方式，如自动启动方式（ATR MODE）、锅炉自动方式（BOILER AUTO MODE）、自同期方式（AUTO SYNC MODE）。

26．汽轮机自动启动方式按钮及指示灯（TURBINE AUTO START PUSHBUTTON）

（1）该按钮用于汽轮机自动启动方式的投入或切除。

（2）当汽轮机处于操作员自动方式（OPER AUTO MODE）时，按下该按钮，指示灯点亮，表示汽轮机进入自启动方式（ATR MODE）。

（3）当指示灯点亮时（白光），表示汽轮机处于自启动方式（ATR MODE），按下该按钮，指示灯熄灭，表示将汽轮机自动启动方式切除。

27．锅炉自动方式按钮及指示灯（BOILER AUTO PUSHBUTTON）

（1）该按钮用于锅炉自动方式，即机炉协调控制方式的投入或切除。

（2）当汽轮机处于操作员自动方式（OPER AUTO MODE），并且锅炉控制系统允许机炉协调控制方式投入，按下该按钮，指示灯点亮（白光），表示汽轮机处于机炉协调控制方式（BOILER AUTO MODE）。

（3）当指示灯点亮后，表示汽轮机处于协调控制方式，按下该按钮，指示灯熄灭，表示汽轮机退出协调控制方式。

28．旁路控制自动状态灯（BYPASS AUTO）

（1）这是一个状态指示灯。

（2）当高压旁路减压阀操作器为自动状态，并且低压旁路减压阀操作器亦为自动状态时，这个指示灯点亮（白光）。

（3）当高压旁路减压阀操作器或低压旁路减压阀操作器任一不在自动状态时，指示灯熄灭。

29．高中压缸联合启动/中压缸启动选择按钮及指示灯（HP&IP START/IP START PUSHBUTTON）

（1）该按钮用于选择高中压缸联合启动或者中压缸启动方式。

（2）当旁路控制在自动状态，即旁路自动指示灯点亮（BYPASS AUTO），且机组不是冷态启动（高压缸内壁温度超过150℃）时，按下该按钮，上半部分指示灯点亮（红光），表示机组选择为高中压缸联合启动方式（HIP START）。若旁路控制在自动状态且机组为冷态启动，按下该按钮，下半部分指示灯点亮（绿光），表示机组选择为中压缸启动方式（IP START）。

（3）当旁路自动指示灯熄灭时，表示旁路操作器不在自动状态，上半部分指示灯点亮（红光），表示机组选择为高中压缸联合启动方式。

（4）机组启动方式选择必须在运行（RUN）按钮按下之前进行。

30．超驰按钮及指示灯（OVERRIDE PUSHBUTTON）

（1）该按钮用于自动启动方式（ATR MODE）。

（2）在自动启动方式下，如检测出某个模拟量信号超限，且指示灯闪烁（白光），则表示可以超驰该信号。按下该按钮，该模拟信号将被相应的正常模拟信号取代。

（3）当汽轮机退出自动启动方式，指示灯熄灭。

31．灯光试验按钮及指示灯（LAMP TEST PUSHBUTTON）

（1）该按钮用于测试所有的指示灯以及数码显示器。

（2）当按下该按钮，硬操作盘上全部指示灯点亮。

（3）当按下该按钮一次，数码显示器上均显示"1111"，再按一次，显示"2222"，重复按下，从"1111"直到显示"9999"；在显示"9999"后，再按一次，又从"1111"开始显示。

（4）另外，当按下该按钮时，变量/阀位指令数码显示器还会连续显示"RPM→MW→MPa→%→RPM/MIN→MW/MIN"。

32. 目标值方式按钮及指示灯（TARGET PUSHBUTTON）

（1）这个按钮用于目标值方式的投入或者切除，投入后修改目标值。

（2）当发电机主开关（MAIN BREAKER ON）闭合灯未点亮时，汽轮机处于转速控制，目标值为转速目标值。按下该按钮，指示灯点亮（白光），表示目标值输入方式投入。然后按下增按钮（RAISE PUSHBUTTON）或减按钮（LOWER PUSHBUTTON），通过变量和阀位指令显示器（DEMAND& VARIABLE METRE）观察设置到需求的目标转速；持续按下增或减按钮在5s内，变化率为1r/min/s；持续时间在5~15s之间，变化率为10r/min/s；持续时间超过15s，变化率为100r/min/s。然后按下输入按钮（ENTER PUSHBUTTON），将修改后的转速目标值输入到目标值逻辑中。转速目标值的可调范围为0~3060r/min。

（3）当发电机主开关闭合（MAIN BREAKER CLOSED）指示灯点亮时汽轮机处于负荷控制，目标值为负荷目标值。按下该按钮，按钮内指示灯点亮，表示目标值方式已投入；然后观察变量和阀位指令数码显示器（DEMAND& VARIABLE METRE），通过按下增按钮（RAISE PUSHBUTTON）或减按钮（LOWER PUSHBUTTON）来设置需求的负荷目标值。持续按下增或减按钮在5s内，变化率为1MW/s；持续时间在5~15s之间，变化率为10MW/s；持续时间超过15s，变化率为100MW/s。然后按下输入按钮（ENTER PUSHBUTTON），将修改后的负荷目标值输入到目标值逻辑中。负荷目标值的可调范围为0~345MW（100%对应300MW）。

33. 加速度方式按钮及指示灯（ACCEL RATE PUSHBUTTON）

（1）该按钮用于投入或退出加速率方式，投入后修改加速率。

（2）按下该按钮，指示灯点亮（白光），表示加速度方式投入。观察阀位指令和变量数码显示器上的加速率数值，通过按下增按钮（RAISE PUSHBUTTON）或减按钮（LOWER PUSHBUTTON）来设置要求的加速度。持续按下增或减按钮时间在5s之内，变化率为（1r/min/min）/s；持续时间在5~15s之间，变化率为（10r/min/min）/s；持续时间在15s之上，变化率为（100r/min/min）/s。然后，按下输入按钮（ENTER PUSHBUTTON），将原来的加速度值修改到现在的设置值。

（3）加速度值的可调范围为0~800r/min/min。

（4）以上所述调整加速度值，必须满足汽轮机不在自动启动方式（ATR MODE）才有效。

34. 负荷变化率方式按钮及指示灯（LOAD RATE PUSHBUTTON）

（1）该按钮用于负荷变化率方式投入或者切除，投入后修改负荷变化率。

（2）按下该按钮，按钮内指示灯点亮，表示负荷变化率方式已投入。在阀位指令和变量数码显示器（DEMAND& VARIABLE METER）上观察当前的负荷变化率值。按下增按钮（RAISE PUSHBUTTON）或减按钮（LOWER PUSHBUTTON）来设置需求的负荷变化率值。持

数字电液调节与旁路控制系统

续按下增或减按钮在 5s 之内变化率为（0.1MW/min）/s（每秒钟变化 0.1MW/min）；持续时间在 5~15s 之间，变化率为（1MW/min）/s；持续时间超过 15s，变化为（10MW/min）/s。然后，按下输入按钮（ENTER PUSHBUTTON），将原来的负荷变化率值修改到调整后的需求值。

（3）负荷变化率值的可调范围为 0~100MW/min。

35. 阀位指令方式按钮及指示灯（DEMAND VALVE PUSHBUTTON）

（1）这个按钮用于投入或切除阀位指令方式。

（2）按下该按钮，指示灯点亮（白光），表示阀位指令方式投入。

（3）当阀位指令方式投入，在阀位指令和变量数码显示器上会显示出当前的阀位指令，单位为百分号（%）。

（4）再按下该按钮，指示灯熄灭，表明阀位指令方式切除。

（5）在阀位指令方式投入后，不能利用增按钮（RAISE PUSHBUTTON）或减按钮（LOWER PUSHBUTTON）来实现对阀位指令的调整。

36. 负荷高限方式按钮及指示灯（HIGH LOAD LIMIT PUSHBUTTON）

（1）该按钮用于将负荷高限方式投入后，修改当前的负荷高限值。

（2）按下该按钮，指示灯点亮（白光），表示选择了负荷高限方式。在阀门指令和变量数码显示表（DEMAND& VARIABLE METRE）上，观察当前的负荷高限值，按下增按钮（RAISE PUSHBUTTON）或减按钮（LOWER PUSHBUTTON）调整到需要的负荷高限值。持续按下增按钮或减按钮，持续时间在 5s 之内，变化率为 1MW/s；持续时间在 5~15s 之内，变化率为 10MW/s；持续时间在 15s 以上，变化率为 100MW/s。然后按下输入按钮（ENTER PUSHBUTTON），修改原来的负荷高限值为当前值。

（3）当主开关断开（主开关闭合指示灯熄灭）或者汽轮机在锅炉自动方式（BOILER AUTO MODE）时，负荷高限值强迫为 345MW。

（4）负荷高限值可修改，负荷高限值不能低于当前机组的给定负荷值（SETPOINT）。

37. 负荷低限方式按钮及指示灯（LOW LOAD LIMIT PUSHBUTTON）

（1）该按钮用于投入负荷低限方式，修改负荷低限值。

（2）按下该按钮，指示灯点亮（白光），表示选择了负荷低限方式。观察阀门指令和变量数码显示表（DEMAND& VARIABLE METRE）上当前的低负荷限值，按下增按钮（RAISE PUSHBUTTON）或减按钮（LOWER PUSHBUTTON）调整到需求的负荷低限值。持续按下增按钮或减按钮，持续时间在 5s 之内，变化率 1MW/s；持续时间在 5~15s 之间，变化率为 10MW/s；持续时间在 15s 以上，变化率为 100MW/s。然后，按下输入按钮（ENTER PUSHBUTTON），修改原来的负荷低限值到当前值。

（3）当主开关断开（主开关闭合指示灯灭）或者汽轮机在锅炉自动方式（BOILER AUTO MODE），负荷低限值被强制为 0MW。

（4）负荷低限值可修改时，负荷低限不能高于当前机组的给定负荷（SETPOINT）。

（5）当负荷低限起作用后，指示灯闪烁。当机组的给定负荷超过负荷低限值时，指示灯熄灭。

38. 阀位限值方式按钮及指示灯（VALVE POS LIMIT PUSHBUTTON）

（1）该按钮用来投入阀位限值方式，修改当前的阀位限值。

（2）按下该按钮，指示灯点亮（白光），表示阀位限值方式已投入。在阀位指令和变量数码显示器上显示当前的阀位限制值，单位为%；按下增按钮（RAISE PUSHBUTTON）或减按钮（LOWER PUSHBUTTON）设置需求的阀位限制值。持续按下增或减按钮，持续时间在5s之内，变化率为1%/s；持续时间在5～15s之间，变化率为10%/s；持续时间超过15s，变化率为100%/s。阀位限值由增减按钮直接调整，不需要按下输入按钮（ENTER PUSHBUTTON）。

（3）在自动启动方式（ATR MODE）下，阀位限制值被设置为120%。

（4）当阀位指令值（DEMAND）到达阀位限制值后，阀位限值方式指示灯闪烁。当阀位指令值低于阀位限值时，指示灯停止闪烁。

39．主蒸汽压力限值方式按钮及指示灯（TPC LIMIT PUSHBUTTON）

（1）该按钮用于投入主蒸汽压力限值方式时修改主蒸汽压力限制值。

（2）在主蒸汽压力控制器退出后，即主蒸汽压力限制回路投入或切除（TPC IN/OUT）指示灯上半部分熄灭，下半部分点亮时，按下主蒸汽压力限值方式按钮，指示灯点亮（白光），表示主蒸汽压力限值方式投入，然后在阀门指令和变量数码显示器上显示当前的主蒸汽压力限制值，单位为MPa。按下增按钮（RAISE PUSHBUTTON）或减按钮（LOWER PUSHBUTTON），调整主蒸汽压力限制值到需求的值；持续按下增或减按钮，持续按下时间在5s之内，变化率为0.1MPa/s；持续按下时间在5～15s之间，变化率为1MPa/s；持续按下时间15s以上，变化率为10MPa/s。

（3）主蒸汽压力限制值的可调范围为3MPa～25MPa。

（4）若主蒸汽压力限制控制器投入，则主蒸汽压力限制值不能调整。

40．运行按钮（RUN PUSHBUTTON）

（1）该按钮用于选择运行，控制系统开始控制阀门。

（2）当汽轮机挂闸，没有阀门在校验（CALIBRATION），全部阀门关闭指示灯（ALL VALVES CLOSED）点亮时，按下该按钮，指示灯点亮，表明控制系统已控制阀门。

（3）汽轮机跳闸后，指示灯熄灭。

41．进行按钮（GO PUSHBUTTON）

（1）该按钮用于当转速或负荷目标值改变后，选择进行（GO），使给定值（SETPOINT）跟着目标值变化。

（2）当指示灯闪烁时，表示给定值（SETPOINT）与目标值（TARGET）不相等，按下该按钮，指示灯点亮，表示进行（GO）被选择。

（3）当给定值与目标值相等后，指示灯熄灭，表示进行（GO）被切除，给定值与目标值一致。

42．保持按钮（HOLD PUSHBUTTON）

（1）该按钮用于切除进行（GO）选择，使给定值（SETPOINT）不能与目标值（TARGET）相等。

（2）当汽轮机在自动方式（OPER AUTO MODE），且进行（GO）被选择时，按下该按钮，可切除进行（GO）选择。若给定值（SETPOINT）与目标值（TARGET）仍有偏差，则该指示灯被点亮。

（3）若给定值与目标之间的偏差消失，则该指示灯熄灭。

43．打印按钮指示灯（PRINT PUSHBUTTON）

（1）按该钮用于通知操作员接口站（OIS）去打印记录。

（2）按下该按钮，指示灯点亮持续 3s，同时操作员接口站（OIS）接收到该信息后，将会打印出"打印命令记录"（PRINT DEMAND LOG）。

（3）该指示灯不反映是否记录打印被完成。

44. 增加按钮及指示灯（RAISE PUSHBUTTON）

（1）该按钮用于增加可调变量数值。

（2）当满足下述任一条件时，指示灯点亮。

1）目标值方式，且没有强迫目标值（FORCE TARGET）信号；

2）高负荷限值方式，且主开关闭合；

3）低负荷限值方式，且主开关闭合；

4）加速度方式，且汽轮机不在自动启动方式（ATR MODE）；

5）阀位限值方式，且汽轮机不在自动启动方式；

6）负荷变化率方式；

7）主蒸汽压力限值方式，且主蒸汽压力控制器未投入。

45. 减小按钮及指示灯（LOWER PUSHBUTTON）

（1）该按钮用于减小可调变量数值。

（2）当满足下述任一条件时，指示灯点亮。

1）目标值方式（TARGET MODE），且没有强迫目标值（FORCE TARGET）信号；

2）负荷高限值方式，且主开关闭合（MAIN BREAKER ON）；

3）负荷低限值方式（LOW LOAD LIMIT），且主开关闭合（MAIN BREAKER ON）；

4）加速度方式（ACCEL RATE），且汽轮机不在自动启动方式（ATR MODE）；

5）阀位限值方式（VALVE POS LIMIT），且汽轮机不在自动启动方式（ATR MODE）；

6）负荷变化率方式（LOAD RATE）；

7）主蒸汽压力限值方式（TPC LIMIT），且主蒸汽压力控制器未投入（TPC OUT）。

46. 输入按钮及指示灯（ENTER PUSHBUTTON）

（1）这个按钮用于输入可调变量的修改值。

（2）当满足下列任一条件时，指示灯点亮。

1）目标值方式，目标值被修改；

2）负荷变化率方式，负荷变化率值被修改；

3）加速度方式，加速度值被修改；

4）负荷高限值方式，高负荷限制值被修改；

5）负荷低限值方式，低负荷限制值被修改；

6）主蒸汽压力限值方式，主蒸汽压力限值被修改。

（3）按下该按钮相对应的变量值被输入。

第二节　操作员接口站 OIS 画面操作 ⇨

操作员接口站 OIS 是控制系统的主要人机接口，为 INFI－90 的过程控制单元提供了完整的操作接口、数据采集和记录报告、越限报警等功能，通过各种灵活的动态彩色画面，OIS

可对整个过程进行监视和控制，这些画面能迅速准确地反映出设备状态和整个过程状态，通过显示和键盘操作，操作员可以控制现场设备和获得数据，同时也提供了一个过程中断和新的状态响应。

一、汽轮机主菜单

OIS 主要由驱动单元、监视器、操作键盘三部分组成，在 OIS 上电后 CRT 上显示出总的功能菜单，在键盘上按下"DISPLAY SUMM"（显示汇总）键，画面进入 DEH MENU（汽轮机 DEH 总菜单），汽轮机主菜单画面如图 9-2 所示，在这个主菜单上包含有多个可选画面名称以及一个趋势菜单。

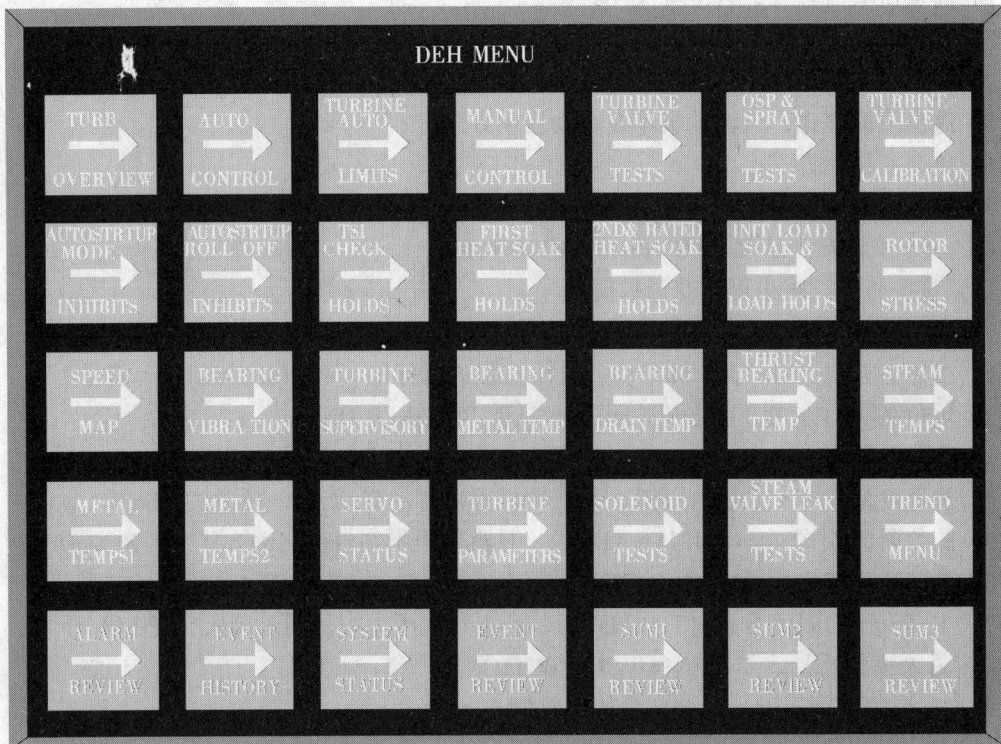

DEH MENU

TURB OVERVIEW	AUTO CONTROL	TURBINE AUTO LIMITS	MANUAL CONTROL	TURBINE VALVE TESTS	OSP & SPRAY TESTS	TURBINE VALVE CALIBRATION
AUTOSTRTUP MODE INHIBITS	AUTOSTRTUP ROLL OFF INHIBITS	TSI CHECK HOLDS	FIRST HEAT SOAK HOLDS	2ND& RATED HEAT SOAK HOLDS	INIT LOAD SOAK & LOAD HOLDS	ROTOR STRESS
SPEED MAP	BEARING VIBRATION	TURBINE SUPERVISORY	BEARING METAL TEMP	BEARING DRAIN TEMP	THRUST BEARING TEMP	STEAM TEMPS
METAL TEMPS1	METAL TEMPS2	SERVO STATUS	TURBINE PARAMETERS	SOLENOID TESTS	STEAM VALVE LEAK TESTS	TREND MENU
ALARM REVIEW	EVENT HISTORY	SYSTEM STATUS	EVENT REVIEW	SUM1 REVIEW	SUM2 REVIEW	SUM3 REVIEW

图 9-2　汽轮机 DEH 总菜单

A——汽轮机概貌（TURBINE OVERVIEW）；

B——汽轮机自动控制（AUTO CONTROL）；

C——汽轮机自动限制（TURBINE AUTO LIMITS）；

D——汽轮机手动控制（MANUAL CONTROL）；

E——汽轮机阀门活动试验（TURBINE VALVES TESTS）；

F——汽轮机超速和喷油试验（OSP &SPRAY TESTS）；

G——汽轮机阀门校验（TURBINE VALVE CALIBRATION）；

H——汽轮机自启动方式抑制（AUTO STARTUP MODE INHIBITS）；

I——汽轮机自启动冲转抑制（AUTO STARTUP ROLL OFF INHIBITS）；

J——汽轮机安全监视检测保持（TSI CHECK HOLDS）；

数字电液调节与旁路控制系统

K——第一次暖机保持（FIRST HEAT SOAK HOLDS）；

L——第二次暖机及额定转速暖机保持（SND & RATED HEAT SOAK HOLDS）；

M——初负荷暖机及负荷保持（INIT LOAD SOAK& LOAD HOLDS）；

N——转子热应力（ROTOR STRESS）；

O——转速详图（SPEED MAP）；

P——汽轮机轴振动（BEARING VIBRATION）；

Q——汽轮机安全监测（TURBINE SUPERVISORY）；

R——轴瓦金属温度（BEARING METAL TEMP）；

S——轴瓦回油温度（BEARING DRAIN TEMP）；

T——推力轴承温度（THRUST BEARING TEMP）；

U——蒸汽温度（STEAM TEMPS）；

V——金属温度1（METAL TEMPS 1）；

W——金属温度2（METAL TEMPS 2）；

X——伺服阀状态监视（SERVO STATUS）；

Y——汽轮机参数（TURBINE PARAMETERS）；

Z——电磁阀试验（SOLENOID TESTS）；

1A——趋势菜单（TREND MENU）。

在调出汽轮机主菜单后，用鼠标点击相应的区域或通过键盘输入相应的字母就可调出对应的画面，例如在键盘上按下字母"A"进入TURBINE OVERVIEW（汽轮机总貌），画面如图9-3所示；若按下字母B，进入"AUTO CONTROL"（自动控制）画面，如图9-4所示。

在汽轮机总貌画面中，对机组的主要运行参数、运行状态进行显示：

- TURBINE STATUS LATCH/TRIP
- UNIT STATUS ON LINE/OFF LINE
- OPERATION MODE AUTO/MANNUAL
- OSP TEST KEY SWITCH NORMAL/TEST
- SPR TEST KEY SWITCH NORMAL/TEST
- VLV TEST KEY SWITCH NORMAL/TEST
- LOAD FEEDBACK IN/OUT
- IMPULSE FEEDBACK IN/OUT
- TPC IN/OUT
- RUNBACK IN/OUT
- STARTUP MODE HIP/IP
- LOAD RATE MW/min
- ACCEL RATE r/min/min
- INITIAL STM PRESS MPa
- REHEAT STM PRESS MPa
- HP EXHAUST STM PRESS MPa
- IP EXHAUST STM PRESS MPa
- CONDENSER VACCUM kPa

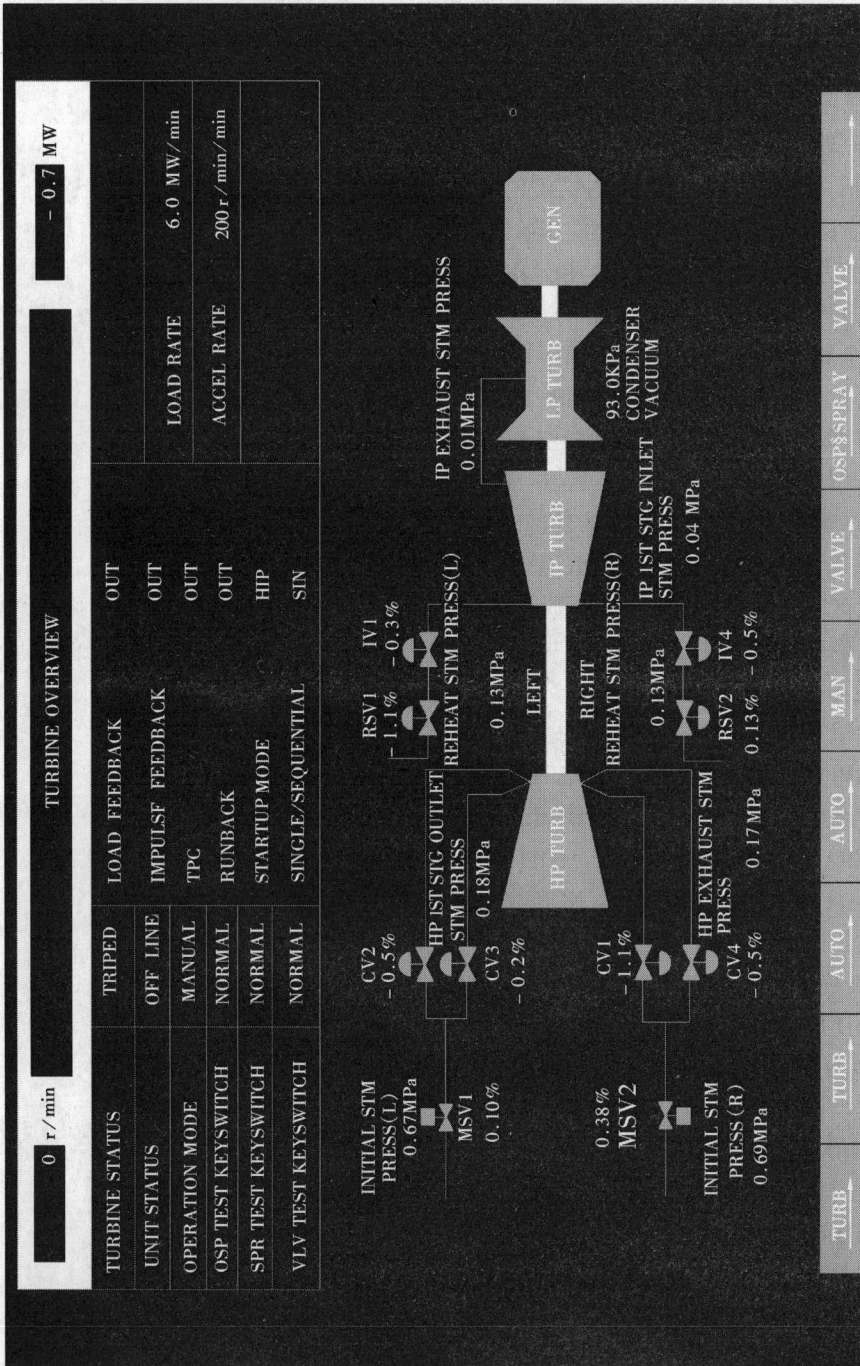

图 9 – 3 汽轮机总貌（TURBINE OVERVIEW）

数字电液调节与旁路控制系统

0 r/min — 0.7 MW

AUTO CONTROL

CALIBRATION IN PROGRESS
TURBINE AUTO START HOLD
VALVE CHANGE IN PROGRESS

VALVE TEST IN PROGRESS
SINGLE/SEQ XFER IN PROGRESS

OPERATING MODE	MANUAL	HP 1ST PRESS 0.19MPa
INITIAL STM PRESS	0.70 MPa	IP EXH STM PRESS 0.0MPa

MSV1	MSV2	CV1	CV2	CV3	CV4	ICVL	ICVR	RSVL	RSVR
100 80 60 40 20 0	100 80 60 40 20 0	100 80 60 40 20 0	100 80 60 40 20 0	100 80 60 40 20 0	100 80 60 40 20 0	100 80 60 40 20 0	100 80 60 40 20 0	100 80 60 40 20 0	100 80 60 40 20 0
0.1%	0.4%	-1.1%	-0.5%	-0.3%	-0.5%	-0.4%	-0.5%	-1.1%	0.2%

MODE SELECT | **LOOP SELECT** | **DEMAND RATE TRANSFERS**

A AUTO/MAN MANUAL	B AUTO STARTUP NO	C LOAD	D TPC OUT	E TARGET: SETPOINT:	F FUN NO	G VALVE CHANGE NO	H SIN/SEQ SIN
I AUTO SYNC NO	J BOILER AUTO OUT	K IMPULSE OUT	L RUNBACK OUT	M GO/HOLD HOLD	N		
O HP/IP OR IP START HIP	P PREWM NO	R TURBINE LATCH TRIPPED	S LOAD IMBANLAN DISABLED	T			

RPM

LOAD RATE MW/MIN
OPER: ATR ACT
6.00 6.00 6.00
ATR: 180.00

ACCEL RATE
OPER: 200.00

TURB | TURB | AUTO | AUTO | MAN | VALVE | OSP§SPRAY | VALVE

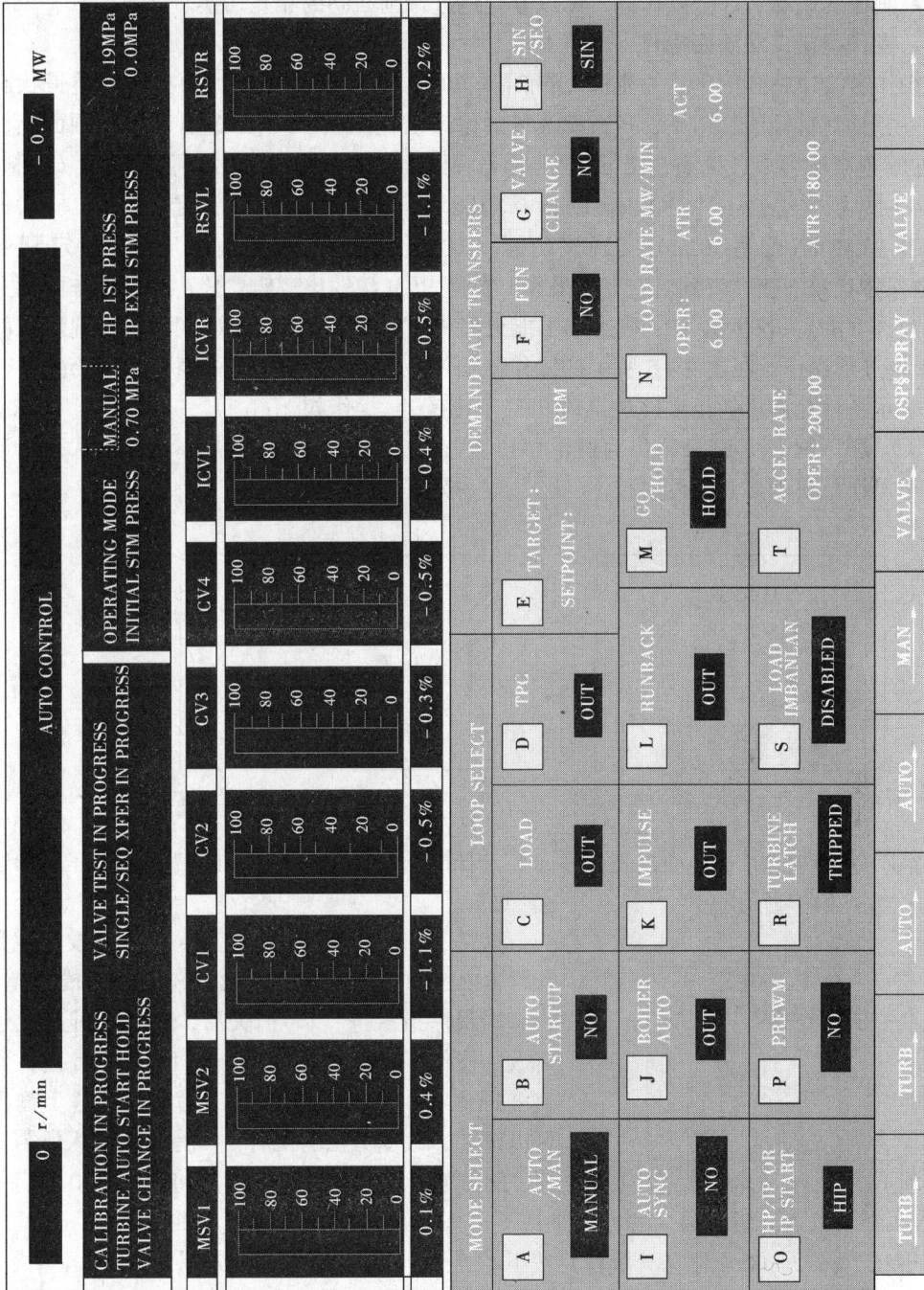

图 9-4 自动控制画面(AUTO CONTROL)

- TURBINE SPEED   r/min
- ACTUAL LOAD   MW

转速、机组功率是两个非常重要的参数，显示在画面的顶端，并且在所有画面上都加以显示。在画面的底端有 8 个操作框，可以方便地进行画面间的相互切换。

二、操作员接口站画面操作

在操作员接口站画面上，可通过 OIS 对其操作，画面操作可分为两类：一类是状态选择，另一类是对目标值、速率、负荷率等值的修改。在图 9－4 所示的自动控制画面上，共有 A～T19 项可选项目，例如，按下"A"键，在画面的右下角显示出如下子画面（控制站）如图 9－5 所示，这是一个手动/自动选择功能块，由遥控设定值记忆功能码（REMOTE CONTROL MEMORY 简写 RCM）实现该功能。RCM 块有一个数字输出，一经设定到逻辑"1"，则保持状态不变，直到对它复位操作；要使 RCM 块输出逻辑"1"，在可操作画面上必须显示允许（SP），若显示 NP，则表示不能设置为"1"状态。当允许（SP）出现后，就可对 RCM 块进行操作，在图 9－5 所示的操作画面中，现在的状态为手动状态，有允许（SP）信号，表示条件允许可切至操作员自动方式（AUTO），操作如下：

按下"■"键，使 RCM 输出为逻辑"1"状态，控制站将变为图 9－6 所示状态。这表明已切至操作员自动方式，若再按下"□"键，又将切为手动。

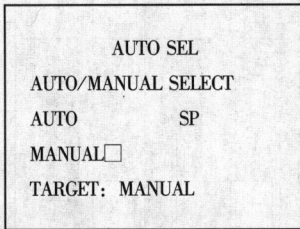

```
        AUTO SEL                          AUTO SEL
  AUTO/MANUAL SELECT              AUTO/MANUAL SELECT

  AUTO          SP                 AUTO  ■

  MANUAL □                         MANUAL

  TARGET: MANUAL                   TARGET: AUTO
```

图 9－5　自动/手动选择画面（一）　　图 9－6　自动/手动选择画面（二）

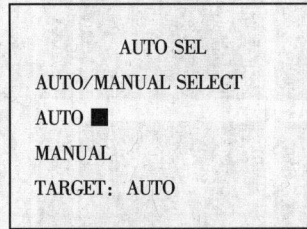

在 AUTO CONTROL（自动控制）画面上，若按下字母 T，在画面的右下角将弹出加速率控制块，如图 9－7 所示。

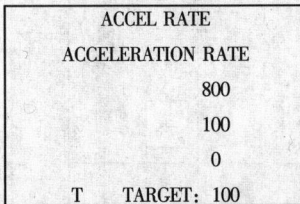

```
         ACCEL RATE
      ACCELERATION RATE
                      800
                      100
                        0
   T      TARGET: 100
```

图 9－7　加速率操作画面

这是一个加速率设定功能块，由手动设定常数功能码 REMSET 实现其功能。REMSET 有一模拟输出，只有当跟踪指示符"T"消失后，才能在键盘上进行有效的操作，操作过程如下：按下"SET"键，目标值（TARGET）后面显示当前的输出值，这个输出值可以改变，改变方法有两种。一是直接键入所需的数值，例如输入200，在目标值后将显示200，然后按下"ENTER"（输入）键；另一种方法是按下"↑"键，每一次增加 0.2%，按下"↓"键，每次减小 0.2%，（100%对应满量程）按下"↑↑"键，每次增加 2%，按下"↓↓"键，每次减小 2%，设置到需求的目标值后，按下"ENTER"（输入）键，此时目标值变为相应的值，并在画面中显示出，所输入的目标值被限制在高限与低限之间。

其他汽轮机电液调节系统简介

随着以微处理器为基础的分布式控制系统（DCS）技术的发展，运用分散控制、集中管理的设计思想，不但控制的可靠性得到了更大的提高，而且可大量减少操作维护人员的劳动强度。我国新近投产或在建的机组大多采用纯电液调节型汽轮机数字电液控制系统。如东方汽轮机厂 NZK300 – 16.67/537/537 型汽轮机配套的 300MW 等级全电液调节型汽轮机数字电液控制系统，电液调节系统采用先进的 Ovation 分布式控制系统，液压采用高压抗燃油系统。上海汽轮机厂生产的 300MW、600MW 级机组的 DEH 系统也使用西屋公司的 OVATION 型集散控制系统。其先进性在于分散的结构和基于微处理器的控制，这两大特点加上冗余使得系统在具有更强的处理能力的同时提高了可靠性。100MB 带宽的高速以太网的高速公路通信使各个控制器之间相互隔离，又可以通过它来相互联系，可以说是整套系统的一个核心。系统的主要构成包括：工程师站、操作员站、控制器等。另外进口机组如西门子 350、660MW 级机组的 DEH 系统采用 T – XP 分散控制系统。比较各种类型的 DEH 系统，其硬件配置、组态逻辑各有特色，但实现的主要功能相似，即控制汽轮机使其安全、经济、可靠、高效运行。本章对 Ovation 系统 DEH 及 T – XP 系统 DEH 作一简单介绍。

第一节　Ovation 组态的 DEH 系统 ▷

NZK300 – 16.67/537/537 型汽轮机数字电液控制系统的核心部分采用 OVATION 分散控制系统，它包括 4 个机柜、1 台打印机、1 个操作员站、1 个工程师工作站。OIS 为电厂运行人员与汽轮机控制系统进行人机对话的主要设备。打印机在必要时能将各种重要资料记录存档。工程师工作站能方便的对控制逻辑进行设计、调试、修改。

DEH 接受双路交流不停电电源，内部有冗余设计，一路失电，另一路可自动接通。其直流电源采用了冗余技术，即一块电源模件故障，仍然不影响系统的正常工作。带 CPU 的控制器，按所完成的控制任务不同，在系统中分为两组：自动控制和自启动。每一组配置有冗余的处理器。

超速保护及自动控制部分主要完成①转速测量以及各种紧急情况的处理，如甩负荷、负荷不平衡、超速限制、超速遮断等；②参数的设置、反馈回路的投切、控制方式的选择、电磁阀试验、喷油试验；③伺服控制、手动自动方式选择、快卸负荷、单阀/顺序阀、挂闸等。

自启动部分主要完成信号检测与替换、参数越限报警、保持、自启动、应力计算及寿命管理。

一、DEH 系统的功能

Ovation 电液调节系统功能完善，能方便灵活地控制汽轮机的运行，它能实现以下功能：

（1）自动挂闸。

（2）自动整定伺服系统静态关系。

（3）阀门在线整定。

（4）启动前的控制和启动方式选择。

1）自动判断热状态；

2）高压缸预暖；

3）中压缸启动/高中压缸联合启动。

（5）转速控制。

（6）负荷控制。

1）并网带初负荷；

2）升负荷（目标、负荷率、暖机）；

3）定—滑—定升负荷；

4）调节级压力反馈；

5）负荷反馈控制；

6）一次调频；

7）CCS 控制；

8）阀位限制；

9）高负荷限制；

10）低负荷限制；

11）主蒸汽压力限制；

12）快卸负荷。

（7）超速保护。

1）超速限制（103%）；

2）甩负荷；

3）超速保护。

（8）背压保护。

（9）在线试验。

1）喷油试验；

2）电气、机械超速试验；

3）阀门活动试验；

4）阀门严密性试验；

5）电磁阀试验。

（10）控制方式切换。

（11）ATR 热应力控制。

二、控制系统配置

DEH 控制系统硬件配置主要由以下部分组成：

（1）机柜；

（2）电源系统；

（3）模块；

（4）操作员站；

（5）工程师/高性能工具库工作站。

DEH 控制器配置包括以下部分：

（1）数字量输入模件，4 块；

（2）数字量输出模件，3 块；

（3）模拟量输入模件（mA），4 块；

（4）模拟量输出模件，1 块；

（5）小信号输入模件（RTD），2 块；

（6）小信号输入模件（mV），4 块；

（7）转速测量模件，3 块；

（8）阀门定位驱动模件，7 块。

NZK300 – 16.67/537/537 型汽轮机高压缸进汽口上配有 4 个调节阀，中压缸进汽口上配有 2 个调节联合汽阀，为保证汽轮机的安全运行，还配有相应的 2 个主汽阀。上面所述的 10 个进汽阀均采用液压执行机构油动机来驱动，以满足动作时间短、定位精度高的要求，在高压缸排汽口处还配有高压排汽止回阀，此外在所有抽汽口都配有抽汽止回阀，以保证机组安全。

当电网中的负荷变动时，引起汽轮机转速随之变动，汽轮机调节系统中的测速环节测量到汽轮机的实际转速，并与额定转速 3000r/min 相比较后，通过频差放大、调节器伺服控制等环节来控制高、中压调节阀 CV、ICV 的开度，使转速变化维持在预定范围内。

汽轮机的上述 10 个进汽阀均采用高压抗燃油为工质的油动机驱动，4 个高压调节阀 CV、2 个中压调节阀 ICV 与一个高压主汽阀 MSV1 用伺服阀与 DEH 的微机接口实现连续控制。其余 2 个中压主汽阀 RSV 和 1 个高压主汽阀 MSV2 采用电磁阀与 DEH 接口实现两位控制。

为保证汽轮机的安全运行，在液压系统中，还配有几套冗余的保护部套：

（1）危急遮断器、飞环及试验电磁阀；

（2）遮断、超速、压力开关组件；

（3）机械停机电磁铁；

（4）手动停机机构。

EH 油系统如图 10 – 1 所示（见书末插页）。

三、DEH 操作员站画面简介

Ovation 电液调节系统配置有操作员接口站 OIS，在操作员站上有 20 多幅监控画面，通过操作员接口站 OIS，操作员可以在 CRT 上进行监视、控制汽轮机。图 10 – 2 ~ 图 10 – 7 为其中的部分画面。

在机组运行过程中，操作员的操作调整按实质分为两类：模拟量参数调整和逻辑量参数调整。

可调的模拟量参数有：

（1）目标转速值（TARGET SPEED）；

（2）目标压力值（TARGET TP）；

（3）目标调速级压力值（TARGET IP）；

（4）目标阀位值（TARGET VALVE）；

（5）负荷率（LOAD RATE）；

（6）加速率（ACCEL RATE）；

（7）负荷高限（HIGH LOAD LIMIT）；

图 10-2　操作员站画面（一）——自动控制画面

（8）负荷低限（LOW LOAD LIMIT）；

（9）阀限（VALVE POSITION LIMIT）；

（10）主蒸汽压力保护限值（THROT PRESS LIMIT）。

逻辑量参数的调整包括状态选择、方式切换、功能投退、进行和保持等。

调整模拟量参数时，可进入有关画面，在弹出的操作窗口中，修改参数后按下确认键。例如修改转速目标值的步骤如下：

（1）切换到自动控制画面（AUTO CONTROL），自动控制画面见图 10-2。

（2）按下画面右下端的"TARGET"键，弹出操作窗口，如图 10-8 所示。

（3）鼠标点击输入框，用键盘输入期望的转速目标值，按下确认键。

（4）修改后的转速目标值显示在操作窗口及有关画面上，调整完毕。

对一些功能的投切等逻辑量状态调整时，如修改目标值后，希望设定值改变，须使进行逻辑置位，其操作步骤如下：

（1）切换到自动控制画面（AUTO CONTROL），自动控制画面见图 10-2。

（2）按下画面右下端的"GO/HOLD"键，弹出操作窗口，如图 10-9 所示。

（3）按下操作窗口下端的"GO"键，进行逻辑置位，"GO"键变红，表明进行逻辑置位。

数字电液调节与旁路控制系统

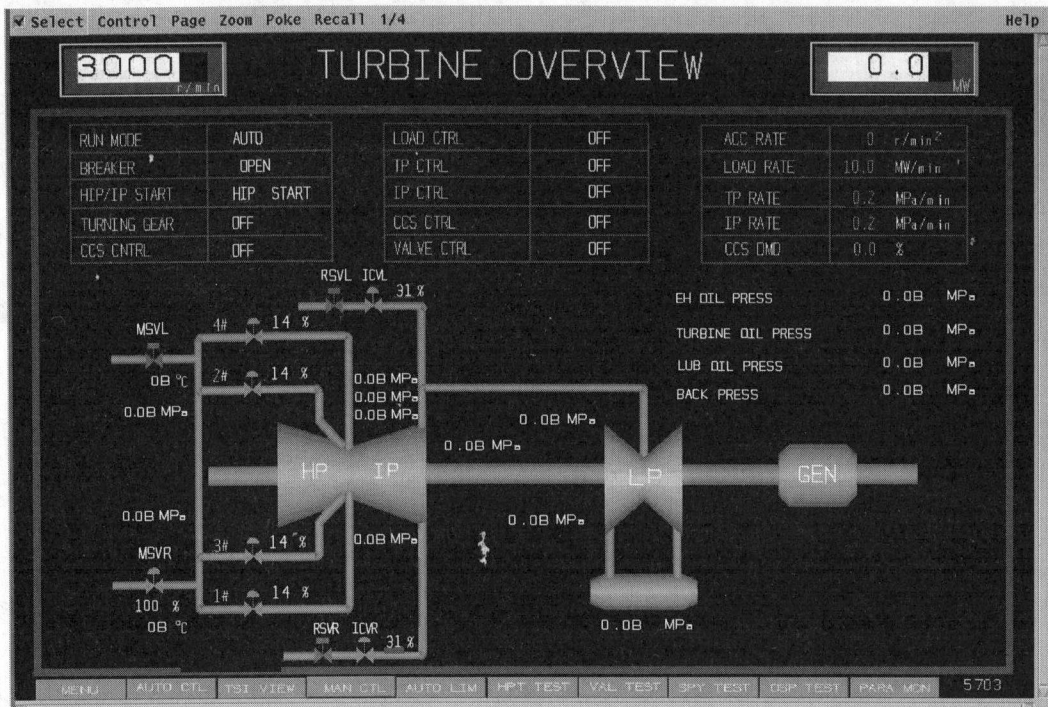

图 10-3 操作员站画面（二）——汽轮机总貌画面

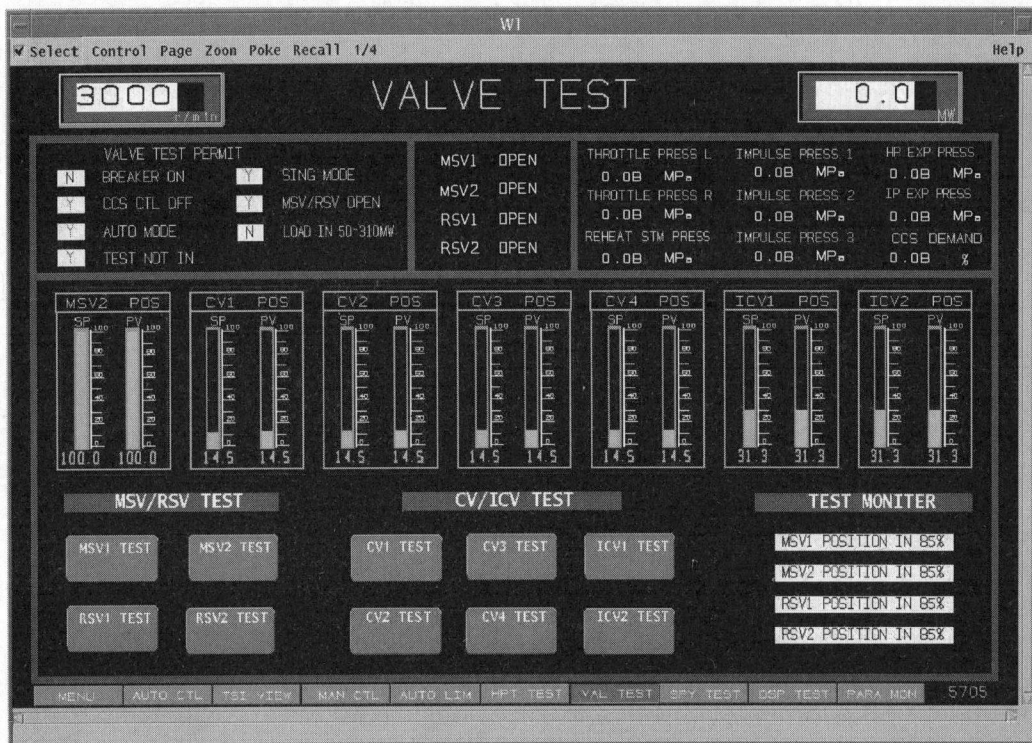

图 10-4 操作员站画面（三）——阀门试验画面

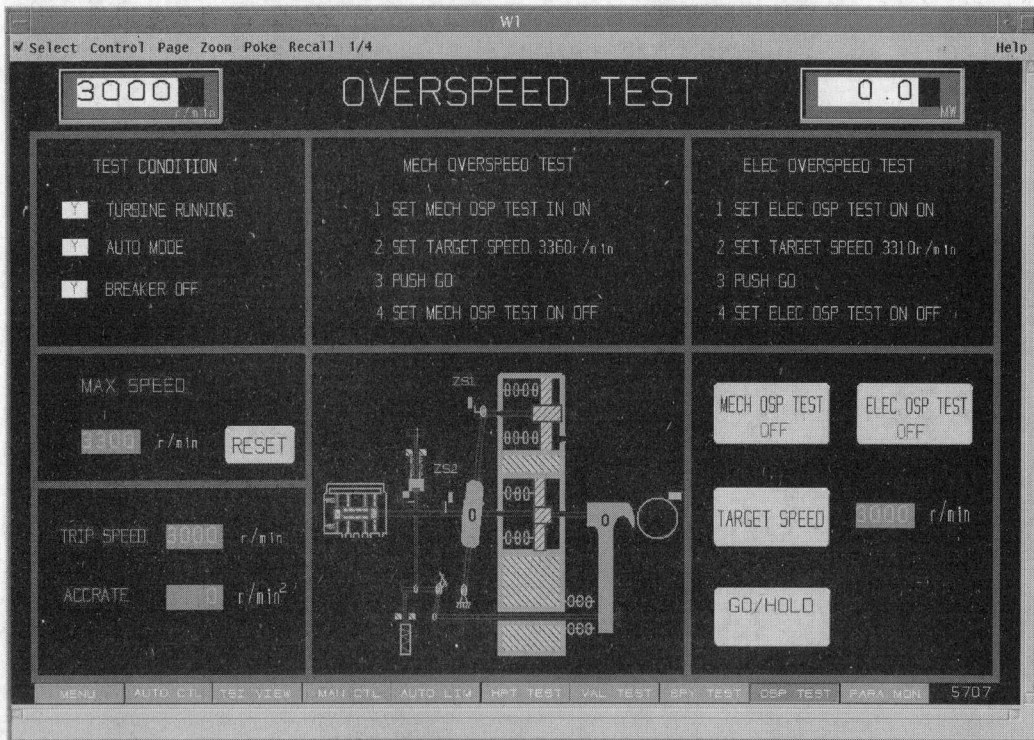

图 10-5 操作员站画面（四）——超速试验画面

图 10-6 操作员站画面（五）——预暖画面

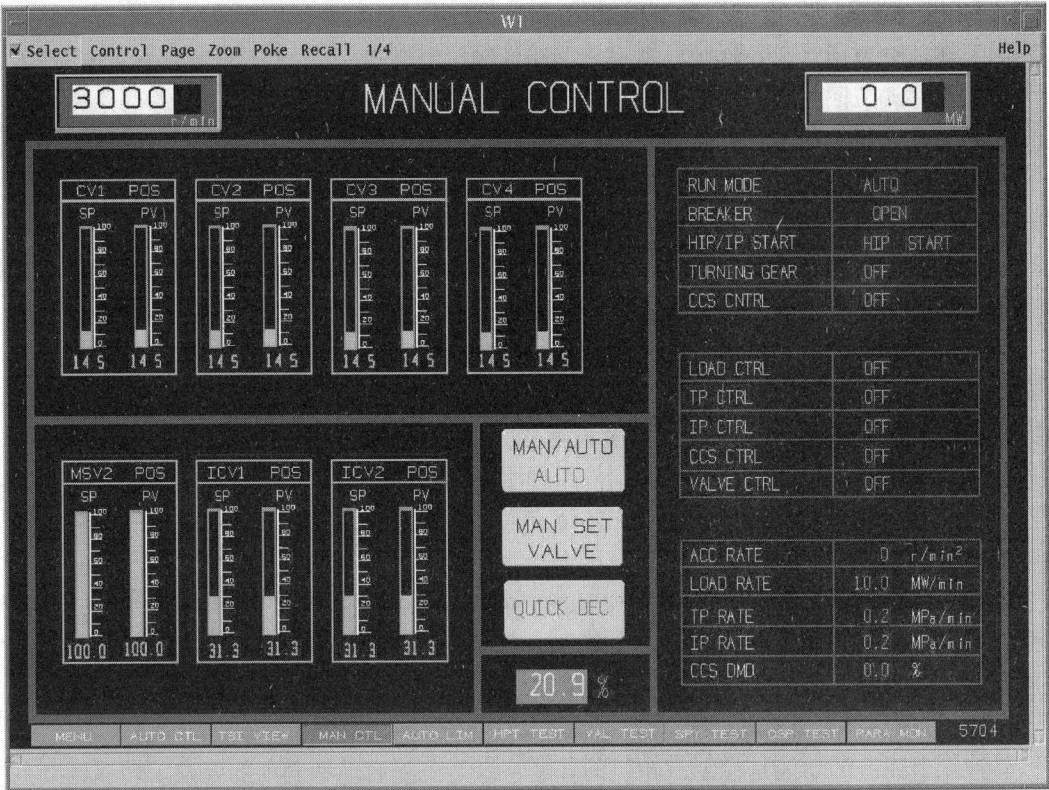

图 10-7 操作员站画面（六）——手操画面

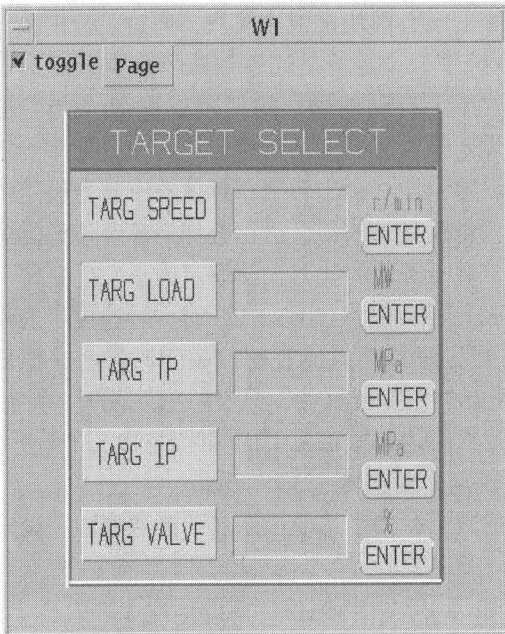

图 10-8 目标值调整窗口

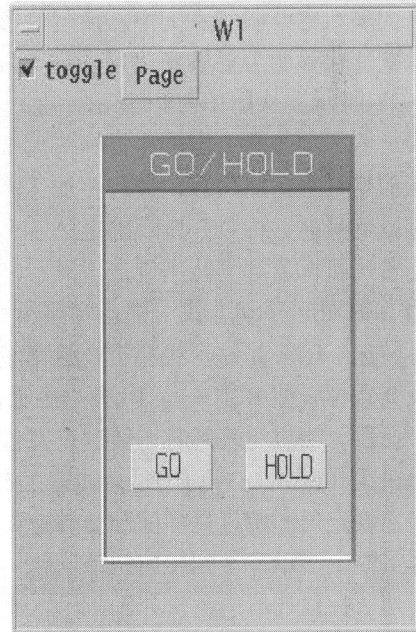

图 10-9 GO/HOLD 操作窗口

四、DEH 控制逻辑分析

在该 DEH 系统中，有四个调节回路：

(1) 转速调节回路，并网前，通过该回路控制机组转速；

(2) 功率调节回路，并网后，通过该回路控制机组的负荷；

(3) 调速级压力回路，并网后，通过该回路控制机组的负荷，是一个单回路调节系统；

(4) 主蒸汽压力调节回路，并网后，通过该回路控制机组的压力，是一个单回路调节系统。

在负荷控制期间，如果进行机炉协调控制，电液调节系统还接收协调控制来的 CCS 指令。

以上四个调节回路的输出经过选择切换，形成自动指令（PIDOUT），自动指令的形成逻辑如图 10－10 所示。自动指令和手动回路的输出及 CCS 指令经选择切换后形成总的基准值（REFERENCE）。该基准值即为总的流量请求值，经过各阀门特性校正后，形成各个阀门的阀位指令，送到各阀门的液压伺服卡，液压伺服卡执行阀门位置控制功能，最终使阀门实际开度和阀位指令相平衡。阀门开度变化，使进入汽轮机的蒸汽量改变，从而改变相应的被调量（转速、功率、调速级压力、主蒸汽压力），完成控制功能。

汽轮机的转速调节和负荷调节是 DEH 的必备功能，对于不同类型的 DEH 系统，其工作原理都很相似，但具体控制逻辑有很大差别，本节重点分析转速调节系统和负荷调节系统的逻辑。

（一）转速调节系统逻辑

转速调节系统的功能是控制汽轮机的转速，满足机组启动和同期的要求。转速调节系统是个单回路调节系统，转速调节系统主要由转速信号的测量及处理回路、转速设定值形成回路、转速调节器、电液执行机构和机组对象等组成。

在大多数电液调节系统中，设定值形成回路的核心模块是限速模块，通过限速模块，把一个阶跃变化量变为斜坡变化量。在 Ovation 系统中，设定值是通过加法器叠加形成的，如图 10－11 所示。从图中可以看出，在自动方式下，有同期增、同期减或进行（GO）信号时，设定值才会改变。当转速目标值大于转速设定值或有同期增信号时，将由升速率确定的一个正的增量送到加法器，进行叠加运算，使设定值增加；当转速目标值小于转速设定值或有同期减信号时，将由升速率确定的一个负的增量送到加法器，进行叠加运算，使设定值减小；当转速目标值等于转速设定值时，将一个常数 0 送到加法器，使设定值不发生变化。

当 DEH 处于手动方式、进行摩擦检查或 DEH 没有运行（RUN＝0）时，转速设定值将跟踪实际转速。RUN 是一个很重要的逻辑标志，当机组挂闸且所有阀门关闭时，由操作员操作可使其置位，即 RUN＝1。RUN 一经置位，不能由操作员复位，只有机组跳闸时，才使其复位。所以，当机组跳闸时，转速设定值、转速目标值都跟踪机组的实际转速。

当机组并网或 OPC 动作时，转速设定值将设定为额定转速 3000r/min。

转速设定值和转速目标值都受转速高限值的限制，经小选模块运算后形成的转速设定值在操作员站上显示，送到转速调节回路。

转速目标值的形成逻辑如图 10－12 所示，由图可知，转速目标值的形成原理为：

(1) 当 DEH 刚进入 ATC 控制方式时，由 ATC 程序给出转速目标值；

(2) 当 DEH 处于手动控制方式或有同期增、同期减信号或 DEH 没有运行或机组已并网

功率控制方式(LOAD CONTROL)

功率设定值(DEMAND LOAD)

实际功率(LOAD)

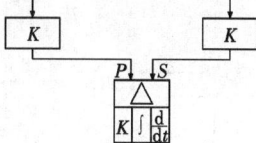

阀位设定值
(DEMAND VALVE)

主蒸汽压力
控制方式 (TP CONTROL)

主蒸汽压力设定值(DEMAND TP)

实际主蒸汽压力(TP)

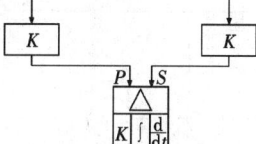

调速级压力控制方式(IP CONTROL)

调速级压力设定值(DEMAND IP)

实际调速级压力(IP)

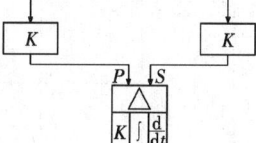

主开关断开(BREAKER OFF)

转速设定值(DEMAND SPEED)

实际转速(ACTUAL SPEED)

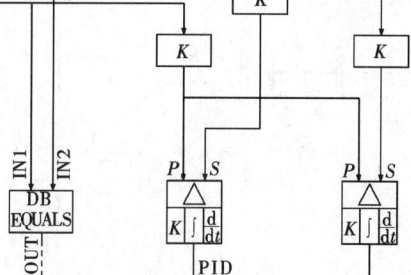

PID

PIDOUT
自动指令

图 10-10　自动指令（PIDOUT）的形成逻辑

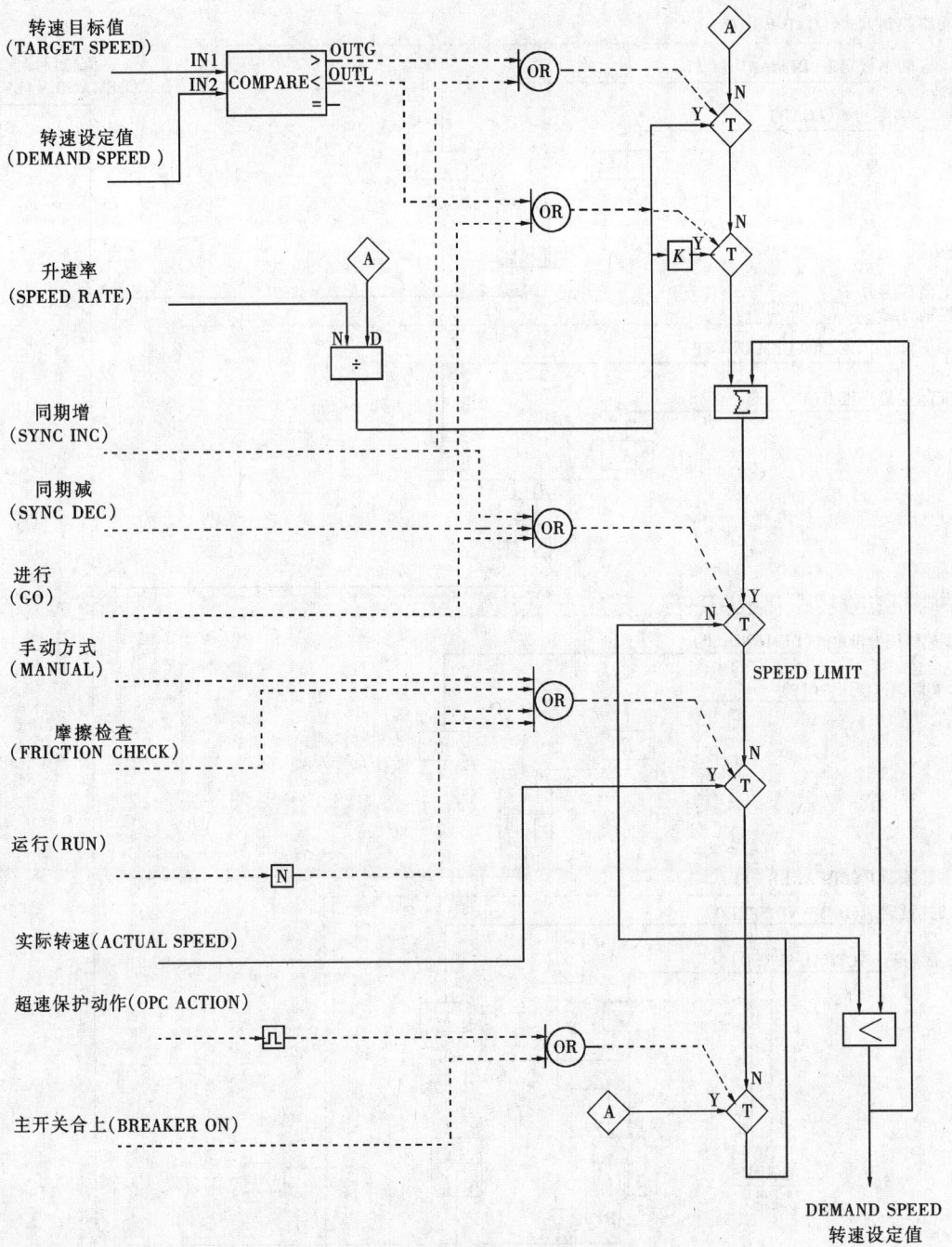

图 10 - 11 转速设定值（DEMAND SPEED）形成逻辑

时，目标转速值将跟踪转速设定值；

（3）当 OPC 激活或 DEH 刚运行时，目标转速设定为 3000r/min；

（4）当目标转速落在临界转速区时，程序将强制把目标转速设定为临界平台值，避免目标转速设在临界转速区。

没有以上特殊情况时，在自动方式下，可由操作员随时修改转速目标值，满足机组的启

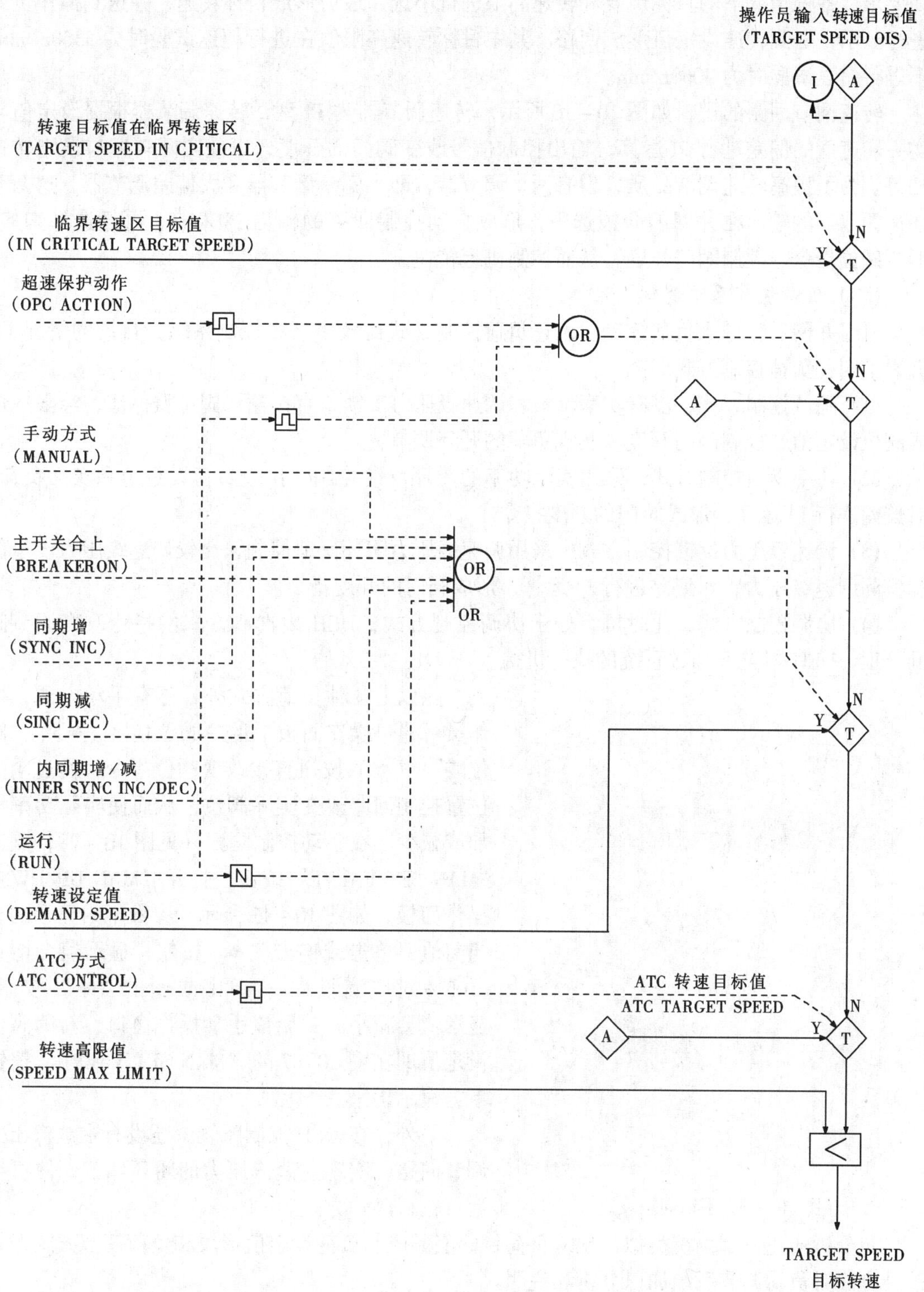

操作员输入转速目标值
（TARGET SPEED OIS）

转速目标值在临界转速区
（TARGET SPEED IN CPITICAL）

临界转速区目标值
（IN CRITICAL TARGET SPEED）

超速保护动作
（OPC ACTION）

手动方式
（MANUAL）

主开关合上
（BREA KERON）

同期增
（SYNC INC）

同期减
（SINC DEC）

内同期增／减
（INNER SYNC INC/DEC）

运行
（RUN）

转速设定值
（DEMAND SPEED）

ATC 方式
（ATC CONTROL）

转速高限值
（SPEED MAX LIMIT）

ATC 转速目标值
ATC TARGET SPEED

TARGET SPEED
目标转速

图 10－12　转速目标值（TARGET SPEED）形成逻辑

163

动要求。各种情况下的目标值要和转速高限进行小选，最后形成目标转速，并送到操作员站进行显示，送到转速设定值形成回路。其中目标转速高限值在进行超速试验时为 3360r/min，不进行超速试验时为 3060r/min。

转速调节回路的逻辑如图 10－10 所示，转速调节器为 PI 型，转速调节器根据设定值与实际转速值的偏差进行 PI 运算，输出控制信号改变阀门的开度，以使实际转速与设定转速相等。为了提高转速调节品质，设有两个调节器，即小偏差调节器和大偏差调节器，这两个转速调节器的输出在并网前会被选中，形成自动控制回路的输出 PIDOUT，再经选择切换，形成阀位指令，控制阀门开度，从而控制机组转速。

（二）负荷调节系统逻辑

机组并网后，进入负荷控制阶段，负荷控制方式比较多。在控制系统为自动的情况下，有以下四种负荷控制方式。

（1）阀位控制方式，没有功率反馈和调速级压力反馈，直接输入阀位目标值，经限速形成阀位设定值，控制阀门开度，实现负荷的开环调节。

（2）功率反馈控制方式，采用实际功率的闭环反馈控制，比较负荷设定值和实际负荷，对偏差进行 PI 运算，形成阀门的开度指令。

（3）调速级压力反馈控制方式，采用调速级压力闭环反馈控制，比较调速级压力设定值和实际调速级压力，对偏差进行 PI 运算，形成阀门的开度指令。

（4）协调控制方式，此时机组处于协调控制方式，DEH 接收 CCS 来的指令改变调节阀的开度，DEH 相当于 CCS 系统的执行机构。

除以上几种负荷方式外，还有手动方式，操作员可通过操作面板上的"阀位增"（▲）、"阀位减"）（▼）按钮直接改变阀位指令，通过阀门位置控制回路改变实际阀位，从而使实际功率增加或减少。在手动控制画面（见图 10－7），点击"MAN SET VALVE"按钮，打开"MAN UP/DWN"操作面板，如图 10－13 所示，参数框内显示的是当前值，单击或连击"▲"按钮，显示值会增加（100% 对应满量程）；单击或连击"▼"按钮，显示值会减小。关闭该手动操作窗口，新的阀位设定值即在图 10－7 的"MAN SET VALVE"按钮下方显示出来。

另外，在 DEH 控制系统中还设有主蒸汽压力调节回路，实现主蒸汽压力的闭环调节，使机组运行在机跟炉方式。

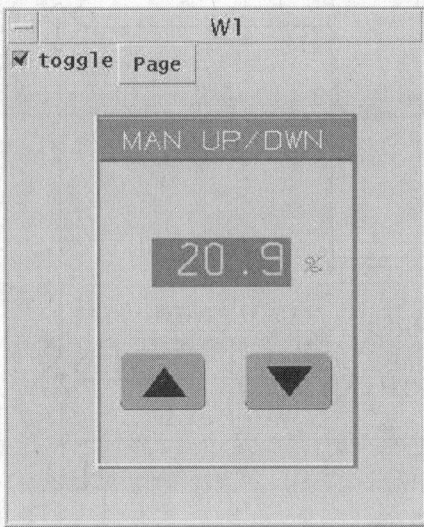

图 10－13　手动阀位设定

与分析转速控制系统类似，现从负荷目标值形成、负荷设定值形成和负荷调节方式逻辑等几方面对负荷调节系统加以分析和说明。

1. 负荷目标值形成逻辑

图 10－14 示意了负荷目标值的形成逻辑，由图可知，负荷目标值的形成原理为：

（1）当 DEH 投入功率反馈控制回路时，可由操作员输入目标负荷，从而控制机组的负

操作员输入功率目标值
(TARGET LOAD OIS)

功率控制方式
(LOAD CONTROL)

功率设定值
(DEMAND LOAD)

ATC 运行
(ATC RUN)

中压缸启动
(IP START)

汽轮机跳闸
(TRIP TURBINE)

负荷低限
(LOAD LOW LIMIT)

负荷高限
(LOAD HIGH LIMIT)

一次调频量
(FREQUENCY VALUE)

TARGET LOAD
目标负荷

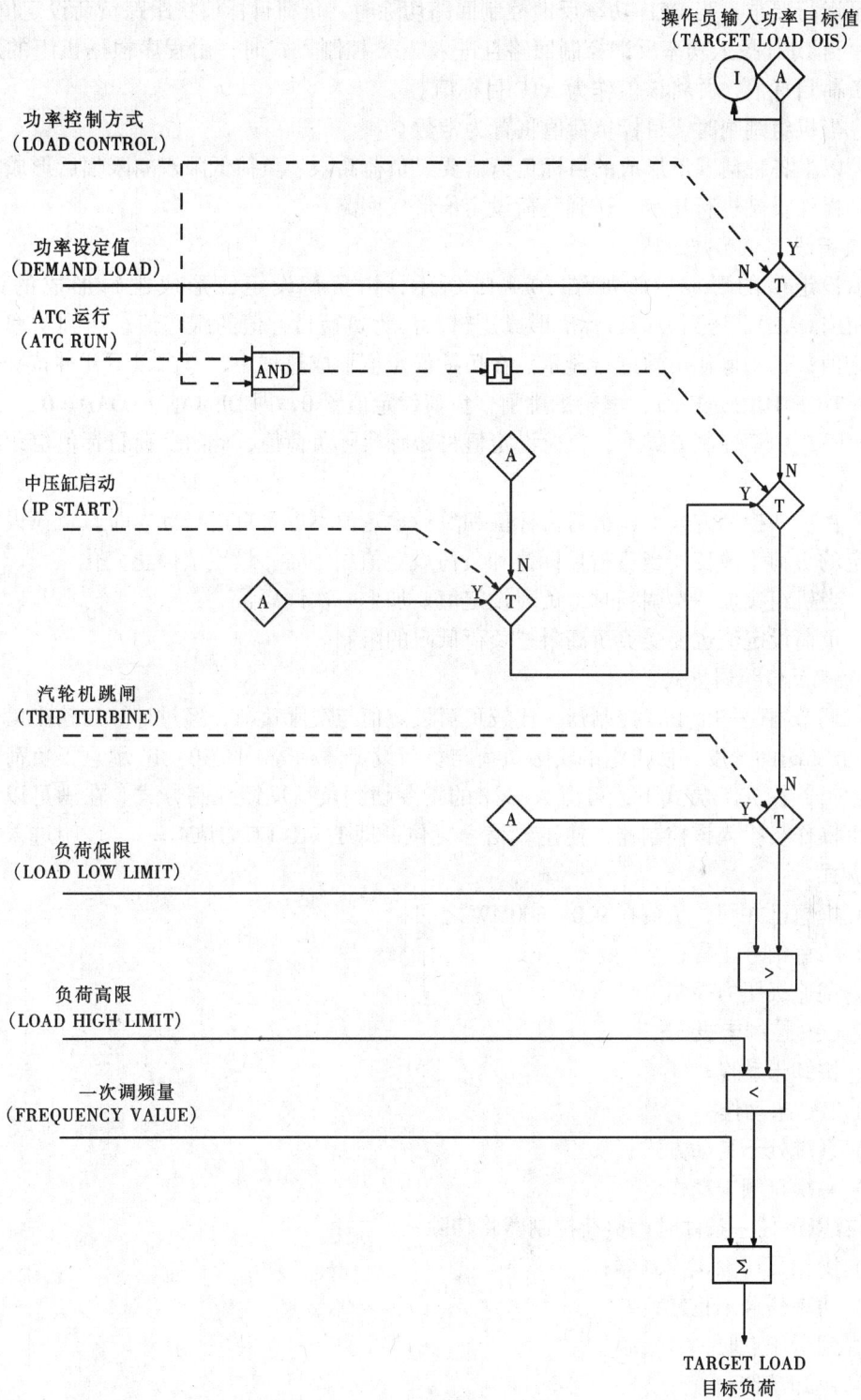

图 10 – 14 负荷目标值形成逻辑

荷，满足运行要求；当 DEH 功率反馈控制回路切除时，负荷目标值将跟踪负荷设定值。

（2）当 DEH 投入功率反馈控制回路且进入 ATC 控制方式时，由程序根据机组的启动方式给出负荷目标值，并将该值作为 ATC 目标值。

（3）当机组跳闸时，目标负荷值将置为常数 0。

（4）以上各种情况下形成的目标负荷值要经负荷高限、负荷低限双向限幅后形成目标负荷，送到操作员站进行显示，送到负荷设定值形成回路。

2．负荷设定值形成逻辑

负荷设定值的形成逻辑如图 10－15 所示，由负荷设定值形成逻辑形成的设定值（DEMAND LOAD），送到负荷目标值形成逻辑，作为负荷目标值的跟踪值；送到功率调节器作为给定值；送到操作员站进行显示。在负荷设定值形成过程中，考虑以下几种特殊情况。

（1）TRIP TURBINE = 1，汽轮机跳闸，负荷设定值置 0，即 DEMAND LOAD = 0。

（2）不在功率控制方式下，负荷设定值将跟踪实际负荷值，此时负荷目标值也跟踪实际负荷。

（3）在功率控制方式下，负荷目标值和负荷设定值不等且有进行标志时，负荷设定值将按照给定的负荷率改变；当负荷目标值和负荷设定值相等时，设定值停止变化。

（4）当机组参加一次调频时，负荷设定值要加上一次调频量。

（5）负荷设定值也要受负荷高限、负荷低限的限制。

3．负荷反馈控制方式

负荷调节器是一个 PID 控制器，比较负荷设定值与实际负荷，经过计算后输出信号控制 CV 阀和 ICV 阀的开度，使机组的实际负荷与负荷设定值相等。图 10－16 示意了负荷控制器的投切逻辑，在 ATC 方式下，可由 ATC 来的指令切到负荷反馈控制方式。在满足以下条件时，可由操作员投入该控制器，使逻辑信号置位，即 LOAD CONTROL = 1，表明进入负荷反馈控制方式。

（1）机组已并网，负荷在 9.0～300MW 之间；

（2）功率信号正常；

（3）调速级压力控制未投入；

（4）CCS 控制未投入；

（5）快卸未动作；

（6）TPC 未动作；

（7）系统处于自动方式；

（8）一次调频未动作。

当有以下任一条件时，负荷控制器将切除：

（1）操作员切除该控制器；

（2）功率信号不正常；

（3）到滑压点时；

（4）快卸动作；

（5）TPC 动作；

（6）自动方式切除；

（7）CCS 控制投入；

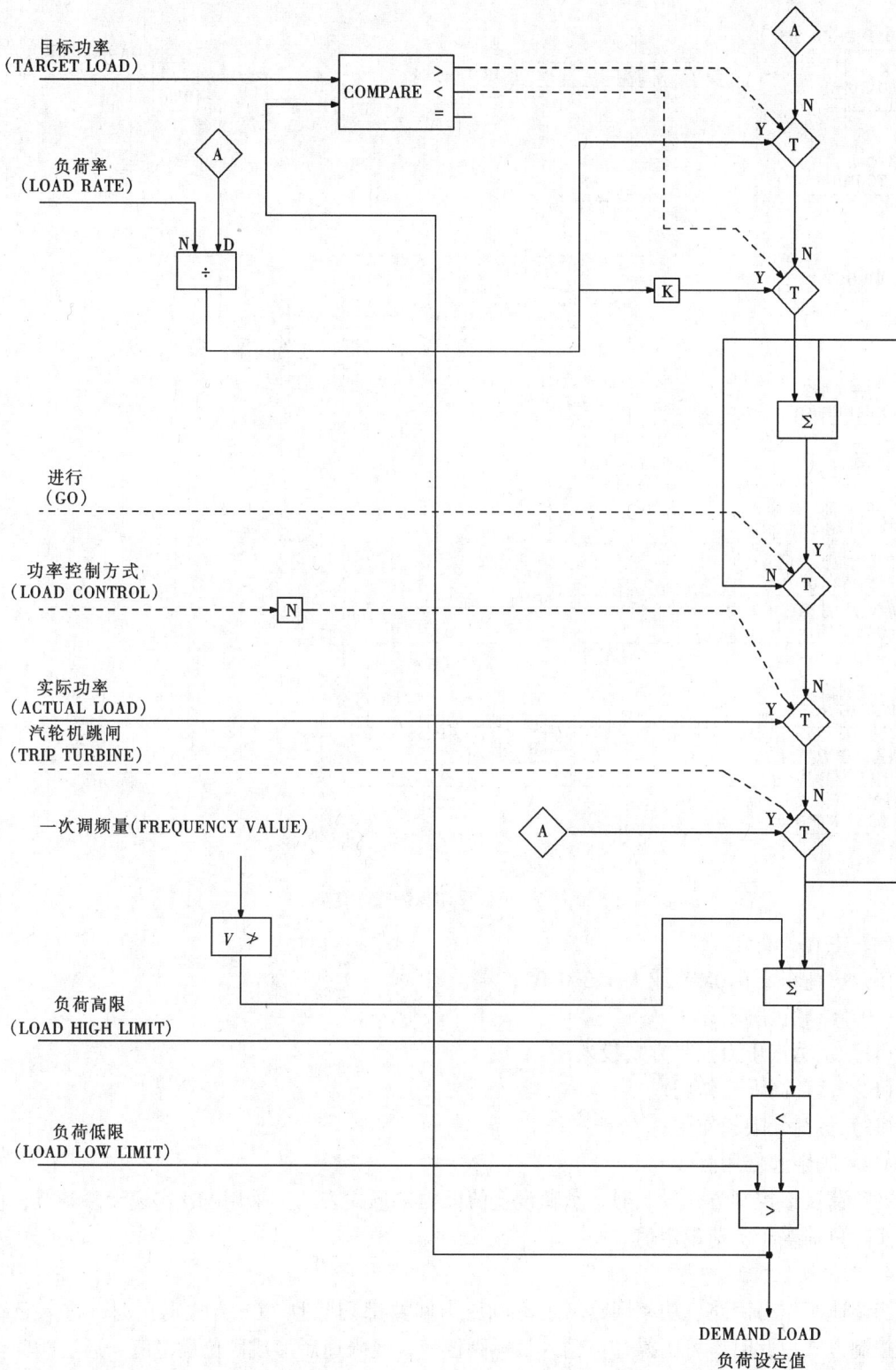

目标功率
(TARGET LOAD)

负荷率
(LOAD RATE)

COMPARE

进行
(GO)

功率控制方式
(LOAD CONTROL)

实际功率
(ACTUAL LOAD)

汽轮机跳闸
(TRIP TURBINE)

一次调频量(FREQUENCY VALUE)

负荷高限
(LOAD HIGH LIMIT)

负荷低限
(LOAD LOW LIMIT)

DEMAND LOAD
负荷设定值

图 10 – 15　负荷设定值形成逻辑

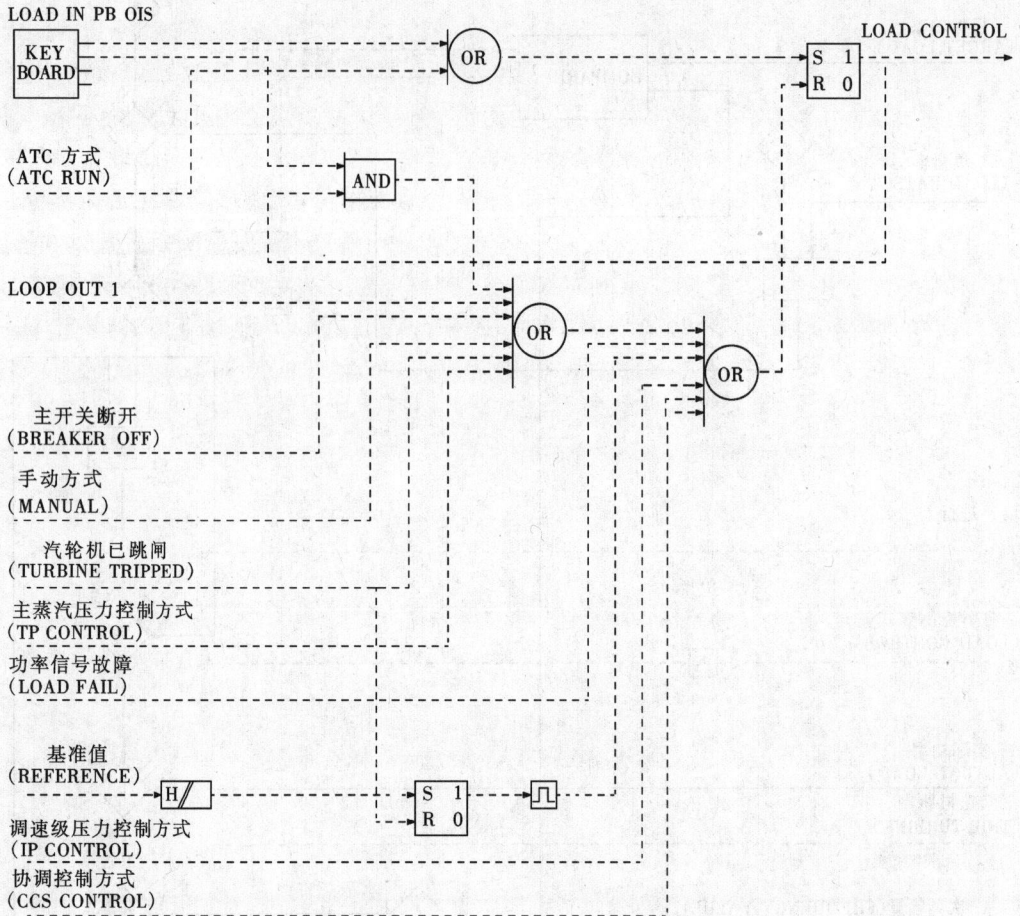

图 10-16 负荷反馈控制投切逻辑

（8）主开关断开；

（9）负荷小于 9.0MW 或大于 300MW；

（10）汽轮机跳闸；

（11）主蒸汽压力控制方式投入；

（12）负荷高限起作用；

（13）负荷低限起作用；

（14）阀限起作用。

在负荷反馈控制方式投入时，负荷设定值以 MW 形式表示。采用 PID 实现无差调节，稳态时实际负荷等于负荷设定值。

4．负荷阀位控制方式

当调速级压力回路、功率回路、主蒸汽压力回路都切除且 CCS 方式退出时，进入负荷阀位控制方式。此时，可由操作员输入目标阀位值，经限速后形成阀位设定值，通过阀门位置控制回路控制阀门的开度，进而控制机组的负荷，这是一种负荷开环控制方式。阀位方式逻辑如图 10-17 所示。由图可知，当以下条件同时满足时，进入阀位控制方式。

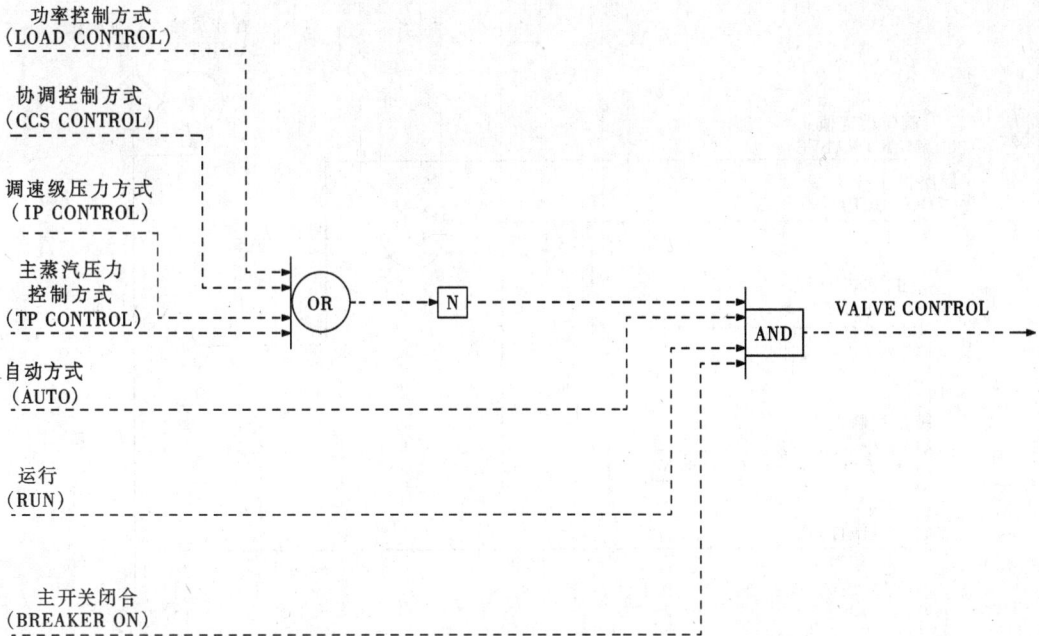

图 10 – 17　阀位控制方式逻辑

（1）RUN = 1，即进行标志置位；

（2）BREAKER ON = 1，即主开关已闭合；

（3）AUTO = 1，即处于自动方式；

（4）CCS CONTROL = 0，即不在协调控制方式；

（5）LOAD CONTROL = 0，即负荷反馈控制回路退出；

（6）TP CONTROL = 0，即主蒸汽压力反馈控制回路退出；

（7）IP CONTROL = 0，即调速级压力反馈控制回路退出。

目标阀位的形成逻辑如图 10 – 18 所示，由图可知，阀位目标值的形成原理为：

（1）当 DEH 处于阀位控制方式时，可由操作员输入目标阀位，经阀位设定值形成回路形成阀位指令，控制机组的实际阀位，进一步控制机组的功率，满足运行要求，此时负荷控制为开环方式。

（2）当 DEH 有以下几种情况时，阀位目标值将跟踪阀位设定值。

1）阀位控制方式退出；

2）主开关刚闭合；

3）负荷高限激活；

4）负荷低限激活；

5）RB 功能激活；

6）阀限起作用；

7）主蒸汽压力保护激活；

8）一次调频激活。

以上各种情况下形成的目标阀位值，要经阀限限制后形成阀位目标值，送到操作员站进

169

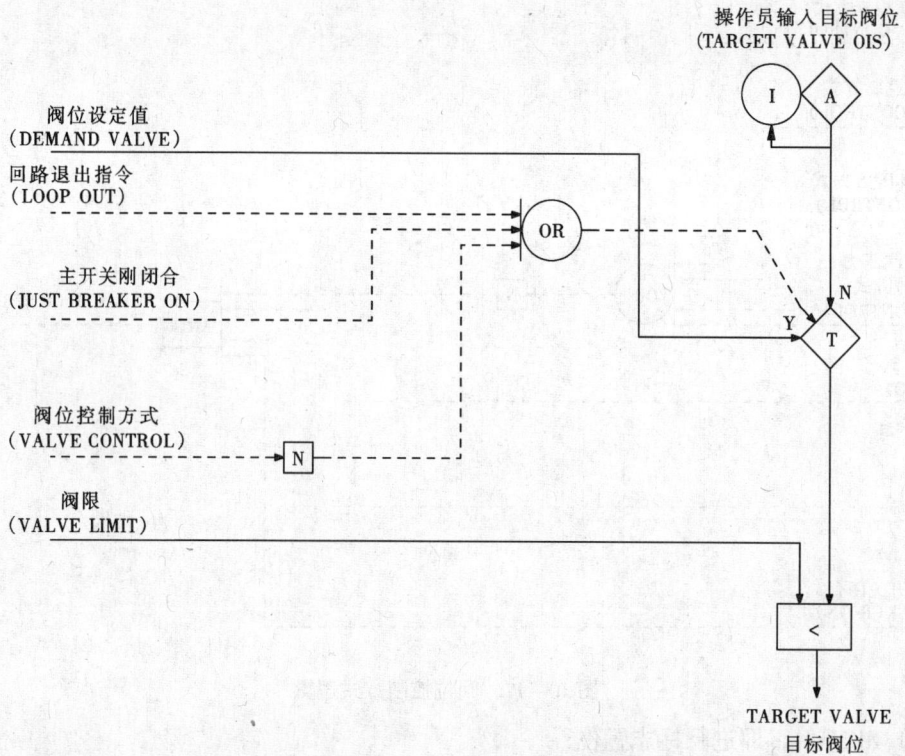

图 10 – 18　阀位目标值形成逻辑

行显示，送到阀位设定值形成回路。

阀位设定值的形成逻辑如图 10 – 19 所示。

由图 10 – 19 可知阀位设定值的形成原理。在机组并网后，处于阀位控制方式时，可由操作员输入目标阀位。当按下"进行"按钮进行标志置位时，阀位设定值以一定的速率向目标值变化。阀位设定值送到 PID 调节输出选择回路，形成自动指令（PIDOUT），进一步转换形成阀位基准值，送到阀门位置控制回路。主开关刚合上机组刚并网时，为了防止逆功，要使机组带上 3% ~ 5% 的初负荷，这个功能是通过阀位设定值的增加来实现的。一旦主开关闭合，阀位设定值将选择阀位基准值与主蒸汽压力的函数的和作为阀位设定值，函数 $F(x)$ 根据主蒸汽压力的大小，适时修正阀位设定值的大小。当有负荷低限激活且阀位基准值大于 20% 时，将使阀位设定值保持不变。

当不在阀位控制方式时，阀位设定值将跟踪阀位基准值（REFERENCE），这样实现阀位控制方式投入、切除时的无扰切换。

5. 阀位基准值的形成逻辑

阀位基准值的形成逻辑如图 10 – 20 所示。由图可知，阀位基准值是由自动指令（PIDOUT）、手动阀位基准值（MAN REFERENCE）、协调控制指令（CCS DEMAND）选择切换并叠加一次调频量经阀限限制后形成的。当进行主汽阀严密性试验时，将使阀位基准值置 100，使主汽阀关闭而使调节阀开启。当有以下任一情况时，将使阀位基准值置 0。

（1）超速限制 OPC 动作；

数字电液调节与旁路控制系统

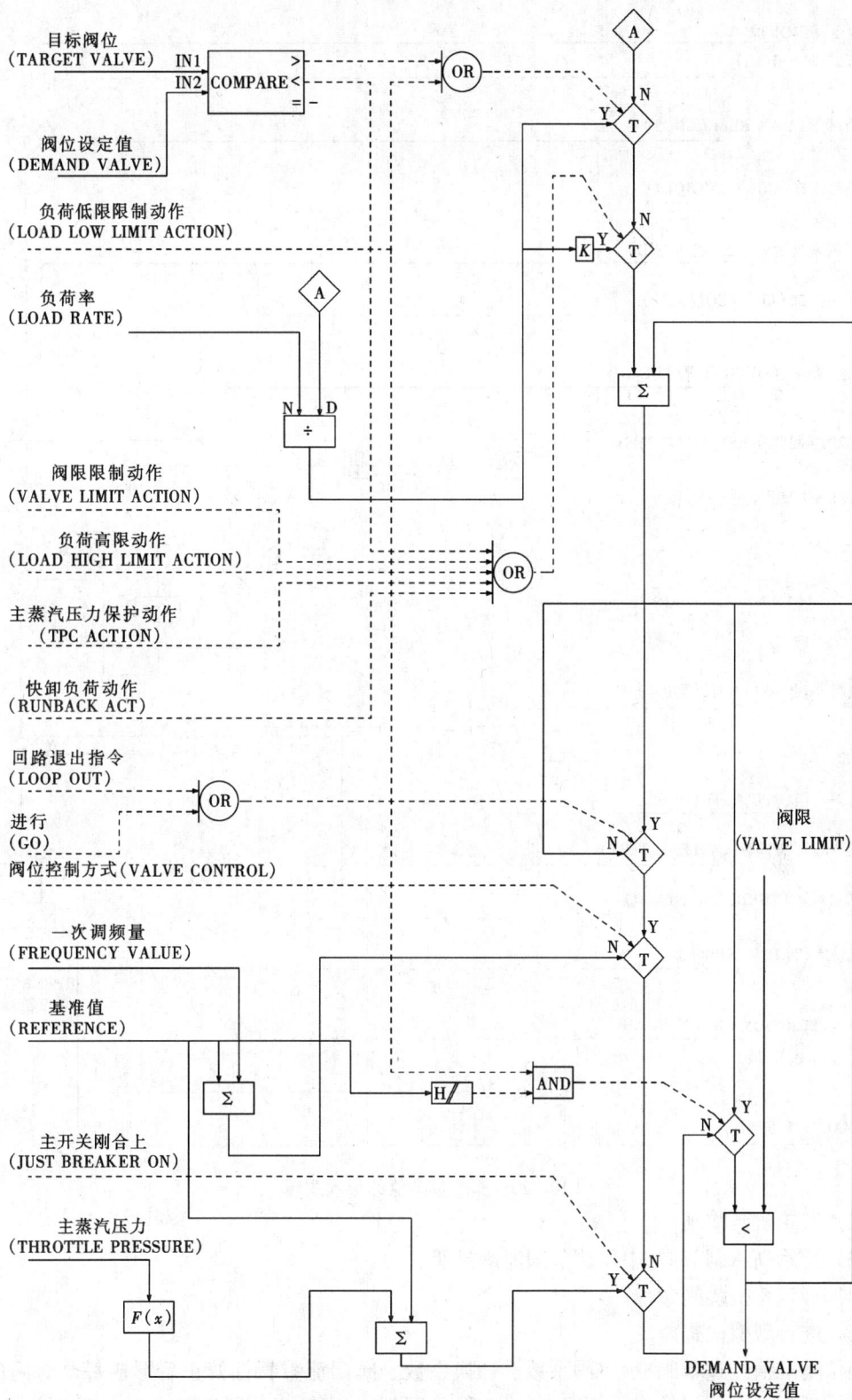

图 10 – 19　阀位设定值形成逻辑

第十章　其他汽轮机电液调节系统简介

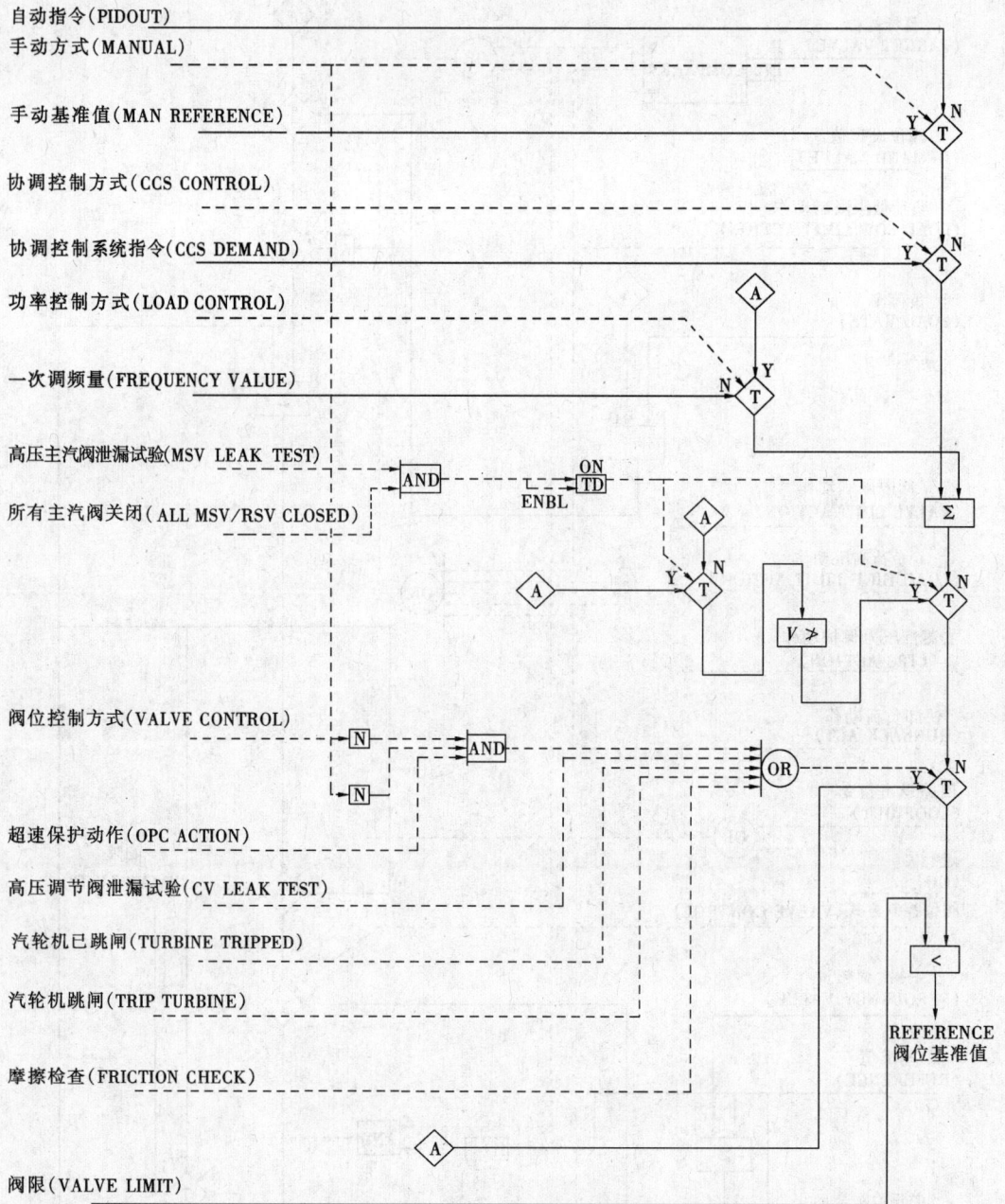

图 10-20　阀位基准值的形成逻辑

（2）汽轮机已跳闸；

（3）开始高压调节阀/中压调节阀泄漏试验；

（4）有汽轮机跳闸命令；

（5）进行摩擦检查。

阀位基准值经过单阀/顺序阀系数、切换系数、阀门流量特性修正后形成每个阀门的阀位指令，送到各个阀门的液压伺服卡。由液压伺服卡实现阀门位置控制功能，输出控制电流到电液伺服阀，使阀门开度发生变化，当实际阀位与阀位指令相平衡时，阀门开度不再改变。

第二节　西门子 T – XP DEH 系统 ⇨

某电厂的 660MW 汽轮发电机组由 SIEMENS 公司制造，汽轮机为 HMN 系列的单轴四排汽纯凝汽式反动式汽轮机。每台汽轮机设计有七段轴汽，分别向两台高压加热器、一台除氧器、四台低压加热器供汽。系统设计有两台 100% 容量的凝结水泵，两台 50% 容量的凝结水精处理泵，两台 50% 容量的汽轮机驱动给水泵和一台 35% 容量的电动给水泵，一个 40% 容量的高压旁路站和一个 30% 容量的低压旁路站。

该电厂的原则性热力系统图如图 10 – 21 所示。从锅炉来的主蒸汽，通过两根主蒸汽管道将蒸汽输送到高压汽轮机的主截止阀和控制阀前，按照汽轮机控制系统的要求，开启阀门到一定开度，控制进入汽轮机的蒸汽量。高压汽轮机排汽通过再热冷段管道系统送至锅炉再热器入口。为了防止再热系统超压，在冷段管路上装有六只安全阀，经再热器出口联箱，将再热蒸汽经过再热管道及再热汽截止阀和控制阀进入中压汽轮机。

高压减温减压站管路系统与主蒸汽管相连。高压旁路的容量为 40%VWO 工况下的主蒸汽流量。在汽轮机启动、跳闸或锅炉产生的汽量大于汽轮机需求量时，主蒸汽经过减压和喷水减温后通过再热冷段管道系统送回再热器。从锅炉出来的再热蒸汽经过再热热段管道系统和 30%VWO 工况的低压旁路站送至汽轮机凝汽器。在汽轮机正常运行工况下，高压旁路、低压旁路系统应保持热备用状态。

在汽轮机正常运行时，两台由汽轮机驱动的 50% 容量锅炉给水泵从除氧器水箱通过高压加热器向锅炉给水，一台 35% 容量的电动给水泵用于机组启动和作为给水泵的备用泵。每台给水泵都设有前置泵。

汽轮机采用改进的滑压运行方式，在 0 ~ 40%BMCR 和在 95% ~ 100%BMCR 工况范围内为定压运行方式，在 40% ~ 95%BMCR 范围内为滑压运行方式。

汽轮机的调节采用节流调节。高、中压汽轮机分别设置有两个蒸汽调节阀，用来调节进入汽轮机的蒸汽量。

该机组的汽轮机控制系统由数字汽轮机控制器（DTC）、汽轮机应力估算器（TSE）、电子保护系统（EPS）和汽轮机跳闸系统（TTS）等组成。

一、数字汽轮机控制器（DTC）

数字汽轮机控制器（DTC）的功能是在所有工况下通过汽轮机调节阀调整进入汽轮机的蒸汽流量，实现转速、负荷和机前压力的自动控制。它是一种电液型的调节系统，控制功能完全由计算机完成，而控制阀的操纵力是由液压产生的。数字汽轮机控制器（DTC）的组成原理如图 10 – 22 所示，它包括以下调节器。

(1) 转速/负荷调节器 NPR；

(2) 主蒸汽压力调节器 FDPR；

(3) 高压汽轮机叶片温度调节器 HBTR；

(4) 高压汽轮机叶片压力调节器 HBDR；

(5) 阀位调节器 FD1R、FD2R、AF1R、AF2R。

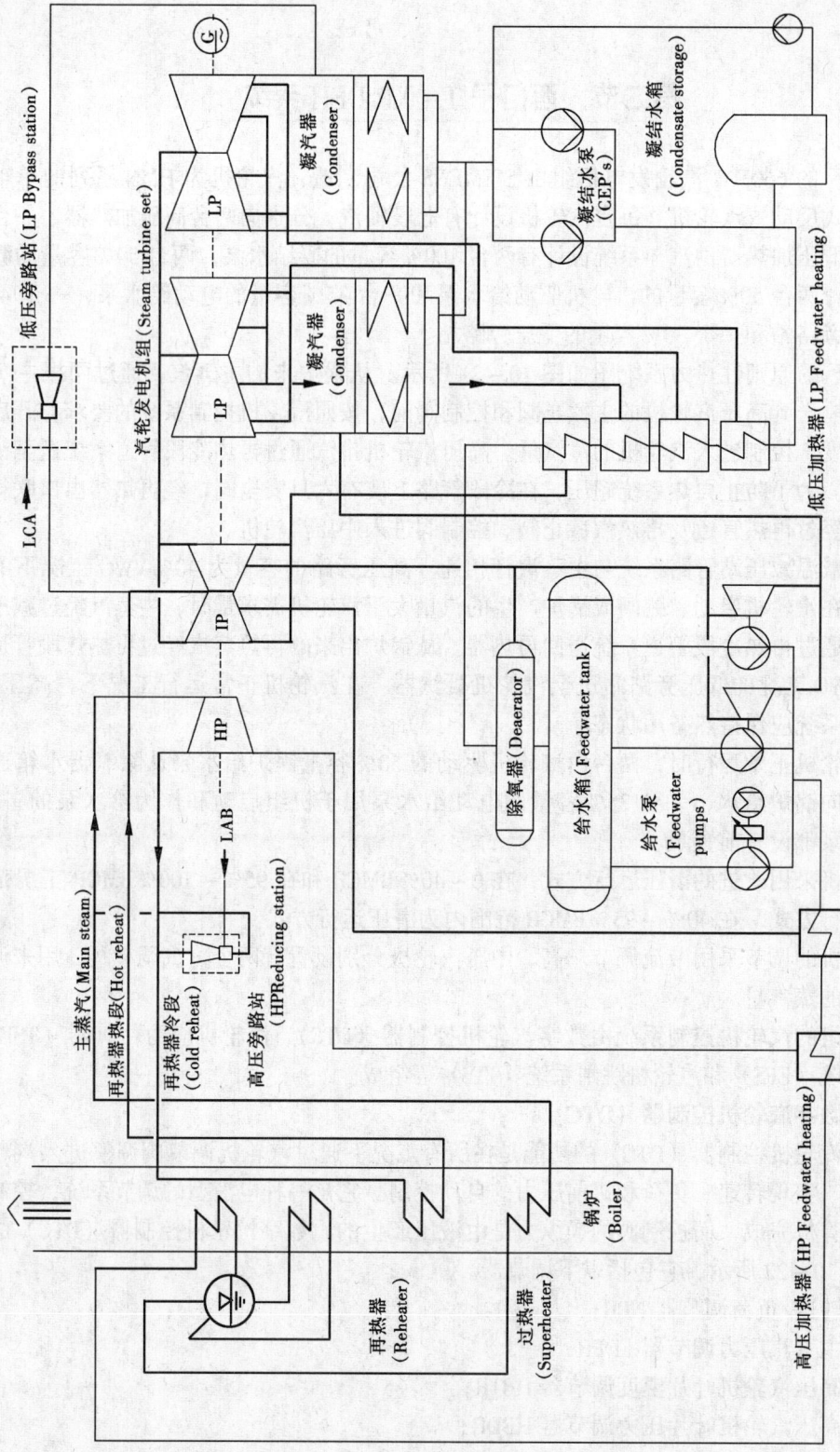

图 10-21 热力系统图

主蒸汽(Main steam)
再热器热段(Hot reheat)
再热器冷段(Cold reheat)
高压旁路站(HPReducing station)
LAB

低压旁路站(LP Bypass station)
LCA

汽轮发电机组(Steam turbine set)
HP
IP
LP
LP

凝汽器(Condenser)
凝汽器(Condenser)

凝结水泵(CEP's)
凝结水箱(Condensate storage)

除氧器(Deaerator)
给水箱(Feedwater tank)
给水泵(Feedwater pumps)

低压加热器(LP Feedwater heating)
高压加热器(HP Feedwater heating)

再热器(Reheater)
过热器(Superheater)
锅炉(Boiler)

数字电液调节与旁路控制系统

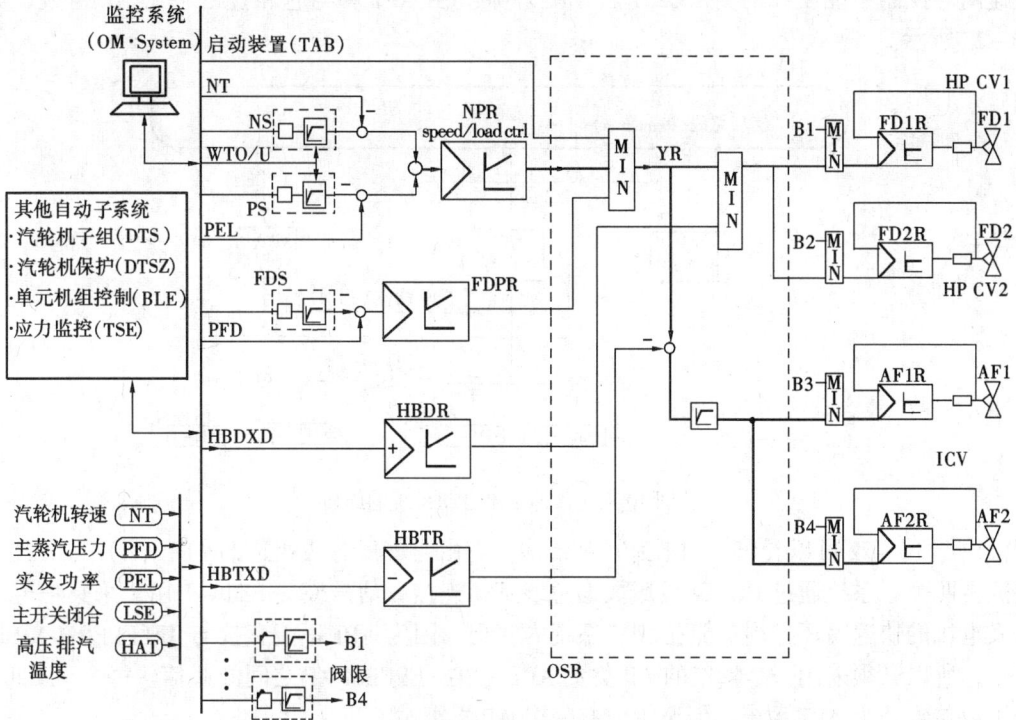

图 10 – 22　数字汽轮机控制器（DTC）的组成原理

当汽轮机升速时实现转速控制，将转速偏差信号送到转速/负荷复合调节器 NPR 的入口；机组同步并网后，自动地转为负荷控制，即把负荷偏差送到转速/负荷调节器的入口。转速/负荷调节器的设定值在 DTC 内通过设定值控制器产生。

压力控制有两种运行模式，即限制压力方式和初始压力方式，限制压力方式适用于锅炉跟随汽轮机；初始压力方式适用于汽轮机跟随锅炉。压力调节器的设定值在机组控制器中设定。

转速/负荷调节器的输出和压力调节器的输出送到小选模块，小选模块的输出作为公共的设定值送到阀位调节器，去控制实际阀位。阀位调节器的任务是按照汽轮机的运行模式使流过阀门的蒸汽流量和阀门的位置指令相对应。

DTC 的特点如下：

（1）在所有的运行阶段，如汽轮机启动、停机、并网运行、独立运行等阶段，DTC 均能保证稳定运行。

（2）DTC 能适应发电机解列时的全甩负荷。

（3）DTC 具有一次调频功能，调频特性的增益和死区可根据电网的需要分别设定。调频功能可以从主控制室投入或切除。

（4）DTC 能够接受来自汽轮机应力估算器 TSE 的限制信号，保证汽轮机在启动、升负荷、降负荷时的热应力控制在允许的范围内。

（5）DTC 可由以 CRT 为基础的操作和监视系统 OM 进行操作和监视。

DTC 使用的是冗余结构的快速响应数字系统 AS620T，AS620T 系统是为汽轮发电机组的快速闭环控制系统设计的。AS620T 自动处理系统由 APT 和与它相连的一个 AP 组成，如图 10－23 所示。

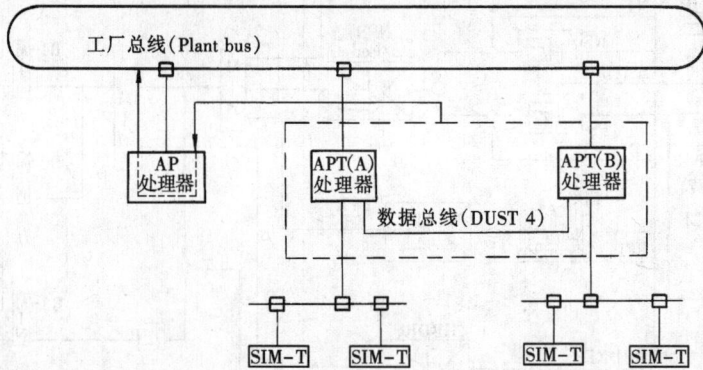

图 10－23　AS620T 自动系统的组成

由图 10－22 可以看出，APT 为冗余结构，它由与电厂总线相连的 APT（A）与 APT（B）组成。两个子系统通过 DUST4 局域数据总线互相连接，信号模件 SIM－T 用于采集信号。汽轮发电机的快速闭环控制功能在 APT 系统内实现。因为 APT 不能直接与 TELEPERM XP 进行通信，所以必须采用一个特定的 AP 负责 APT 与 TELEPERM XP 之间的通信。每个 AS620T 系统可以包含几个 APT 系统，但至少应有一个 AP 高级站。

二、汽轮机应力估算器（TSE）

汽轮机的启动过程是将转子由静止或盘车状态加速至额定转速并带负荷正常运行的过程。汽轮机冷态启动时，转子和汽缸温度等于室温，而正常运行时，转子汽缸的温度很高，如调速级处的温度可达到 500℃左右。这就是说，在整个启动过程中，调节级处的金属温度要升高 475℃。因此，汽轮机的启动，从传热学观点来说是一个不稳定导热过程。汽轮机的停止则与此过程相反，是汽轮机各部件的不稳定冷却过程。由于温度变化引起的零件变形称为热变形，如热变形受到约束，则在物体内就会产生应力，这种应力称为热应力。如果物体的热膨胀受到约束，则物体内将产生压缩应力；如果物体的冷却收缩受到约束，则物体内产生拉伸热应力。如果在加热或冷却时物体内的温度是不均匀的，这时即使物体两端没有约束，物体各部分的膨胀或收缩也是不相等的，相互间也会互相约束，使各部分产生热应力，高温区受到压缩热应力，低温区受到拉伸热应力。因此，当零件内部有温差时，就会产生热应力。

汽轮机应力估算器（TSE）用来计算汽轮机运行过程中各部件的最大应力并与规定的极限值比较。这样，一方面可以减小热应力对汽轮机寿命的影响。TSE 构成汽轮机监视系统的一部分，可优化操作，允许最大的操作灵活性，保证启停和变负荷运行应力不超过允许极限值。另一方面还具有应力控制功能。从测量得到的温度和仿真计算得到的温度可以获得温差，这些温差与允许的材料应力值比较，得到温度裕量，各个不同部件的温度裕量的最小值作为非稳态操作时的参考变量。该参考变量被送到与 DTC 相关的设定值控制器中，通过限制转速变化率、负荷变化率使机组的应力限制在一个允许的范围内。除此之外，还可按照汽轮机的热力工况而产生各种极限值作为连续准则（X－准则）去自动控制汽轮机的启动；还可根据汽轮机部件的当前温度裕量确定最佳主蒸汽/再热蒸汽温度目标设定值。

TSE 基本功能储存在中央自动处理器 AP 的程序模块中，测量数据经输入/输出模块送到 AP 中。被监视的汽轮机部件在程序结构中作为"计算通道"进行处理。

TSE 的功能如图 10-24 所示。为了防止汽缸、阀体或轴等汽轮机部件由于蒸汽温度发生变化引起的热应力超出允许范围，可采取测取这些部位的表面温度和中间温度，获得温差，以温差来表征热应力的方法。这些温差与允许的材料应力值比较，得出温度裕量，将其中的温度裕量最小值作为非稳态操作时的参考变量。这个参考变量输入到汽轮机控制系统（DTC）中的设定值控制回路，影响速度或负荷的变化率，从而达到控制应力的目的。温度裕量在操作与监控（OM）系统中显示。

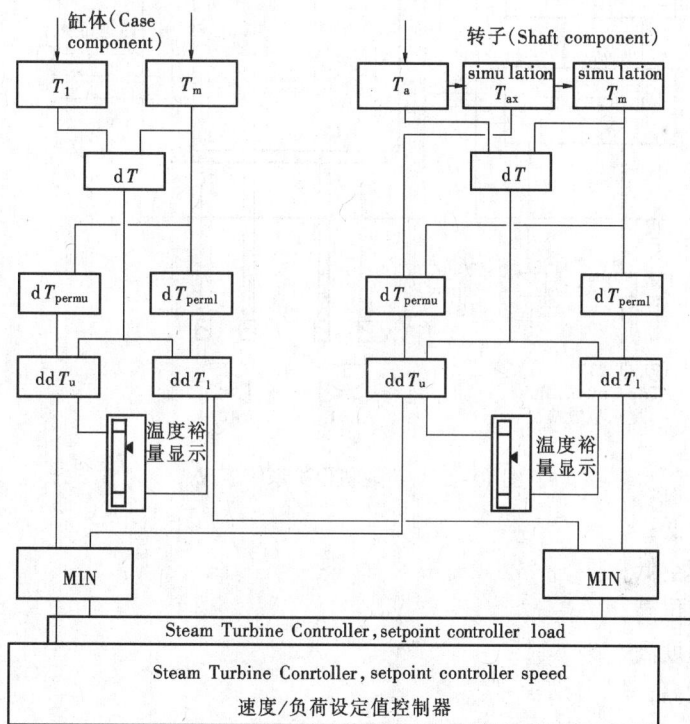

图 10-24　TSE 的功能

三、汽轮机保护系统

一般来说，汽轮机保护系统由信号检测、电子保护逻辑和液压跳闸回路组成。现以某 660MW 机组为例，讲述其保护系统，该保护系统由 EPS、TTS 和 EHA 跳闸电磁阀三部分组成，如图 10-25 所示。汽轮机电子保护系统（EPS）由带有变送器的数字保护电路、电子输入/输出模件和高可用性的自动控制装置组成。按照设定的极限值来监控汽轮发电机组的基本跳闸参数，如果发现这些参数接近越限，首先发出预跳闸报警信号；如果参数继续越限直至达到其跳闸值，则发出汽轮机跳闸信号；所有的跳闸信号，例如从 EPS、发电机保护电路、跳闸按钮等来的跳闸信号由汽轮机跳闸系统（TTS）送到电液执行机构上专用的电磁阀。该 660MW 机组的汽轮机保护准则有：

（1）超速保护；

（2）汽轮机轴位移超限；

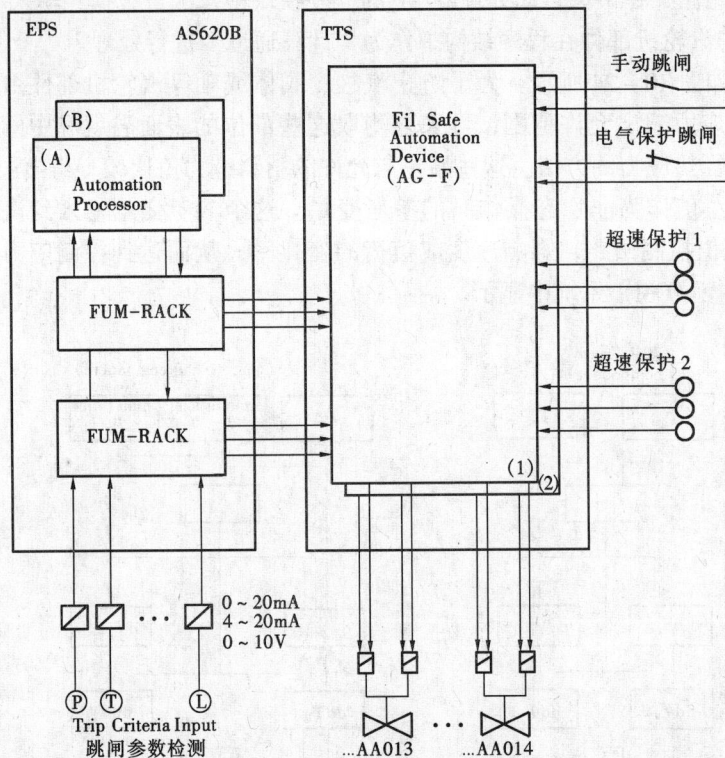

图 10 - 25　汽轮机保护系统组成

(3) 润滑油压低；

(4) 凝汽器真空低；

(5) 凝汽器液位高；

(6) 排汽缸温度高；

(7) 轴承温度高；

(8) 轴承振动大；

(9) 就地手动跳闸按钮的二进制输入；

(10) 在控制室远方手动跳闸按钮的二进制输入。

汽轮机保护系统的设计按照 TELEPERM XP AS620B 高可用性的自动控制装置来进行。依照不同的保护参数，汽轮机保护系统可细分为双通道冗余或三通道冗余保护电路。来自汽轮机保护电路的跳闸信号经汽轮机保护系统的或门逻辑电路选定后，再送入汽轮机跳闸系统。汽轮机跳闸系统采用了由 SIMATIC S5 - 95F 元件组成的故障—安全型自动控制装置 AG - F。每个可编程控制器 AG - F 都由两个基本控制单元组成，用光缆将他们相互连接起来。这两个基本控制单元同步工作，使用同样的用户程序。为了增加系统的可靠性，采用了两套完全一样的自动控制装置 AG - F。汽轮机跳闸系统由汽轮机保护系统来控制，由于采用了多重冗余措施，可有效的防止误动和拒动。由汽轮机跳闸系统发出测试信号，可对汽轮机保护信号循环检测。如检测出故障，将送入操作和监视系统进行报警。

四、液压执行机构

该 660MW 机组的高压油系统（MAX）担负着为汽轮机调节阀、截止阀、旁路控制阀和截止阀的执行机构提供压力油的任务。它有下列部分组成：

（1）液压动力单元，包括高压变量油泵、控制油箱、压力释放阀、循环泵、空冷器、滤网和压力蓄能器等。

（2）油管路系统，每一组 ESV/CV 阀只用一根压力油管（P）和一根回油管（T）。

奥氏体不锈钢管子从高压油供油单元到不同的执行机构，漏油和回油通过双管流回油箱。由于伺服阀组直接用法兰连接到不同的执行器上，液压排油可直接引入活塞后腔，所以回油管设计的较小，控制油采用抗燃油。

供油单元向电液执行机构提供压力稳定的压力油，为满足冗余要求和延长机组的服务寿命，装有两台泵进行供油，一台泵备用，一台泵运行。为了机械过滤和维持控制油的化学品质，提供了单独的过滤和再生回路，通过循环油泵和风机提供两个独立的冷却回路。冷却风机的启停由油箱的温度传感器进行控制。

在 DTC 中，由阀门位置控制器得到的输出信号送到电液伺服阀。在电液伺服阀中，经力矩电动机把一个小的电流信号转换为成比例的机械位移，再由液压喷射挡板放大器将挡板的位移转化成压差，由此压差来控制第二级滑阀，滑阀的左右移动使高压油进入油动机将阀门开启或使油动机里的油排出使阀门关闭。调节阀（CV）的开启、关闭时的情况分别如图 10－26、图 10－27 所示。当油动机活塞移动时，位移传感器将油动机活塞的机械位移转换成电气信号作为反馈信号送到 DTC 中的阀门位置控制器，当实际阀位与阀位指令相等时，位置控制器的输出为零，使喷射挡板回到中间位置，滑阀也回到中间位置不再有高压油进入油动机或使压力油自油动机下腔排出，此时阀门停止移动，停留在一个新的平衡位置。

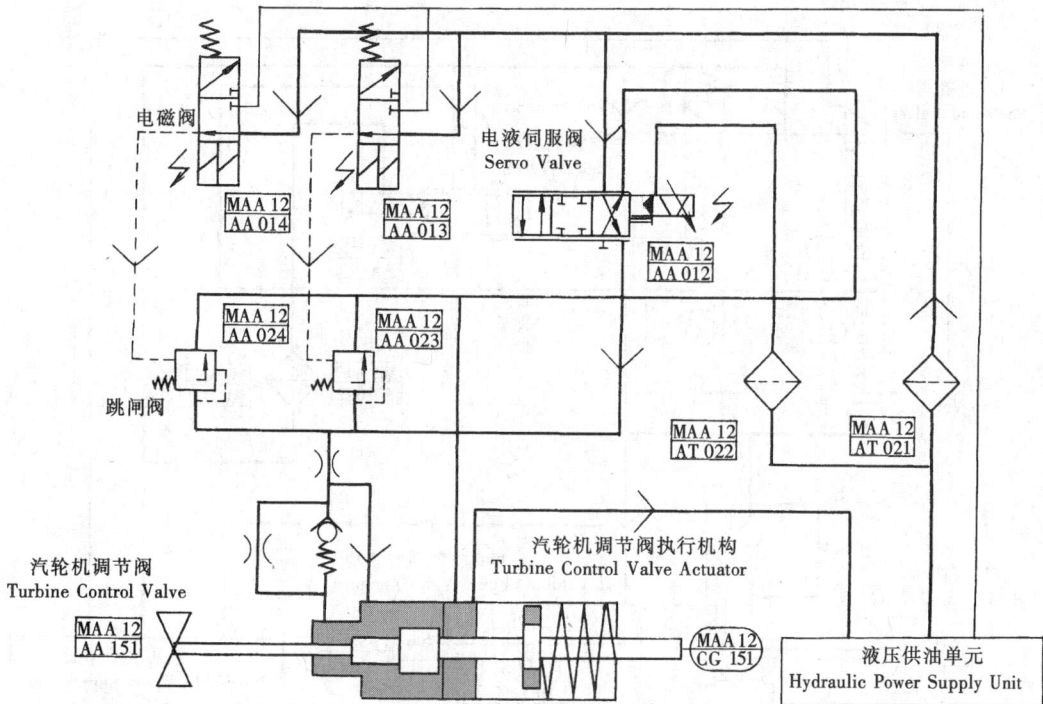

图 10－26　调节阀执行机构（开启）

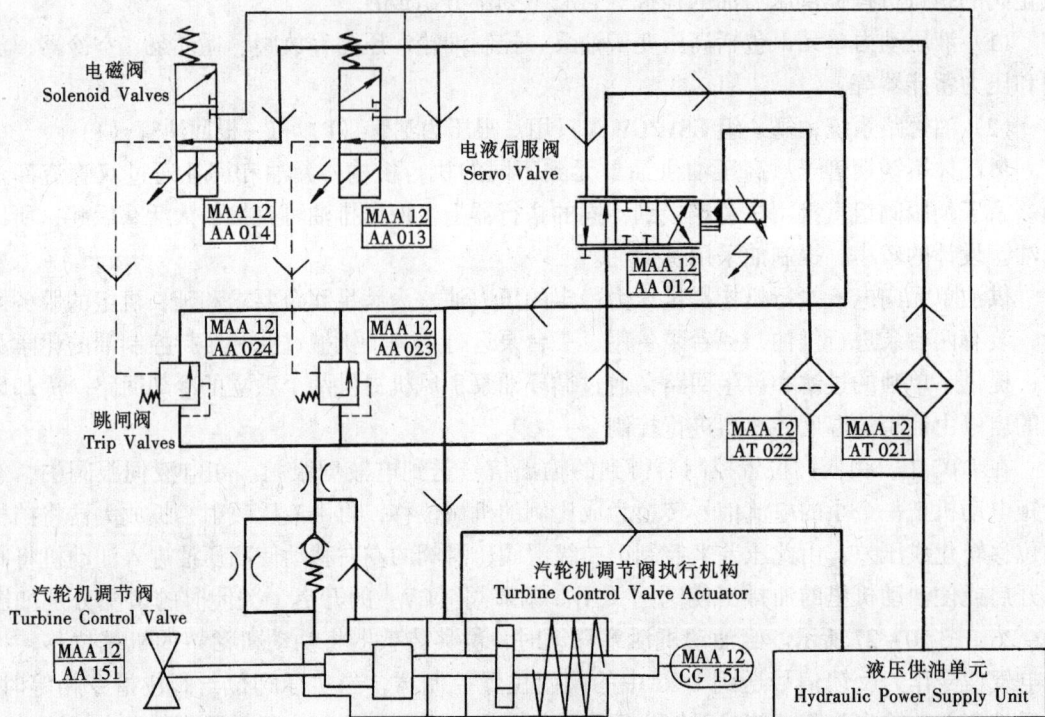

电磁阀 Solenoid Valves
电液伺服阀 Servo Valve
MAA 12 AA 014
MAA 12 AA 013
MAA 12 AA 012
MAA 12 AA 024
MAA 12 AA 023
跳闸阀 Trip Valves
MAA 12 AT 022
MAA 12 AT 021
汽轮机调节阀执行机构 Turbine Control Valve Actuator
汽轮机调节阀 Turbine Control Valve
MAA 12 AA 151
MAA 12 CG 151
液压供油单元 Hydraulic Power Supply Unit

图 10－27　调节阀执行机构（关闭）

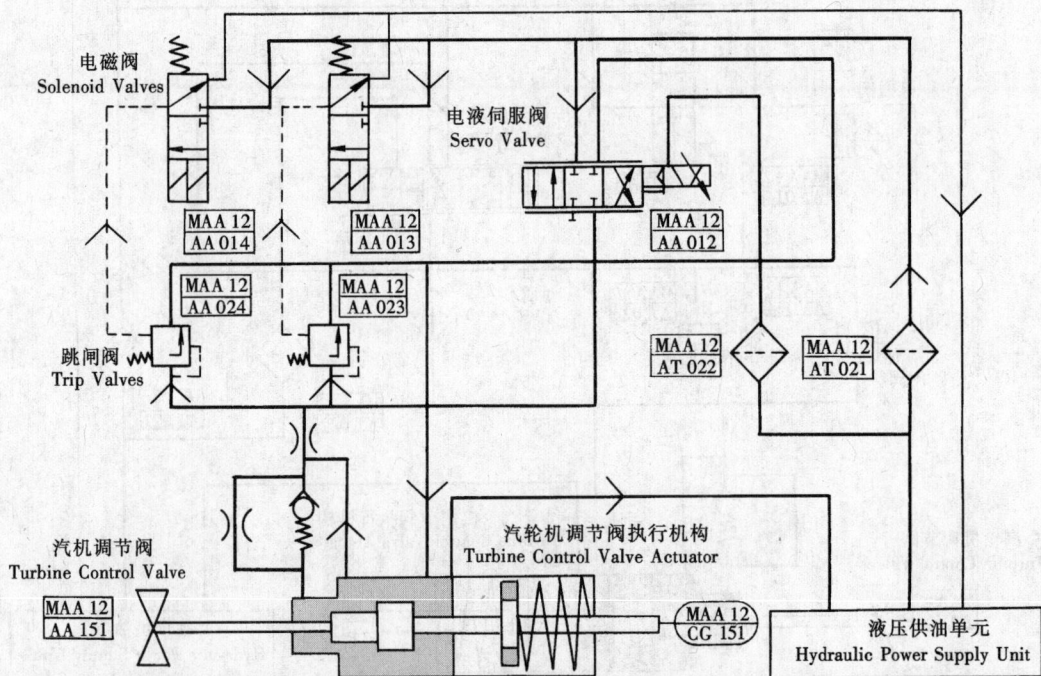

电磁阀 Solenoid Valves
电液伺服阀 Servo Valve
MAA 12 AA 014
MAA 12 AA 013
MAA 12 AA 012
MAA 12 AA 024
MAA 12 AA 023
跳闸阀 Trip Valves
MAA 12 AT 022
MAA 12 AT 021
汽轮机调节阀执行机构 Turbine Control Valve Actuator
汽机调节阀 Turbine Control Valve
MAA 12 AA 151
MAA 12 CG 151
液压供油单元 Hydraulic Power Supply Unit

图 10－28　调节阀执行机构（跳闸）

数字电液调节与旁路控制系统

汽轮机调节阀打开之前，用于汽轮机跳闸的两个跳闸阀一定要关闭，以使油动机升压，为使跳闸阀关闭，跳闸电磁阀应该带电，接通高压供油，使高压油作用于跳闸阀，断开回油管。

调节阀执行机构主要由滤网、电液转换器、电磁阀、油动机、位移传感器等组成。

所有阀门的执行机构都有两个电磁阀和两个跳闸阀，他们按二选一方式工作，即只要有一个电磁阀失磁，就会使一个跳闸阀打开，泄掉油动机里的压力油，使阀门关闭。每个电磁阀装有两个分离的线圈，每个线圈都与跳闸系统之一相联系。一个线圈通电可使电磁阀处于非跳闸位置，只有两个跳闸系统都动作时，才会使汽轮机跳闸。这种设置可有效地防止拒动和误动，提高保护系统的可靠性。

电磁阀激磁时，对应的跳闸阀关闭，阀门在电信号的作用下才能开启，电磁阀失磁时，相应的跳闸阀打开，使控制阀关闭。汽轮机跳闸时，调节阀的液压回路如图 10 – 28 所示。跳闸阀的工作原理如图 10 – 29 所示。

A = 工作油路
P = 压力油路
X = 外部控制信号

—图符

"OPEN"position：
"开"位置

"Close" position：
"关"位置

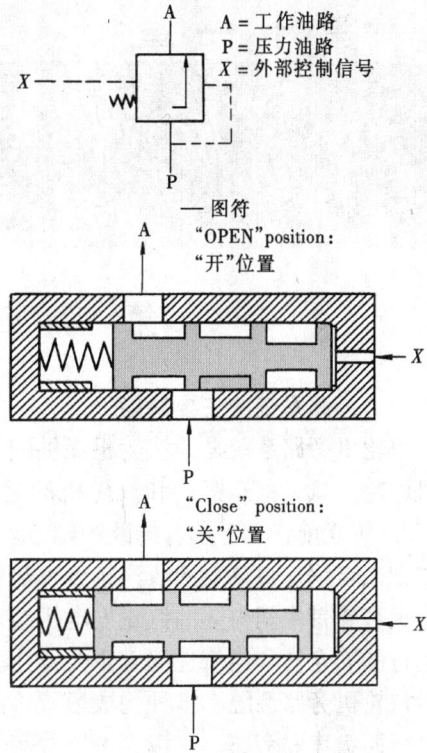

图 10 – 29　跳闸阀的工作原理

第十一章

旁路控制系统

第一节 旁路系统概述 ⇨

一、旁路系统的主要功能

汽轮机旁路系统是为汽轮机提供的一条旁路通道，用它来适时地平衡锅炉的产汽量和汽轮机的耗汽量，稳定锅炉和汽轮机的运行。汽轮机旁路系统首先用于欧洲的直流炉中，20世纪80年代前，几乎所有的欧洲国家均使用了高低压汽轮机旁路系统，包括汽包炉。高压旁路把来自锅炉过热器的蒸汽排到再热器；低压旁路把再热器的蒸汽排到凝汽器。现今高参数、大容量带中间再热的汽轮发电机组，都配置了功能完善的旁路系统，旁路系统对提高机组运行的安全性和经济性起着重要作用。

汽轮机旁路系统有多种构成形式：高压旁路串联低压旁路，再并联大旁路的三级旁路；高低压两级串联旁路；一级大旁路等等。现在大型单元机组都采用高、低压两级串联的旁路形式，典型的 300MW 机组热力系统总貌及两级串联旁路系统如图 11-1 所示。高压旁路连接主蒸汽管道和再热器入口管道（再热器冷段），可以使流经高压汽轮机（高压缸）的蒸汽旁路。低压旁路连接再热器出口管道（再热器热段）和凝汽器，旁路流经汽轮机中、低压缸的蒸汽。高压旁路系统布置有高压旁路减压减温站（高压旁路减温减压阀）、高压旁路喷水控制阀、高压旁路喷水截止阀等。低压旁路系统布置有低压旁路站，由低压旁路减压阀、低

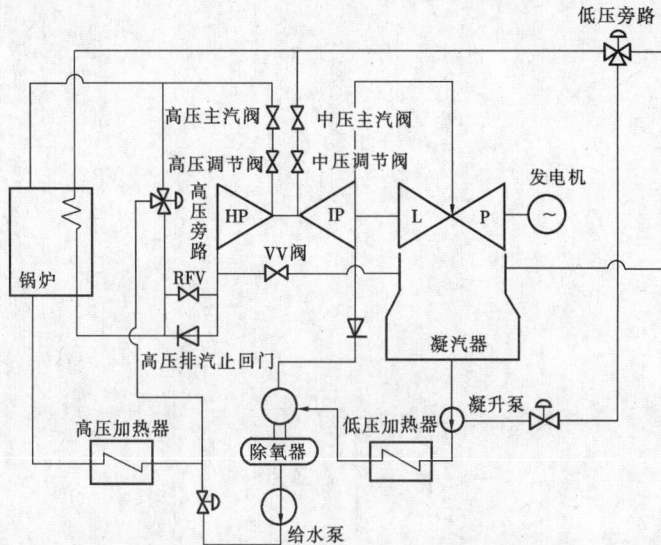

图 11-1 热力系统总貌及旁路系统

压旁路截止阀、低压旁路喷水控制阀以及低压旁路减温器等组成。

根据各机组的不同情况，汽轮机旁路系统的旁路容量有多种选择，300MW 及以上的单元机组旁路系统多采用 30% ~ 40% 旁路容量系统，如华能榆社电厂就采用 40% B - MCR 容量的 2 级串联旁路加 3 级减温的旁路系统。

个别对安全性要求更高的机组（如核电机组）也有采用 100% 旁路容量的系统，100% 旁路容量的机组，锅炉可以不装设过热器安全门，当机组发生 FCB 工况时，蒸汽全部排入凝汽器，不用对空排汽。

现在的旁路系统是由早期的机组启动旁路系统（5% 左右）发展而来的，旁路系统的日臻完善完全是以达到机组安全、经济运行为目的。汽轮机旁路系统应具备以下主要功能。

（1）实现单元机组的滑压启动和滑压运行。单元机组滑参数启动过程应严格按照启动曲线的要求进行，单元机组提供四种启动方式，即冷态启动、温态启动、热态启动和极热态启动，并提供了相应的启动特性曲线，启动过程中，旁路系统配合汽轮机控制系统 DEH 共同满足这一要求。冷态启动时，旁路系统投入后可以加快锅炉升温、升压过程，缩短启动时间。热态启动时，可以用旁路系统控制蒸汽温度，使主蒸汽温度尽快与汽轮机金属温度匹配，减小机组热应力，加快启动速度，对于采用中压缸启动的机组，启动过程中必须投入旁路系统，以旁路汽轮机高压缸蒸汽流量，控制中压缸进汽温度和压力，满足启动参数要求。

当机组由定压运行转入滑压运行时，如果机组负荷变化幅度较大，可以用旁路系统协助锅炉来调节蒸汽流量，控制蒸汽压力，满足机组滑压运行的要求。

（2）保护再热器。正常运行时，汽轮机高压缸排汽送入锅炉再热器进行再次加热，在工质再热的同时，又冷却了再热器。若运行中发生汽轮机跳闸或 FCB 工况而大幅度甩负荷时，汽轮机高、中压汽阀迅速关闭，高压缸没有蒸汽排出，使再热器处于干烧状态。为了保护再热器，避免干烧，要快速开启旁路系统，让蒸汽进入再热器，对其进行冷却。对于发生 FCB 工况时要维持带厂用电运行的机组，由于蒸汽负荷的大幅度下降，旁路系统快开后，可以保护再热器不使其超温。

（3）改善锅炉的运行条件。当机组发生 FCB 工况，汽轮发电机只带厂用电运行时，旁路系统应快速全开，旁路过量的蒸汽，使锅炉能逐渐地调整负荷，能保持在最低负荷下稳定运行，为锅炉提供一个相对独立的运行环境。一旦故障排除，机组可迅速恢复发电。

在发生 RUNBACK 工况时，旁路的开启也能排出锅炉产生的余量蒸汽，协助锅炉快速调整负荷。

（4）回收工质，减少对空排气，提高运行的经济性。在启动过程中，旁路系统除了可以通过热力循环加快工质参数的提高，缩短启动过程的时间外，同时也起到了回收工质的作用。另外，当运行中发生锅炉出口蒸汽压力过高时，旁路开启可以降低蒸汽压力，避免锅炉安全门频繁起座，回收部分蒸汽，减少汽水损失。

旁路系统功能的发挥除了与旁路系统自身的性能有关外，还与汽轮机、锅炉以及附属设备的性能有关。

二、旁路系统的组成

在旁路系统中，没有做功的主蒸汽和再热蒸汽将要分别旁通到再热器和凝汽器，为了防止再热器超压、超温和凝汽器过负荷，必须对旁通蒸汽进行减温、减压。因此汽轮机旁路系统主要由三大部分组成。第一部分是高、低压两级旁路管道和阀门；第二部分是高、低压旁路站的执行机构系统，对于采用电液执行机构的系统还包括高压抗燃油供油系统；第三部分是高、低压旁路站的自动控制系统，这部分目前均采用微机控制。

目前国内大型火电机组旁路系统多采用两种引进型设备，即 SULZER 公司的旁路系统和 SIEMENS 公司旁路系统。前者采用电液执行机构，后者以电动执行机构为典型，现在也生产电液执行机构系统。采用电动执行机构，它较液压系统调试维护方便，不需要复杂的液压系统，但动作时间稍长。电液执行器的优点是体积小、推力大、动作快、惯性小、定位准。

（一）旁路系统的调节阀及执行机构

旁路调节阀和执行机构两大部分构成了旁路系统的执行单元，若采用电液执行机构，还应考虑高压抗燃油供油系统。

1. 旁路调节阀

旁路调节阀是旁路系统中完成减压、减温和流量调节的主要部件。图 11-2 是 300MW 机组高低压两级串联旁路系统的示意，从图中可看出旁路系统的调节阀主要有：

（1）高压旁路调节（减压）阀（BP）；

（2）高压旁路喷水调节阀（BPE）；

（3）高压旁路喷水隔离阀（BD）；

（4）低压旁路调节（减压）阀（LBP）；

（5）低压旁路喷水调节阀（LBPE）。

根据需要，有些机组的旁路系统还设计有低压旁路喷水隔离阀（LBD）、低压旁路三级减温喷水阀（TSW）。

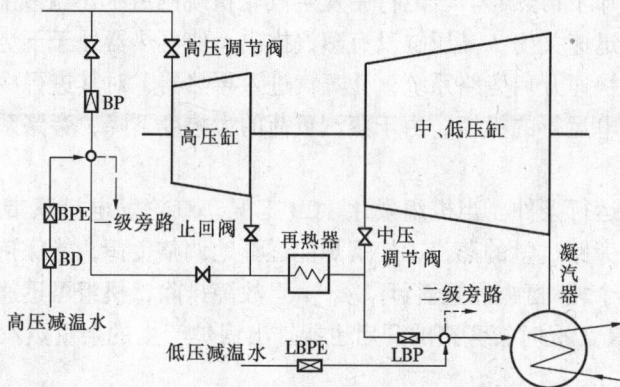

图 11-2　旁路系统的阀门

高压旁路减压减温调节阀的主要作用是对主蒸汽进行减温、减压，使其下降到正常条件下高压汽轮机的排汽压力和温度值（再热器冷段参数）。阀门为双阀室结构，蒸汽通道为 Z 字形布置。高压旁路喷水隔离阀的作用是当旁路阀关闭后作为隔离阀，使减温水可靠切断，防止减温水漏入再热器甚至汽轮机，保证汽轮机和锅炉的安全。该阀为开关型阀门，因此，采用二位逻辑控制。

机组正常运行时，高压旁路系统应保持热备用状态，为此，用一路管路将汽轮机主汽门前的主蒸汽管道与高压旁路管道相连，利用两个连接点处的压差，使一定的主蒸汽流入管道对其加热。

数字电液调节与旁路控制系统

低压旁路调节阀装于低压旁路，它将中压参数蒸汽减压至凝汽器进口压力参数，是汽轮机旁路中体积最大的阀门。低压旁路喷水调节阀工作时，可根据低压旁路调节阀出口温度信号调节减温水水量。

2. 执行机构

旁路系统的执行器应用最多的是电动执行器和电液执行器。电动执行器基本原理与过程控制系统中常用的电动执行器相似，控制系统输出的控制脉冲经动力开关组件直接控制交流电动机的转动，再经机械传动机构转换为阀杆的位移，带动阀芯运动完成调节任务。电液执行器是将控制系统输出的电流信号经电液伺服阀（电液转换器）转换为液压控制信号，经放大后以高压动力油驱动油动机活塞运动，再带动调节阀阀杆和阀芯移动完成调节作用。这里以西门子公司的产品为例，分别介绍电动、电液执行器的工作原理。

（1）电动执行器。高压旁路调节阀、低压旁路调节阀的执行机构为双电动机电动执行器；高压旁路喷水调节阀、低压旁路喷水调节阀的执行机构则为变极的单电动机执行机构。双电动机电动执行机构中一台用于常速控制，另一台用于快速控制；对于变极的单电动机执行机构也分快速控制和常速控制。双电动机电动执行器结构如图 11-3 所示。

齿轮机构由一个主动轮、两个自锁蜗轮和行星齿轮等组成。在低速运行时，行星齿轮的中心轮通过主动轮和蜗轮蜗杆 8 由控制电动机驱动，行星齿轮的环轮由自锁蜗轮蜗杆Ⅰ通过一个空心轴制动在合适位置。于是输出轴通过行星齿轮的行星支座所带动。在高速运行时，行星齿轮的环轮经蜗杆Ⅱ由高速电动机驱动。此时，行星齿轮的中心轮通过自锁蜗杆Ⅱ制动在合适位置，输出仍通过行星支座带动。行程开关、力矩开关、位置变送器等用于完成控制任务，其中，力矩开关用来控制常速电动机（控制电动机）电

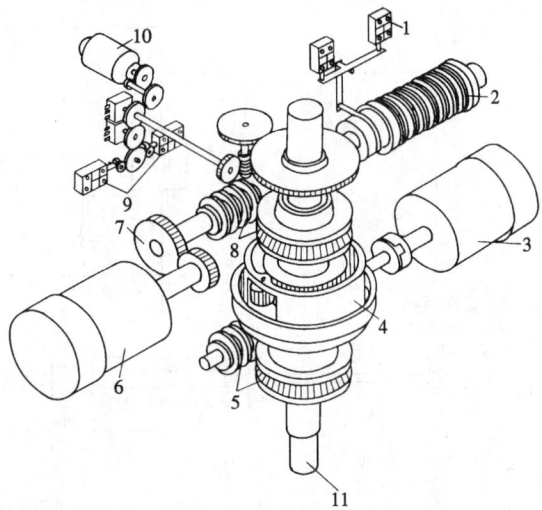

图 11-3　双电动机电动执行器结构示意
1—力矩开关；2—转矩（蝶簧）；3—快速电动机；4—行星齿轮系统；5—蜗轮蜗杆传动机构Ⅱ；6—控制电动机；7—减速齿轮；8—蜗轮蜗杆传动机构Ⅰ；9—行程开关；10—位置变送器；11—输出轴

源，保证关严阀门。两电动机内装有热敏电阻，如果线圈温度超过高限值，它将给出报警信号。控制电动机和高速电动机的转速比为 1:8 或 1:16，如果控制电动机动作的全行程时间为32s，则快速时间为 4s 或 2s。

单电动机换极变速执行器速度变比为 1:8。

与电动执行器配合使用的 PI 调节模件为步进控制式，其输出的控制脉冲信号经动力切换开关，将控制信号转换成强电（380V）开、关动作信号直接驱动执行器电动机旋转，省略了伺服放大环节。

（2）电液执行器。对于旁路系统电液执行器的供油系统，有的机组设立了单独的供油系统，有的设计为与汽轮机 DEH 公用一套高压抗燃油供油系统。旁路系统电液执行器的工

作原理以低压旁路调节阀电液执行器为例说明，如图 11 - 4 所示。可以看出，旁路调节阀液压油缸与汽轮机调节阀液压缸工作原理不同。前者虽然也执行位置控制功能，但该阀无保安紧急关闭功能，调节阀不设杯形关闭弹簧，同时液压回路中也没有跳闸阀。油缸内活塞依靠两侧压力差来移动，故液压缸采用双侧进油、排油，油流方向由电液伺服阀 AA012 控制。

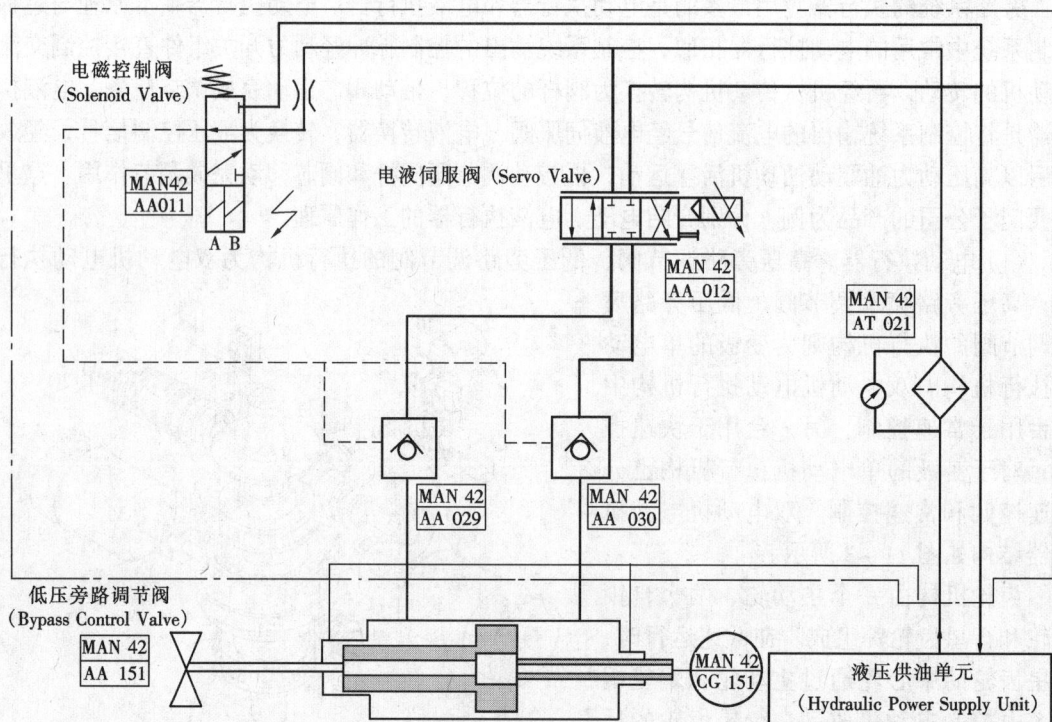

图 11 - 4　低压旁路调节阀电液执行器工作原理

AA151—低压旁路调节阀；AA012—电液伺服阀；AA011—电磁控制阀；

AA029、AA030—导向控制止回阀；AT021—滤网；CG151—位移传感器

　　由电液伺服阀工作原理可知，伺服阀输出的控制油有两个油口，即油口 A、油口 B，均具有进油、排油双向功能，如图 11 - 5 所示。作旁路阀控制时，两个油口都打开，分别经过导向控制止回阀 AA029、AA030 与液压缸相连接。

　　导向控制止回阀的工作原理如图 11 - 6 所示。有控制油压 Z1 时，球形阀芯克服弹簧力使止回阀开启，油流由 X（Y）油口流入，经 Y（X）油口排出，双向均可流通。当失去控制油压 Z1 后，只有单向流通作用，即油仅可以从 Y 油口流入，X 油口排出，反向则被止回。

　　正常工作时，电磁控制阀 AA011 带电激励，供油单元来的压力油经 AA011 给导向止回阀 AA029、AA030 提供控制油压 Z1，使两阀开启，可以双向流通。当电液伺服阀的力矩电动机有控制电流信号出现后，例如需要开阀，则伺服滑阀移动，压力油经 AA029 注入液压缸活塞下部，活塞上部油经 AA030 和伺服阀排回供油单元，于是活塞在压力差的作用下上移，阀门开大。阀位的变化由阀门位移传感器转换为反馈信号，在控制回路中与阀位指令信号进行比较。当两者相等时，控制电流为"0"，伺服阀阀芯回到中间位置，封闭连接液压缸的两个油口 A 和 B，于是活塞停止移动，调节过程结束。

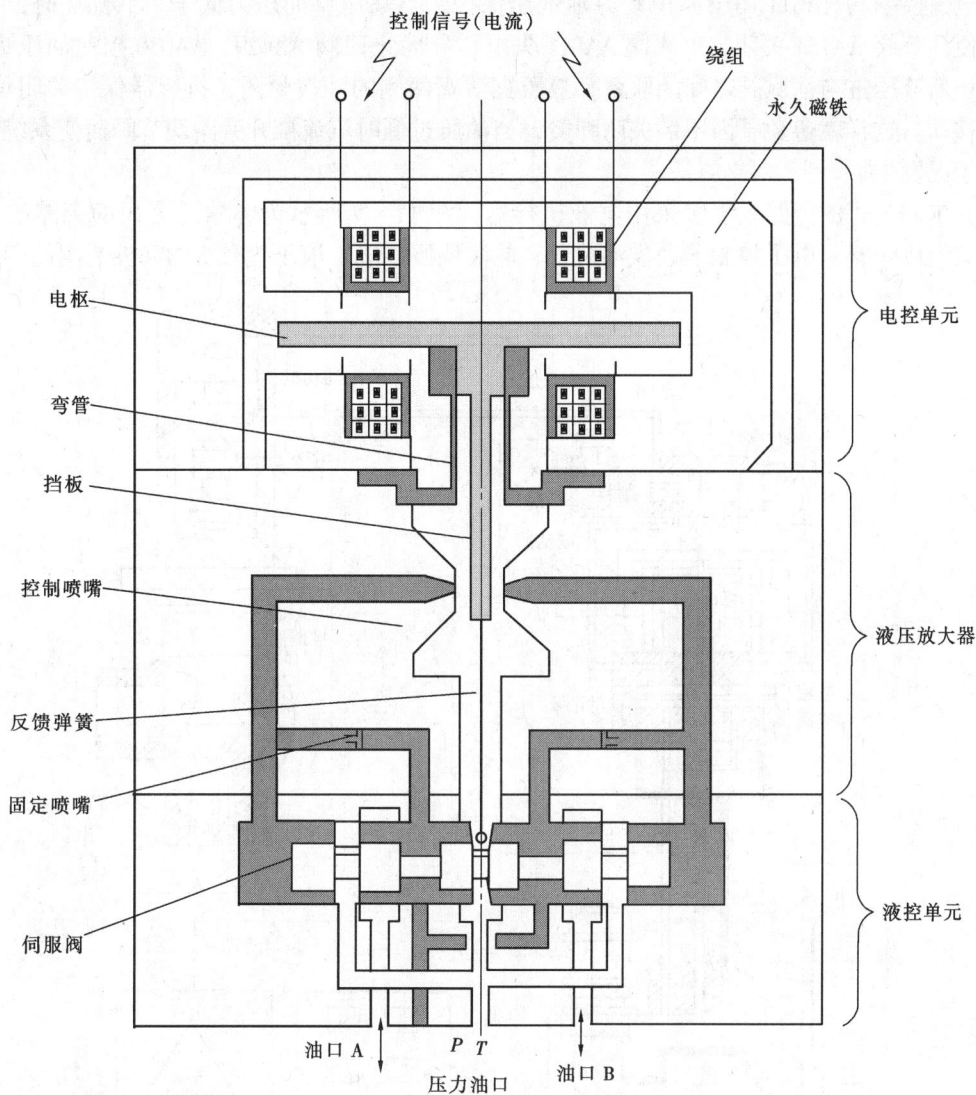

控制信号（电流）
绕组
永久磁铁
电控单元
电枢
弯管
挡板
控制喷嘴
液压放大器
反馈弹簧
固定喷嘴
液控单元
伺服阀
油口 A
压力油口
油口 B
P T

图 11-5　电液伺服阀原理示意

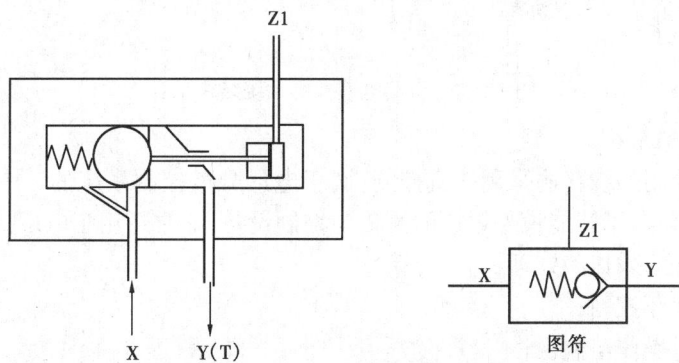

Z1
X
Y（T）

Z1
X
Y
图符

图 11-6　导向控制止回阀原理及符号

电磁控制阀 AA011 用于高压动力油低压保护。当高压供油压力低于 11.9MPa 时，控制回路使调节阀 AA151 关闭，电磁阀 AA011 失电，导向止回阀 AA029、AA030 控制油压 Z1 失压，切断液压缸与伺服阀之间的联系，液压缸活塞两侧的油被封闭，执行器保持关闭位置，不再移动。这样就避免了因不装关闭弹簧，当油压过低时汽流推开旁路调节阀而使系统误动作的情况发生。

苏尔寿公司的旁路系统多采用电液执行器，图 11 – 7 所示为苏尔寿公司的旁路控制系统，其组成包括：电子控制器、供油装置、电液伺服系统、液压执行机构和控制阀门等。

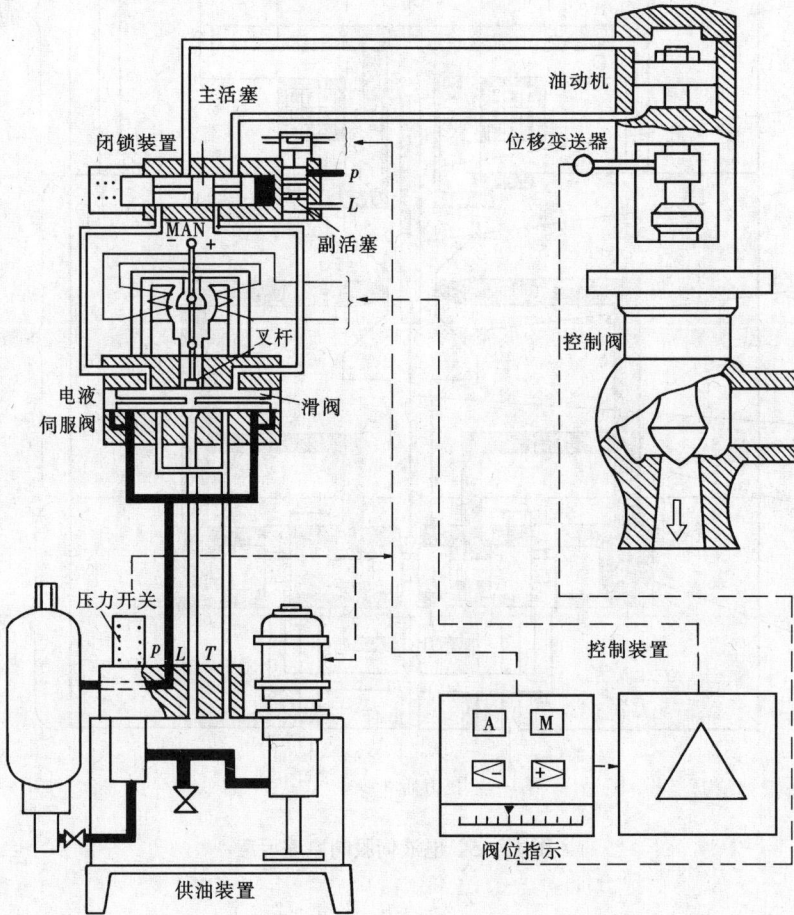

图 11 – 7　旁路电液控制系统结构示意

（二）旁路控制系统

现在的旁路控制系统普遍采用微机控制，属于电厂分散控制系统的一个子系统。分散控制系统功能强大，包含了智能模块组成的测量与控制设备，非常适用于电厂，它具有以下功能。

（1）过程信号的采集和处理；

（2）开环和闭环控制；

（3）过程运行操作与监视；

（4）过程事件和故障信号的记录和追忆；

（5）过程数据和事件的文件管理；

（6）计算与优化。

例如某电厂 300MW 机组就采用西门子公司的 TELEPERM – ME AS220EA（简称 TMEA）子系统。该系统为模块化设计，由一系列可组态的功能模块组成，这些模块被用来处理所有的自动控制任务。它主要完成下列功能。

对于单项控制级它具有：

（1）模拟量信号采集和处理；

（2）开关量信号采集和处理；

（3）单项闭环控制；

（4）单项开环控制。

对于机组控制级它具有：

（1）单元主控制器；

（2）主组控制；

（3）子组控制；

（4）子回路控制。

这些模件的功能可以按它的用途来组态，即一个类型的模件可以有多种功能。组态好的程序存储在非易失的 EEPROM 中，不需后备电池。

自动系统可根据需要实现非冗余、部分冗余和全部冗余，冗余部分符合模块化、高可用率的"2 取 1"原则。在一对冗余的模件中，一个为主，一个为热备用。这种主从运行方式允许在线更换故障模件。

TMEA 功能模件具有多种监视和自诊断功能：

（1）启动期间的 RAM 检查；

（2）周期性的 EPPROM、EEPROM 和 RAM 的检查；

（3）由看门狗电路监视微处理器；

（4）开关量输入/输出的监视；

（5）变送器的监视；

（6）模件 + 24V 和 + 5V 电源的监视；

（7）模拟量信号上下限的监视。

1. 硬件组成

整个旁路控制系统由三部分组成，即控制柜、动力柜和小型控制面板。控制柜分为四层：A、B、C 和 D。

A 层：380VAC/24VDC 电源转换模件、380VAC 电源开关 S1 和一个给编程装置供电的开关 F1。

B 层：24VDC/5VDC 电源转换模件、2 块带隔离的模拟量输出模件和动力出线开关（F2、F3、F4），分别为动力柜、C 层和小型控制面板提供 + 24V 电源。

C 层：TMEA 模件。

D 层：8 个输出继电器。

由于 11 块功能模件均为智能型模件，有各自的系统程序和应用程序，可实现各自的功能，相互之间的通信仅由 I/O 总线控制模件 EAS 完成。应用程序存储在非易失的 EEPROM

中，不需重新装卸和后备电池。

动力柜由动力转换模块、相应的保险丝、空气开关等组成。

2. 软件及其组态

TMEA 系统提供给用户 100 余张详细的功能图。功能图面向过程，内有详细的功能块、控制算法和各种标志，使调试与修改趋于简单明了。此功能图是在西门子工作站用 GET－EA 软件包完成的。GET 软件包为面向过程的工程设计提供了一个方便的图形用户接口，同时可直接生成代码文件。设计是基于屏幕上的功能图，它能完成任何控制任务。GET 对这些功能图进行转换后自动生成最终模件代码，通过总线或利用软盘由编程器 PG750（或便携式编程器 PG740）使用 STRUK220EA 软件包装载到模件。

如果用户仅需仿真和修改参数，使用手操器即可。

与旁路系统的功能相对应，较完善的旁路控制系统应具有如下功能：

（1）根据机组初始状态（冷态、温态、热态和极热态）自动地确定锅炉升温、升压速率和设定值。

（2）根据机组的运行方式（定压或滑压）自动给出压力定值曲线以满足机组升、降负荷的需要。

（3）根据 DEH 的升速控制方式（主汽阀调速或高、中压调节阀调速）自动确定是否切除旁路系统，机组并网后根据需要是否再投入旁路系统。

（4）旁路关闭后，为防止过快的压力飞升对主蒸汽压力进行限制调节。

（5）为防止锅炉超压而设置高压旁路快开功能。

（6）为保护凝汽器而设置低压旁路快关功能。

（7）为防止蒸汽带水而设置高压旁路阀闭锁高压旁路喷水阀，即先开汽阀后开水阀。

（8）为防止低压旁路排汽温度过高而设置低压旁路喷水阀闭锁低压旁路阀，即先开水阀再开汽阀。

（9）高、低压旁路温度调节。

（10）高压旁路喷水隔离阀启闭连锁。

（11）三级喷水阀的启闭连锁。

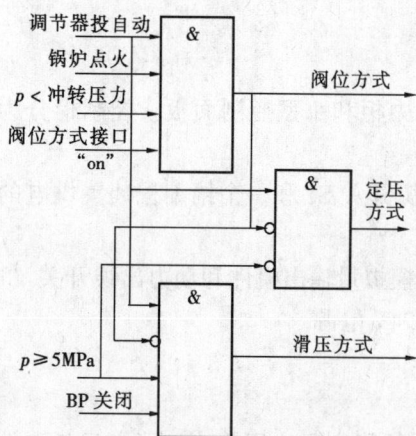

图 11－8　旁路工作方式逻辑

（12）手动控制。

三、旁路系统的工作方式

（一）启动过程的工作方式

旁路系统启动工作方式是指机组冷态启动时，高压旁路系统的工作方式。从原理上讲，机组冷态启动时，高压旁路系统存在三种运行方式：阀位运行方式、定压运行方式和滑压运行方式，三种方式之间的逻辑关系如图 11－8 所示，图中 p 为主蒸汽压力。高压旁路系统冷态启动时主蒸汽压力、压力设定值和高压旁路阀开度变化的关系如图 11－9 所示。

1. 阀位工作方式

阀位方式也称启动方式，这是锅炉点火到汽轮

数字电液调节与旁路控制系统

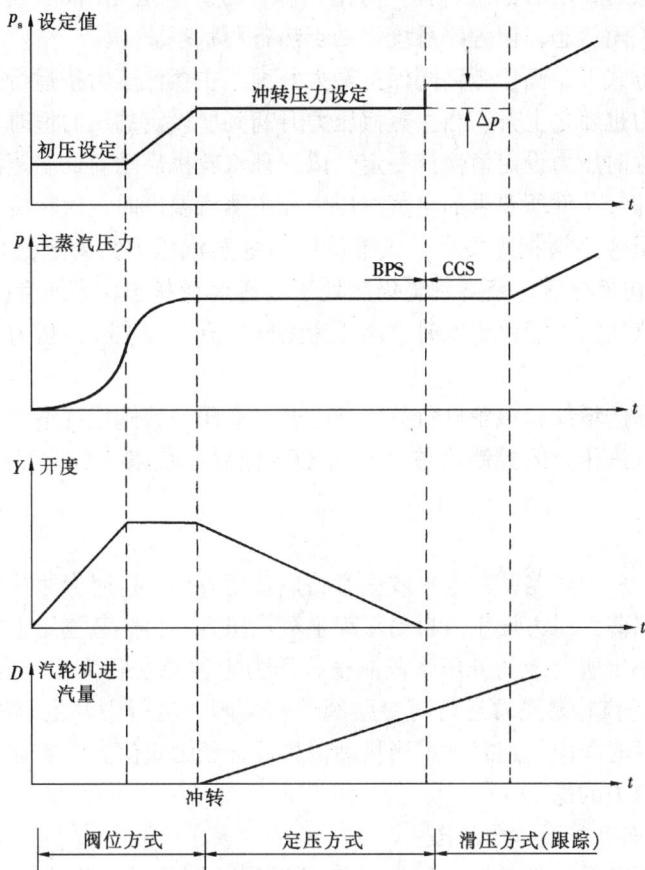

图 11 − 9 冷态启动时高压旁路工作方式

p_s—高压旁路压力设定值；p—主蒸汽压力；

Y—高压旁路阀开度；D—汽轮机进汽量

机冲转前的旁路运行方式。锅炉点火后至汽轮机冲转之前，为了保护过热器和再热器，应有适量的蒸汽流过，在蒸汽循环的过程中，使得压力和温度得以提高，这要依靠调节旁路阀开度来满足启动参数要求。随着传热过程的进行，工质压力和温度不断提高，为了满足启动曲线要求，高压旁路阀也逐渐开大，直至达到所设定的最大开度。在这一阶段，高压旁路压力先设为初值压力设定值，该设定值低于冲转压力，使工质在启动初期以较慢的速率升温升压。而主蒸汽压力设定值也按给定值发生器所设定的升压率逐渐增加。给定值发生器还具有限制主蒸汽压力上升速率的功能。当旁路开度达到最大值后，保持最大开度不变，于是主蒸汽压力、温度逐渐上升，随着主蒸汽压力的上升，其设定值也相应升高。低压旁路的情况与高压旁路相似。

2. 定压工作方式

在高压缸启动方式下，当主蒸汽压力上升到所设定的压力值（冲转压力）时，自动转为定压运行方式，汽轮机高压调节阀开启，汽轮机开始进汽。随着汽轮机调节阀的开大，进入汽轮机的蒸汽流量逐渐增大，为了保持主蒸汽压力稳定不变，旁路调节阀会逐渐关小，让主蒸汽流量由旁路系统切换到主蒸汽系统上，直至旁路阀完全关闭。当所有旁路阀全关且再热蒸汽压力小于某一值后，DEH系统选择"旁路切除"方式。至此，高压旁路定压方式结束。所有旁路阀门保持关闭状态，但旁路系统仍处于热备用状态。

在中压缸启动方式下，高压旁路阀保持最大开度，主蒸汽压力按运行人员设定的升压率上升，再热蒸汽压力也随之上升。当主蒸汽压力升高到所设定的压力值时，旁路系统自动转为定压运行方式，这时压力设定值保持一定，以保证汽轮机启动时的主蒸汽压力稳定，实现定压启动。当满足冲转条件所要求的主蒸汽压力和主蒸汽温度时，汽轮机开始冲转升速，随着耗汽量增加，高压旁路阀相应关小，以维持机前主蒸汽压力为给定值。在汽轮机升速到3000r/min并网带上初负荷后，旁路系统仍然处于定压运行状态，高压旁路阀起调节主蒸汽压力作用。当主蒸汽压力大于设定点时，高压旁路阀打开，当主蒸汽压力小于设定点时，高压旁路阀关闭。

随着锅炉燃烧率的增加，汽轮机负荷逐渐上升，高压旁路阀应逐渐关闭。最后高压旁路阀完全关闭时，主蒸汽压力的控制由单元机组CCS控制系统来完成，旁路系统自动切至滑压运行方式。

3. 滑压工作方式

滑压工作方式又称为旁路跟踪方式或称旁路热备用方式。这时旁路控制系统给出的主蒸汽压力设定值和再热蒸汽压力设定值自动跟踪主蒸汽压力和再热蒸汽压力实际值，并且只要蒸汽压力的升压率小于所设定的升压率限制值，压力定值总是稍大于实际压力值，即 $p_{定值} = p_{实际} + \Delta p$，以保证汽轮机正常运行时旁路阀严密关闭。运行中若主蒸汽压力出现大的扰动，旁路阀将在较短时间内快速打开。当扰动消失后，压力定值大于实际压力，旁路阀再次关闭，维持主蒸汽压力的稳定。

（二）故障下旁路系统的工作状态

针对机组发生不同类型的故障，旁路系统可以执行快开或快关功能，以确保设备的安全。

1. 快开功能

当机组发生汽轮机跳闸或者大幅度甩负荷时，主蒸汽压力升高很快，旁路阀应快速开启，以减少锅炉安全门的起座次数和起座持续时间，并使机组在跳闸或大幅度甩负荷时实现停机不停炉或维持汽轮机在带厂用电负荷下运行。

2. 快关功能

出现下列故障时，低压旁路阀应快速关闭：

（1）凝汽器真空低；

（2）凝汽器温度高；

（3）凝汽器水位高；

（4）低压旁路喷水压力低；

（5）低压旁路流量超负荷。

采取低压旁路快关是为了保护凝汽器。高压旁路阀后温度高时，要快关高压旁路，这是为了保护再热器。但是旁路系统是否设置故障下的快开、快关专用回路以及什么状态下要执行快开、快关功能，不同的机组和不同类型的旁路系统的考虑是不一样的。

四、旁路系统的控制方式

旁路控制系统为用户提供两种控制方式，供用户根据现场实际情况选择使用。这两种控制方式分别为自动和手动方式，两种方式的优先级后者高于前者，并且两种方式之间互相跟踪，切换时无扰动。在任何一种控制方式下，旁路控制系统都具有阀门之间的连锁和保护功能。

DCS画面中有相应画面供运行人员操作、监控旁路使用。

(1) 旁路热力系统图，画面上用颜色标明各阀的开关状态，阀的旁边显示其百分开度及阀前、阀后的压力和温度参数。

(2) 旁路阀的控制画面，画面包含：

1) 手/自动切换及状态显示按钮；

2) 阀位的增、减按钮；

3) 阀位开度指令及其开度显示；

4) 阀前、阀后压力温度参数及调节级压力、凝汽器真空度等参数显示；

5) 旁路投入、切除按钮；

6) 汽轮机挂闸、并网状态显示；

7) 中压缸启动、高压缸启动方式显示；

8) 阀位方式、定压方式、滑压方式显示；

9) 电源故障报警；

10) 执行器故障报警；

11) 解除/恢复凝汽器保护。

借助画面，操作员通过使用鼠标或键盘就可以对整个旁路系统进行监视、操作。

1. 手动控制

操作员操作旁路控制画面上的手/自动切换按钮，把旁路控制状态切换至手动方式，然后通过各阀门的增减按钮控制阀门的开度变化。

2. 自动控制

按下"自动"按钮，即可切换为自动控制方式。在此方式下，自动控制高、低压旁路阀前压力和高、低压旁路阀后温度，压力和温度设定值由操作员在操作员站OIS上设定，自动回路根据偏差调节，控制各阀门的开度，这时阀位增减按钮无效。

在机组的启动过程中（不管高压缸启动方式还是中压缸启动方式），若旁路处于自动控制方式，旁路控制就可以根据机组的当前状态，自动给出旁路系统的运行方式（阀位方式、定压方式或滑压方式），见图11-8。旁路控制系统按照启动曲线，自动给出压力、温度的设定值，控制各个旁路阀门的开度，同时监视主蒸汽压力、再热蒸汽压力、高压旁路后蒸汽温度、低压旁路后蒸汽温度及各种保护条件，保护设备安全。

五、旁路控制系统与 DEH 的接口

旁路系统是机组众多系统之一，其控制系统既独立于其他控制系统，又与锅炉炉膛安全保护系统（FSSS）、机炉协调控制系统（CCS）、机组顺序控制系统（SCS）、数据采集和监视系统（DAS）、汽轮机数字电液控制系统（DEH）等都有信号交换，其中与DEH的关系最为密切。

旁路控制系统（BPS）和汽轮机数字电液控制系统（DEH）之间有很多联络信号，由DEH输出送到旁路控制系统的信号一般有：

(1) 汽轮机挂闸；

（2）汽轮机跳闸；

（3）中压调节阀全开；

（4）高中缸联合启动；

（5）中压缸启动；

（6）冷态启动；

（7）温态启动；

（8）热态启动；

（9）极热态启动；

（10）汽轮机110%超速；

（11）旁路系统切除。

由旁路控制系统（BPS）输出送到 DEH 的信号一般有：

（1）旁路自动；

（2）高压旁路阀关闭；

（3）低压旁路阀关闭。

以下两节以某 300MW 机组使用的西门子公司旁路系统的组态逻辑为例，分别说明高低压旁路控制系统的工作原理。

第二节 高压旁路控制系统 ⇨

高压旁路站装在汽轮机高压段的旁路管道上，用于锅炉启动和甩负荷时，将主蒸汽排入再热器。

高压旁路系统主要由高压旁路调节阀、高压旁路喷水阀、电动执行器和有关的测量与控制设备组成，蒸汽变换阀装配双电动机执行器，常速电动机用于调节主蒸汽压力，高速电动机用于紧急情况下，如汽轮机跳闸、甩负荷时快速打开或关闭阀门。执行器内装有行程开关、力矩开关和电子位置变送器，用于完成控制任务。常速电动机和高速电动机的转速比为 1:8；喷水控制阀装配有变极电动机，变速比为 1:8。

高压旁路控制系统主要由高压旁路压力控制系统、高压旁路喷水控制系统以及阀门的快开和快关控制逻辑组成。

一、高压旁路压力控制系统

高压旁路压力控制系统的功能是：在锅炉启动过程中通过调节高压旁路阀的开度，调节主蒸汽压力，以使主蒸汽压力满足启动要求；在机组正常运行中，当主蒸汽压力超压时，高压旁路阀快速动作，使主蒸汽压力恢复正常。

高压旁路控制系统是个简单的 PI 调节系统，测量值和设定值比较，形成控制偏差，PI 调节器对偏差进行比例积分运算输出控制信号，通过动力转换单元转换使电动机带动阀杆移动改变阀门的开度，从而使主蒸汽压力改变。但由于旁路系统的特殊工作方式，旁路压力设定值形成需要考虑较多因素。

压力设定值的控制设计为两种运行模式：定压模式和滑压模式，可在控制台上选择这两种模式之一。

压力设定值形成原理如图 11－10 所示，该图中的相关逻辑信号 LB1、LB2、LB5、L1 等

194

数字电液调节与旁路控制系统

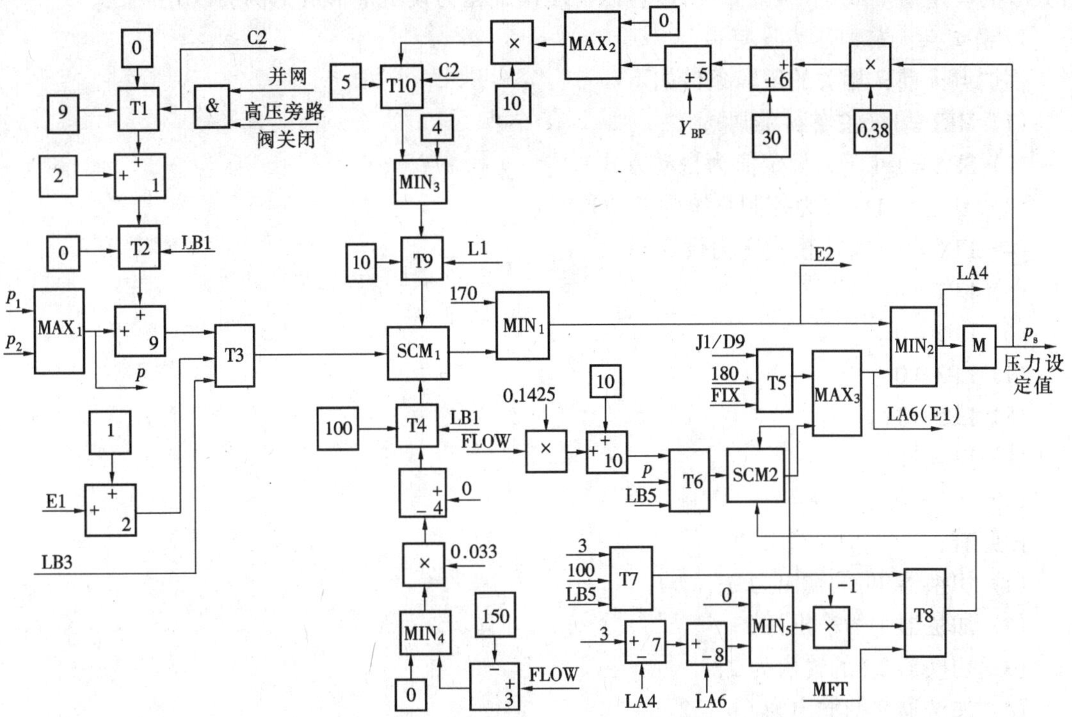

图 11 - 10　压力设定值形成原理

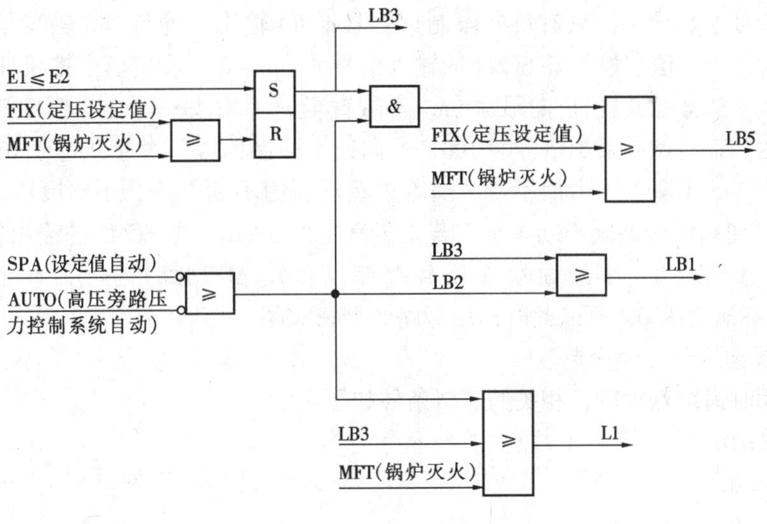

图 11 - 11　逻辑信号 LB1、LB2、LB3、LB5

如图 11 - 11 所示。

若选择定压设定值，FIX = 1，使 LB3 = 0，LB5 = 1，切换器 T3 选择 $(p + 2)$ 或 $(p + 9)$ 作为输出，切换器 T5 选择 180 输出送到大选模块 3，使大选模块 3 的输出为 180，该值送到小选模块 2，小选 2 不会选 180 作为输出，所以，压力设定值由主控模件 SCM1 决定，和滑压方式下的设定值形成是一样的，所以现以滑压模式压力设定值形成为例加以分析。

1. 锅炉点火前的压力设定值

锅炉点火前，相关的逻辑条件如下：

(1) MFT = 1（主燃料跳闸）；

(2) SPA = 1（压力设定值为自动方式）；

(3) AUTO = 1（压力控制系统为自动）；

(4) FIX = 0（滑压模式压力设定）；

(5) LB1 = 0；

(6) LB2 = 0；

(7) LB3 = 0；

(8) LB5 = 1；

(9) L1 = 1；

(10) C2 = 0。

因此有：

(1) 切换器 T1 的输出为 0；

(2) 加法器 1 的输出为 2；

(3) 切换器 T2 的输出为 2；

(4) 加法器 9 的输出为 $(p + 2)$；

(5) 切换器 T3 的输出为 $(p + 2)$。

设定值主控模件的输出信号总是跟踪输入信号，但只有正向限制信号（即 T9 输出）为正时，输出信号才能增加，只有负向限制信号（即 T4 输出）为负时，输出信号才能减小。在锅炉停炉时，设定值主控模件 SCM1 的输入信号为 $(p + 2)$，设定值主控模件 SCM1 的负向限制速率为负，SCM1 的输出负向跟踪 $(p + 2)$，直至 $p = 0$；另一个主控模件 SCM2 的输入信号为实际压力，正向速率限制信号为 100，负向速率限制信号为大于或等于 0，此时，SCM2 保持停炉前的实际主蒸汽压力值不变。随着主蒸汽压力不断下降，小选模块 2 将选中 $(p + 2)$ 作为输出，使高压旁路阀不断关小。若主蒸汽压力 $p = 0$，则 SCM1 的输出保持为 0.2MPa（2bar），经小选模块 1、小选模块 2 后到存储器模块 M，此时的压力设定值为 0.2MPa（2bar），因实际压力为 0，所以此时高压旁路阀严密关闭。

2. 锅炉点火后的压力设定值

冷态启动时锅炉点火后，相关的逻辑条件如下：

(1) MFT = 0；

(2) LB3 = 0；

(3) LB2 = 0；

(4) LB1 = 0；

(5) L1 = 0；

(6) LB5 = 0。

因 L1 = 0，所以切换器 T9 的输出不再是 100，而是 0，因为此时高压旁路阀开度 Y_{BP} 小于设定的最大开度，所以加法器 5 的输出为负，经大选模块 2 后输出为 0，切换器 T10 的输出为 0，经小选模块 3 后到切换器 T9，因此，虽然 SCM1 的输入信号 $(p + 2)$ 随着主蒸汽压力

数字电液调节与旁路控制系统

增加而增加，但其输出并不能增加，依然保持为 0.2MPa（2bar）。当主蒸汽压力 $p \leqslant 0.2$MPa（2bar）时，高压旁路阀保持关闭；当主蒸汽压力 $p > 0.2$MPa（2bar）时，高压旁路阀开始开启，通过调整高压旁路阀的开度，维持主蒸汽压力为 0.2MPa（2bar），此时高压旁路工作在最小压力阶段。

随着燃烧的加强，传热的进行，主蒸汽压力有增加的趋势，高压旁路阀将不断开大，以维持主蒸汽压力为设定值 0.2MPa（2bar），当高压旁路阀阀位 Y_{BP} 达到预先设定的一个最大阀位值 Y_{MAX} 时，有：

$$Y_{BP} - (30 + p_S \times 0.38) > 0$$

大选模块 2 将选择 $[Y_{BP} - (30 + p_S \times 0.38)]$ 作为输出，经乘法器、切换器 T10、小选模块 3 后送到 SCM1 的正向速率端，此时 SCM1 的输入信号 $(p + 2)$ 增加，其输出也增加，增加的速率由小选模块 3 的输出决定，最大不超过 0.4MPa（4bar）/min，高压旁路结束最小压力方式，进入最大阀位阶段。

当压力设定值增加后，使压力调节器的入口偏差减小，使高压旁路阀的开度维持在最大开度附近，此时主蒸汽压力主要由锅炉的蒸汽量决定，锅炉通过调整燃烧率，使主蒸汽压力逐渐达到冲转压力。

3. 汽轮机冲转时的压力设定值

当主蒸汽参数达到汽轮机冲转参数后，汽轮机开始进汽冲转。

若汽轮机为高中压缸联合启动方式，主蒸汽进入高压缸做功，使主蒸汽压力有下降的趋势，但是，因主蒸汽流量 FLOW 小于 150t/h，（FLOW − 150）和 0 送小选模块 4，小选模块 4 的输出为负（FLOW − 150 < 0），经加法器 4、切换器 T4 到 SCM1，使 SCM1 的负向限速率为正，所以 SCM1 的输出不会减少；同时，SCM1 的正向速率端信号为 0，使 SCM1 的输出不会增加，所以 SCM1 维持冲转时的压力设定值不变。因此，在高压旁路压力控制系统的作用下，高压旁路阀开度逐渐减小，维持主蒸汽压力为冲转压力，随着启动的进行，高压旁路阀开度不断减小，直至全关。

当机组并网且高压旁路阀全关后，使 C2 = 1，C2 控制着切换器 T1 和切换器 T10，因此切换器 T1 的输出为 9，切换器 T10 的输出为 5，并使 SCM1 的输入信号变为 $(p + 11)$，SCM1 的输出按一定的速率跟踪输入信号，避免因汽压波动使高压旁路阀开启，确保高压旁路阀关闭。高压旁路阀此时的工作方式为跟踪方式。

当高压旁路阀关闭后，负荷达到 35% 时，机组可投入滑压运行。滑压运行的起始点与启动状态有关，图 11 – 12 所示的逻辑示意了不同启动状态下的滑压值。

在高中压缸联合启动方式下，冷态

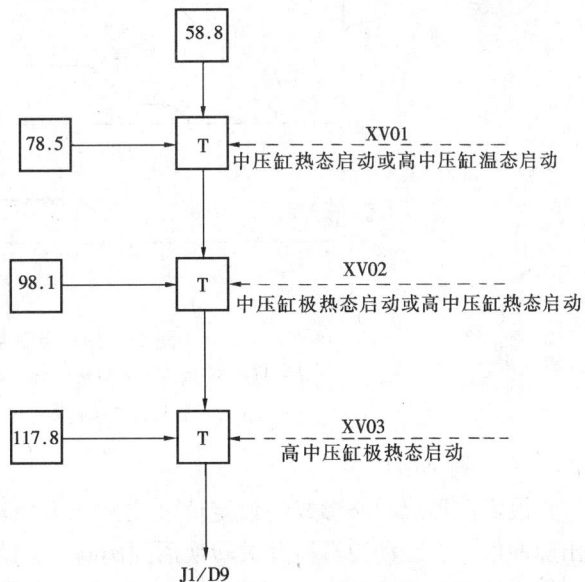

图 11 – 12　滑压值逻辑

启动的滑压点为 5.88MPa(58.8bar)，温态启动的滑压点为 7.85MPa（78.5bar），热态启动时的滑压点为 9.81MPa(98.1bar)，极热态启动时的滑压点为 11.78MPa(117.8bar)。

在中压缸启动方式下，热态启动的滑压点为 7.85MPa（78.5bar），极热态启动的滑压点为 9.81MPa（98.1bar），其余为 5.88MPa（58.8bar）。通过加强燃烧，使主蒸汽压力达到滑压值，这时小选模块 2 将选中 E1 信号作为输出，同时使 LB3 信号置位（见图 11－11），使切换器 T3 选择（E1＋1）作为输出，这样使 E2 总比 E1 大，小选模块 2 不再选中 E2 作输出，只选中 E1 作为输出，高压旁路进入跟踪方式，以一定的速率跟踪实际压力。因滑压过程中的压力设定值与负荷有关，所以在西门子 TMEA 系统中，压力设定值是以实际流量的函数得到的，通过 SCM2 限速后送到大选模块，随着机组负荷的增加，大选模块 3 将选中 SCM2 的输出作为输出，作为压力设定值。

操作盘上有压力设定值手动/自动切换按钮，切换到压力设定值手动方式下，可通过操作盘上的增、减按钮手动改变压力设定值。

典型的高中压缸联合启动冷态启动曲线如图 11－13 所示。

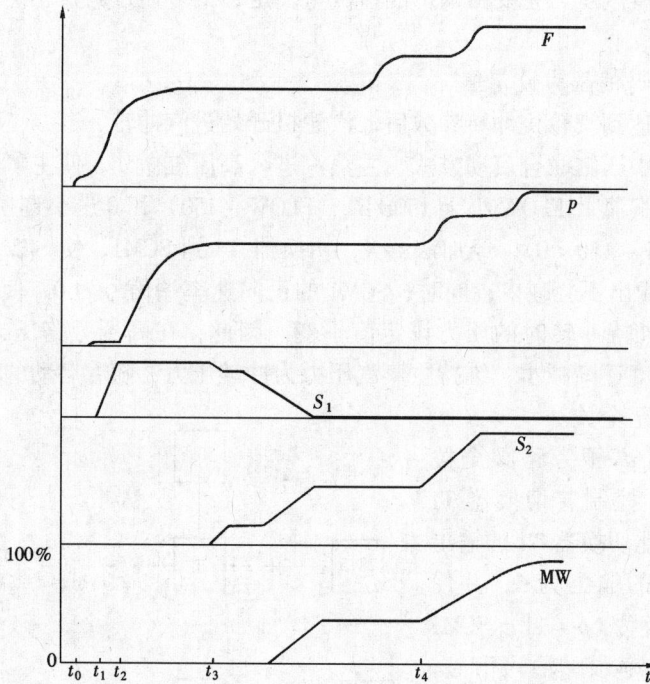

图 11－13　启动曲线

F—蒸汽流量；p—主蒸汽压力；S_1—高压旁路阀位；

S_2—汽轮机调节阀阀位；MW—有功功率

4. 压力调节回路

由设定值形成回路形成的设定值和实际压力比较，得到控制偏差，该偏差经 PI 运算后输出脉冲信号，经动力转换开关转换后控制高压旁路阀的电动机转动，如图 11－14 所示。

压力控制有手动和自动两种方式，在操作盘上可以进行手/自动方式切换。在手动方式

数字电液调节与旁路控制系统

下，高压旁路阀的开度可通过控制面板上的增减按钮改变，阀位开度和控制偏差由两个指示表分别指示，另外控制系统为手动方式时，压力设定值将跟踪实际压力。

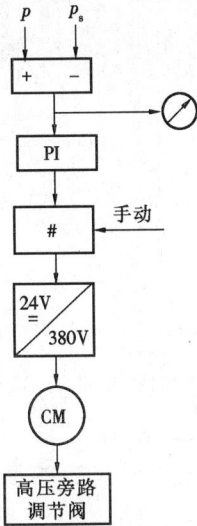

图 11 – 14　压力调节回路

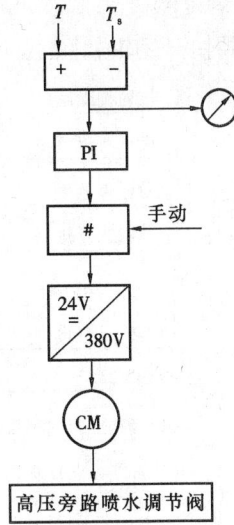

图 11 – 15　高压旁路喷水控制系统

二、高压旁路温度控制系统

高压旁路温度控制系统的功能是控制高压旁路出口温度，防止再热器超温，通过改变喷水阀的开度来改变喷水量的大小，从而控制高压旁路出口温度。

高压旁路出口温度设定值由控制面板上的按钮手动调整，一般设为 350℃ 左右，设定值的大小在面板上有指示表显示。测量值为高压旁路出口温度，设定值和测量值比较，求偏差，并对偏差进行 PI 运算，PI 调节器的输出经动力转换开关转换后控制喷水阀电动机，如图 11 – 15 所示。

高压旁路温度控制有手动、自动两种方式，可通过控制面板上的按钮选择切换，在手动方式下，通过控制面板上的增、减按钮改变喷水阀的阀位，实现手动调节，控制偏差和实际阀位通过双针表显示。

高压旁路压力调节为自动时，高压旁路喷水调节也连锁切到自动。

高压旁路调节阀起到闭锁高压旁路喷水阀的作用。当高压旁路阀不开时，高压旁路喷水阀也不开；高压旁路阀开时，高压旁路喷水阀才能打开，从而防止高压旁路阀未开就喷水的误操作发生。

在高压旁路喷水管道上装有喷水隔离阀，为两位式控制，只有开、关两种状态，可以选择手动/自动两种运行方式，在自动方式下，高压旁路阀关闭，喷水隔离阀也关闭，高压旁路阀打开，喷水隔离阀也打开。高压旁路喷水隔离阀的控制逻辑如图 11 – 16 所示。

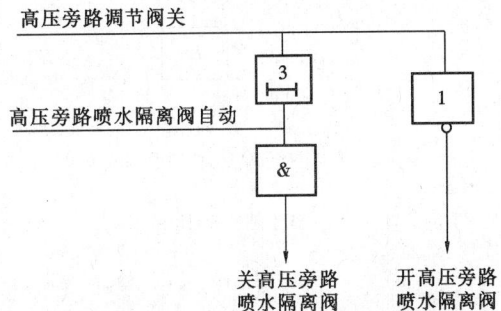

图 11 – 16　高压旁路系统喷水隔离阀控制逻辑

三、高压旁路系统快开逻辑

为防止事故或甩负荷时机组超压，高压旁路阀和高压旁路喷水阀设有快速动作回路。

1. 高压旁路阀快开逻辑

高压旁路阀快开逻辑如图 11－17 所示。

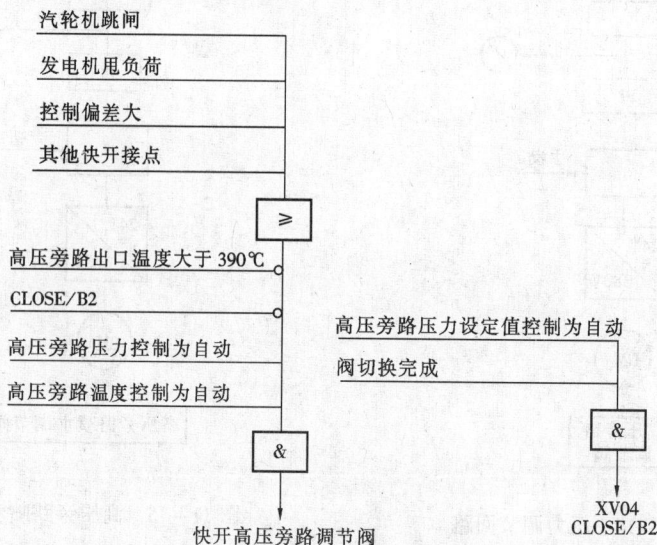

图 11－17　高压旁路阀快开逻辑

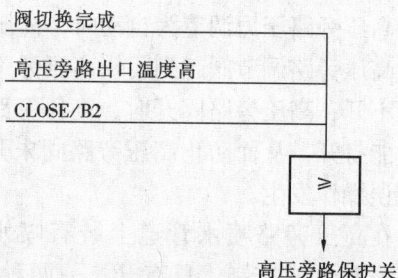

在没有保护关条件 CLOSE/B2、没有高压旁路出口温度高且高压旁路压力控制为自动、高压旁路温度控制为自动时，出现以下任一条件，将使高压旁路快开。

(1) 汽轮机跳闸；

(2) 发电机甩负荷；

(3) 控制偏差大。

2. 高压旁路喷水阀快开逻辑

高压旁路阀快开连锁高压旁路喷水阀快开，且要求高压旁路喷水控制为自动，如图 11－18 所示。

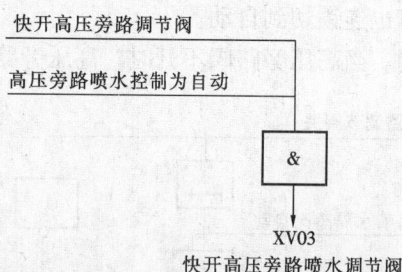

图 11－18　高压旁路喷水阀快开逻辑　　　　图 11－19　高压旁路阀保护关逻辑

3. 高压旁路阀保护关、保护开逻辑（常速控制）

根据闭环控制回路的控制方案和现场存在的条件，送至执行器的指令有三种形式：手动、自动和保护命令，这三种命令有不同的优先级别，其中保护命令优先级最高，有保护命令时，可直接到执行机构发出"开"或"关"的操作指令，高压旁路阀保护关逻辑如图 11-19所示，CLOSE/B2的逻辑见图 11-17。当高压旁路出口温度大于 390℃或高压旁路压力设定值控制为自动且阀切换完成时，高压旁路阀保护关闭。

当高压旁路阀快开时，发出保护开命令，使常速电动机转动到开位置。

4. 高压旁路喷水阀保护开、关（常速控制）

高压旁路阀关闭，使高压旁路喷水阀保护关。

高压旁路喷水阀快开，使高压旁路喷水阀（常速控制）保护开。

第三节　低压旁路控制系统 ⇨

低压旁路装在汽轮机低压段旁路管道上，在机组启动或甩负荷时，将再热器的蒸汽排入凝汽器，低压旁路站装有带电动执行器的蒸汽变换阀和喷水阀，变换阀用来降低蒸汽压力，喷水阀用来控制减温用的冷却水量；在凝汽器入口，设置有另一个低压喷水控制阀，进行三级减温。

低压旁路调节阀的执行器为双电动机结构，常速电动机用于正常的压力调节；快速电动机用于快开、快关控制；低压旁路喷水阀的执行机构为变极的双速电动机，三级减温阀为两位式控制，低压旁路调节阀开启或关闭时，连锁三级减温阀开启或关闭。

低压旁路控制系统包括低压旁路压力调节系统，低压旁路喷水调节系统及低压旁路阀、低压旁路喷水阀的快开、快关控制。

低压旁路压力控制系统在机组启动期间，通过调节低压旁路减压阀开度来调节再热汽压力，使之满足启动特性要求。

低压旁路温度控制系统用于控制低压旁路阀后的汽温，使之达到汽轮机低压缸排汽温度，低压旁路温度调节范围比高压旁路的大，在机组故障快开低压旁路时，会有高温再热蒸汽经低压旁路直接排入凝汽器，故低压旁路喷水减温的幅度是比较大的。

低压旁路控制系统中考虑快开、快关功能，快开是为了保护再热器，快关是为了保护凝汽器。

一、低压旁路压力控制系统

1. 低压旁路压力设定值的形成

低压旁路压力设定值的形成如图 11-20 所示。

低压旁路压力设定值由两个设定值经过大选得到，其中一个设定值称为固定压力设定值或最小压力设定值；另一个设定值称为可变压力设定值。

固定压力设定值是为了满足机组启动而汽轮机调节阀尚未开启时的需要而设置的，该值又根据汽轮机的启动方式及启动状态有所不同，当汽轮机为高中压缸联合启动时，固定压力设定值为0.32MPa(3.2bar)；当汽轮机为中压缸启动，若为冷态或温态启动时，固定压力设定值为0.68MPa(6.80bar)，若为热态或极热态启动时，固定压力设定值为0.833MPa(8.33bar)。在机组启动初期，调节系统根据固定压力设定值和实际再热蒸汽压力的偏差进行调节，改变低压旁路阀的开度，使再热蒸汽压力与设定值相等。

当汽轮机进汽冲转带负荷时，低压旁路调节阀逐渐关闭，正常运行时，低压旁路调节阀应保持关闭状态。汽轮机带负荷后，再热器出口汽压（热段压力）的大小与汽轮机负荷有关，而且两者成正比例关系。低压旁路系统中取高压汽轮机速度级压力作为汽轮机负荷信

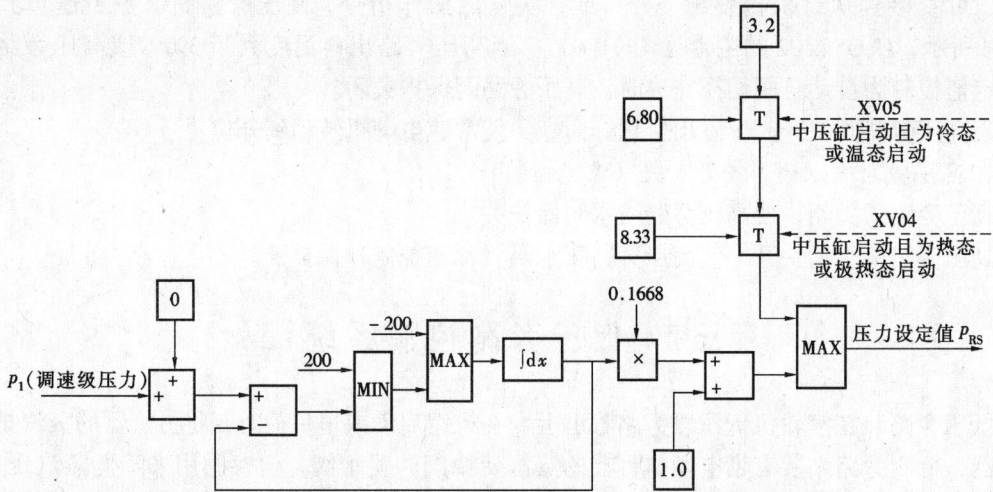

图 11 – 20 低压旁路压力设定值形成

号，该信号经一阶惯性环节滤波及标度变换后，在加法模块中增加一个偏置信号，作为可变压力设定值信号，满足低压旁路系统滑压运行的要求。

固定压力设定值与可变压力设定值送入大选模块实现由固定压力设定值控制到可变压力设定值控制的平滑切换，大选模块的输出即为实际的低压旁路压力设定值 p_{RS}，送入压力调节器入口。

2. 低压旁路压力调节回路

低压旁路压力调节回路的方框图如图 11 – 21 所示。

低压旁路压力调节系统有自动、手动两种方式，可在控制台上选择切换，自动方式下，再热蒸汽压力与设定值相减后送到 PI 调节模块，PI 调节器的输出经动力转换组件转换后控制常速电动机转动，从而改变低压旁路阀的开度，最终使实际再热蒸汽压力与设定值相等；手动方式下，可通过控制台上的增、减按钮改变低压旁路阀的阀位，实现手动调节。

低压旁路阀的开度及压力调节器的偏差由控制盘上的双针表进行显示。

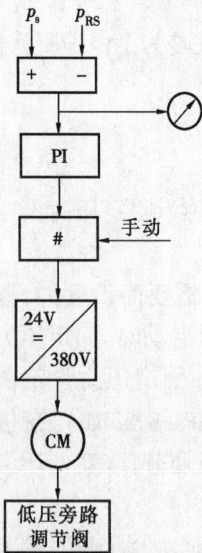

图 11 – 21 低压旁路压力调节回路

二、低压旁路温度控制系统（喷水控制系统）

低压旁路温度控制系统的任务是将减压后的低压旁路蒸汽冷却到低压缸排汽温度，这时的工质已处于饱和或过饱和状态。由热工原理可知，水蒸气在发生相变时，存在一个潜热问题，因此，仅用温度一个参数不能反映工质的能量状态。所以，低压旁路温度控制系统不能像高压旁路温度控制系统那样取低压旁路阀后的温度值作为被调量信号。比较准确的方法是求出将单位质量的低压旁路蒸汽冷却到减温器出口焓值所需要的冷却喷水量，再求出当前状态下低压旁路蒸汽质量流量，二者相乘可求出总的喷水量，形成喷水量设定值，和实际的喷水量比较，构成喷水量调节系统，最终使低压旁路后的温度满足机组运行的要求。也可以由低压旁路调节阀的开度修正后求出喷水阀阀位

数字电液调节与旁路控制系统

设定值，和实际的喷水阀阀位比较，构成阀位控制系统。

该低压旁路控制系统采用的方案为后者。根据低压旁路阀的开度、再热蒸汽温度和再热蒸汽压力求出低压旁路喷水阀的阀位设定值 y_S，阀位设定值 y_S 和实际阀位 y_{LS} 比较形成阀位控制偏差，再经过开偏置、关偏置修正后形成控制偏差 x_D 到 PI 调节器，PI 调节器的输出经动力转换组件转换后控制喷水阀电动机，使喷水阀的阀位改变，直至 PI 调节器入口偏差 x_D 为 0，低压旁路温度控制系统的控制方案如图 11-22 所示。

机组启动初期，低压旁路阀关闭，且再热蒸汽压力 p_R 很低，而最小压力设定值 p_{RS}（见图 11-20）为 0.32MPa（3.2bar），即满足如下条件：

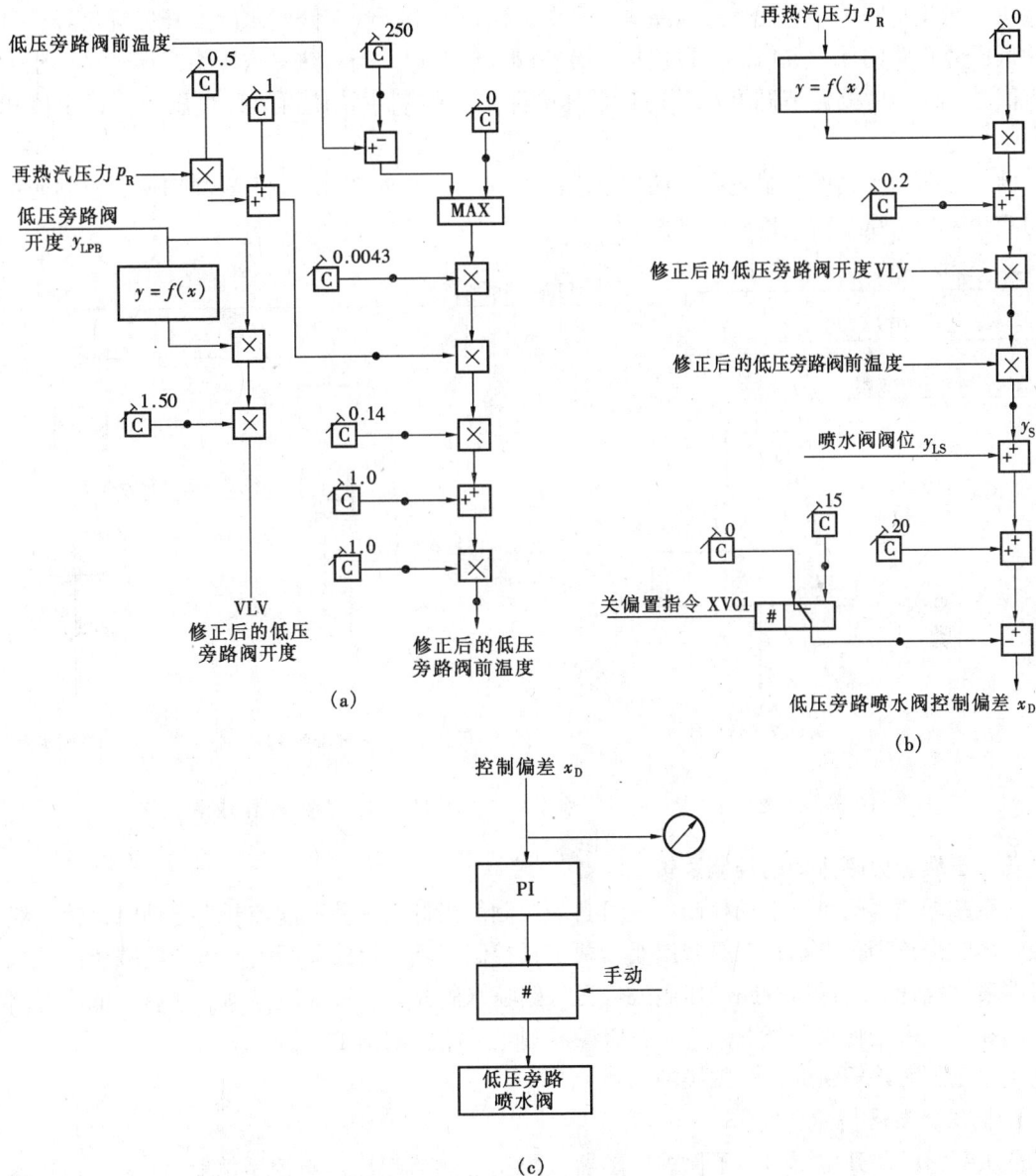

图 11-22 低压旁路温度控制系统
(a) 信号修正；(b) 控制偏差的形成；(c) 控制回路

（1）$p_R - p_{RS} < -0.2\text{MPa}$；

（2）低压旁路阀关闭（LP PRESSURE VALVE CLOSED）。

该信号使触发器置位，即 XV01 = 1，如图 11 - 23 所示。

该信号使低压旁路喷水阀的阀位偏差负向叠加 15，使喷水阀关闭。

当再热蒸汽压力升高时，有：

$$p_R - p_{RS} > -0.1\text{MPa}$$

该信号使触发器复位，即 XV01 = 0，解除喷水阀关偏置信号，同时开偏置信号起作用，使低压旁路喷水阀开启，以保证进入凝汽器的蒸汽不超温。另外，从后面的连锁条件可知，若低压旁路喷水阀关，将使低压旁路阀保护关。所以，对低压旁路喷水阀加开偏置信号，可解除低压旁路阀的保护关信号，以使低压旁路阀能够开启。当再热蒸汽压力升高到最小压力设定值时，低压旁路调节阀开启，通过低压旁路压力控制系统使再热蒸汽压力与设定值相等。

低压旁路喷水阀的控制也有手动、自动两种方式，可在控制面板上选择切换，控制面板上的双针表指示喷水阀阀位和控制偏差。

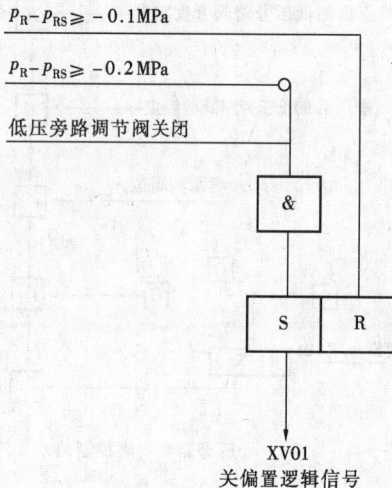

图 11 - 23　关偏置逻辑

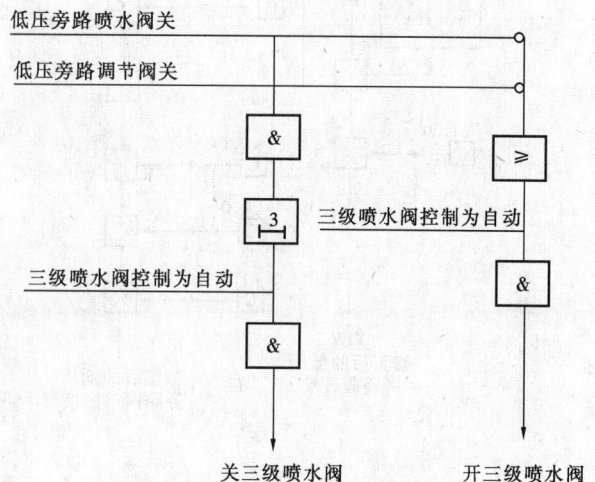

图 11 - 24　三级减温阀控制逻辑

三、三级减温喷水阀的控制逻辑

三级减温喷水阀可以手动控制，也可自动控制。当低压旁路温度控制为自动时，使三级减温喷水阀也连锁投自动，三级减温阀为两位式控制，其开启或关闭受低压旁路减压阀、低压旁路喷水阀连锁。低压旁路减压阀或低压旁路喷水阀开启，三级减温阀也开启；低压旁路减压阀和低压旁路喷水阀都关闭时，三级减温阀也关闭，如图 11 - 24 所示。

四、低压旁路阀快开、快关控制

1. 低压旁路阀快开逻辑

低压旁路阀快开主要是为了保护再热器，防止再热器超压，当控制偏差（$p_R - p_{RS}$）> 0.3MPa（3bar）时，且没有保护关条件 CLOSE/B2、且低压旁路喷水控制为自动、低压旁路压力调节为自动时，使低压旁路快开，如图 11 - 25 所示。

控制偏差大($p_R - p_{RS} \geq 3$)

低压旁路压力控制为自动

低压旁路温度控制为自动

CLOSE/B2

&

快开低压旁路调节阀

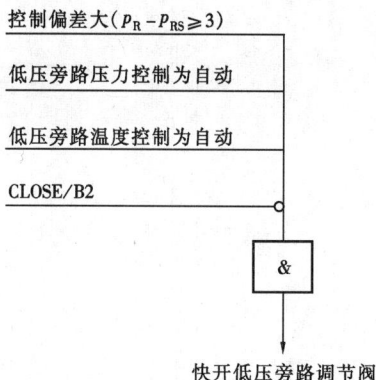

图 11-25　低压旁路快开逻辑

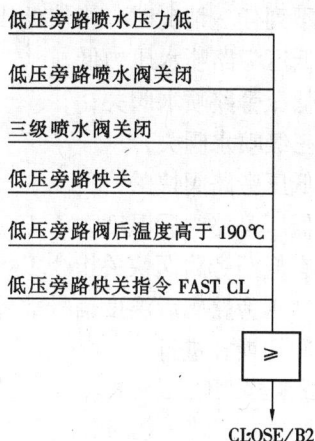

低压旁路喷水压力低

低压旁路喷水阀关闭

三级喷水阀关闭

低压旁路快关

低压旁路阀后温度高于 190℃

低压旁路快关指令 FAST CL

≥

CLOSE/B2

图 11-26　CLOSE/B2 逻辑

其中 CLOSE/B2 的置位逻辑如图 11-26 所示，是低压旁路阀保护关的条件之一。

2. 低压旁路阀快关条件

低压旁路阀快关是为了保护凝汽器，当出现下列任一条件时，发出低压旁路阀快关指令，如图 11-27 所示。

（1）凝汽器真空低；

（2）凝汽器水位高；

（3）凝汽器温度高。

3. 低压旁路喷水阀快开条件

低压旁路喷水阀快开逻辑如图 11-28 所示，当低压旁路喷水控制为自动时，若低压旁路阀快开，则低压旁路喷水阀快开。

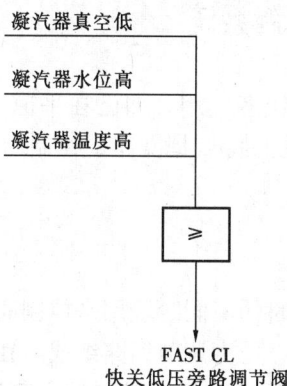

凝汽器真空低

凝汽器水位高

凝汽器温度高

≥

FAST CL
快关低压旁路调节阀

图 11-27　低压旁路阀快关逻辑

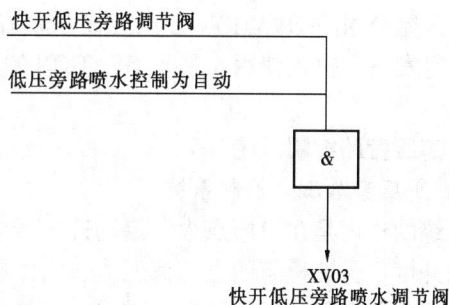

快开低压旁路调节阀

低压旁路喷水控制为自动

&

XV03
快开低压旁路喷水调节阀

图 11-28　低压旁路喷水阀快开逻辑

4. 低压旁路调节阀保护关、保护开条件

低压旁路阀的快开、快关通过快速电动机实现，当执行快关、快开时，常速电动机也保护性关闭或开启。保护关、保护开命令的优先级比自动或手动命令高，低压旁路调节阀的保护关逻辑如图 11-29 所示，保护开逻辑如图 11-30 所示。

当有下列任一情况时，将使低压旁路阀保护性关闭。

(1) 低压旁路喷水压力低；

(2) 低压旁路喷水阀关；

(3) 三级喷水阀关；

(4) 低压旁路阀快关；

(5) 低压旁路阀后温度大于190℃；

(6) 有低压旁路阀快关指令 FAST CL = 1；

(7) 低压旁路阀后温度信号故障；

(8) 阀切换在进行。

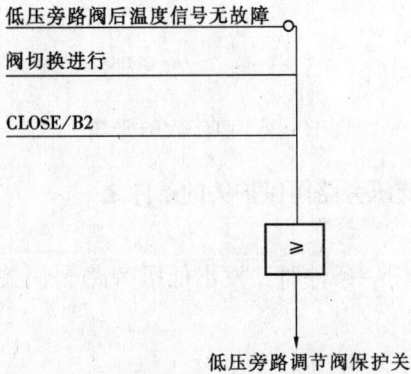

图 11 – 29　低压旁路阀保护关逻辑　　　　图 11 – 30　低压旁路阀保护开逻辑

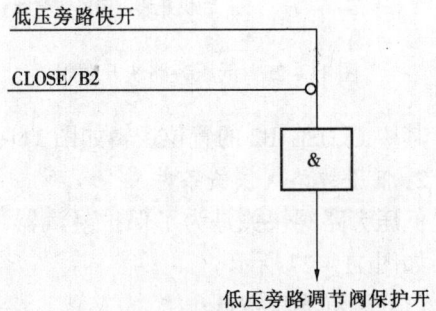

当低压旁路阀快开且没有条件 CLOSE/B2 条件时，将使低压旁路阀保护性开启，CLOSE/B2 的逻辑见图 11 – 26。

第四节　基于 OVATION 的旁路控制系统

美国西屋公司的 OVATION 分散控制系统在我国电厂有较多应用，如已在平凉、铁岭、华能榆社等发电厂投入使用。基于 OVATION 的旁路控制系统的特点是操作、控制与 DCS 融为一体。

一、高压旁路控制系统

(一) 高压旁路压力控制系统

该系统的作用是在机组点火、启动升速直至低负荷运行时的不同阶段用来控制高压旁路调节阀的开度，保证机组的主蒸汽压力。它由压力定值回路、压力调节回路组成。在机组启动过程和低负荷运行的不同阶段，需按机组规定的升压曲线要求，保证机前的主蒸汽压力，而压力定值回路输出的压力设定值，应与升压曲线相一致，使高压旁路阀的开度按启动过程相应的压力值变化，因此该系统的核心是压力设定值形成回路。

1. 压力设定值形成

压力设定值是由机组功率所确定的旁路压力值和运行人员给定的压力值两部分叠加形成的，其原理如图 11 – 31 所示，这样的控制设计能满足机组正常运行和启动两种运行模式。

数字电液调节与旁路控制系统

在锅炉启动过程中，由于机组功率为零，压力设定值完全由运行人员给定。如冷态启动时，就可根据启动要求来设定压力定值。运行人员通过 OIS 画面上的增减按钮或参数输入框直接设定压力，即手动改变压力设定值。在机组带上初始负荷后，函数 $f(x)$ 的作用就是根据机组的功率确定相应的主蒸汽压力设定值，保证高压旁路调节阀逐渐关闭。当机组开始正常运行时，高压旁路调节阀应严密关闭，则压力设定值应跟踪主蒸汽压力并略高于主蒸汽压力，该值也是由机组功率通过函数 $f(x)$ 产生的。运行人员通过 OIS 画面查看设定值，并可通过 OIS 对其进行修改。当发生 FCB 的时候，压力设定值置 0，保证高压旁路调节阀迅速打开。

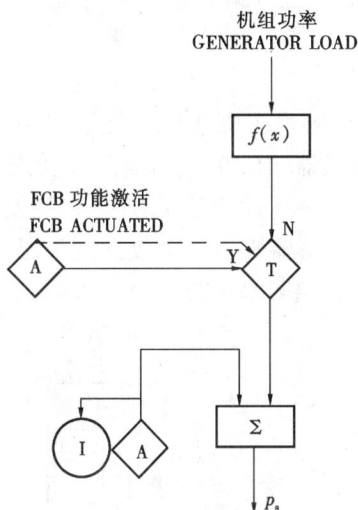

图 11 - 31　压力设定值形成原理

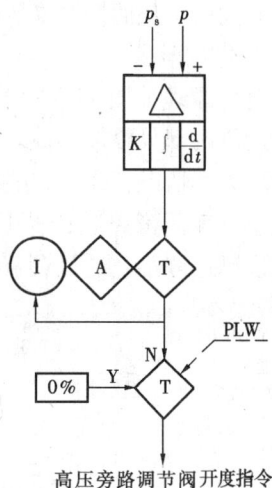

图 11 - 32　压力调节回路

2. 压力调节回路

由设定值形成回路形成的设定值和实际压力比较，得到控制偏差，该偏差经 PI 运算后输出控制信号，控制高压旁路阀的电动机转动，如图 11 - 32 所示。

压力控制有手动和自动两种方式，在 OIS 画面上可以进行手/自动方式切换。在手动方式下，高压旁路阀的开度指令可通过 OIS 画面上的增减按钮改变或直接输入阀位指令值改变。阀位指令、阀位的实际开度和控制偏差都可在 OIS 画面上显示出来，另外控制系统为手动方式时，压力设定值将跟踪实际压力。

当发生 FCB 的时候，实际压力增加，由于设定值为 0，调节器入口偏差增大，经过 PI 调节器运算后输出指令变大，使得高压旁路调节阀迅速开大，实现快开。

高压旁路调节阀还具有快关功能。快关逻辑如图 11 - 33 所示，当以下任一条件满足时，高压旁路调节阀将快关，即 PLW = 1。

(1) 高压旁路阀后蒸汽温度过高（HP BP OUT TEMP HIGH）；

(2) 高压旁路减温水压力低（HP SPARY P LOW）；

(3) 锅炉发生 MFT（MFT）。

（二）高压旁路温度控制系统

在机组启动过程中，高压旁路流通的蒸汽将直接引入再热器，根据再热器运行要求，其

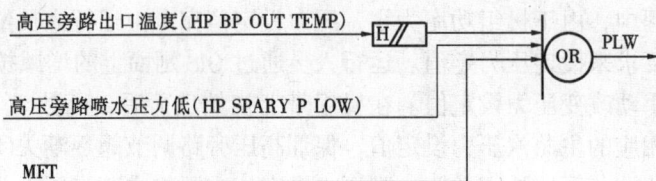

图 11 - 33　快关逻辑

入口温度要保持在一定范围内，一般要求再热器冷段温度保持在330℃左右。在机组正常运行时，主蒸汽温度达540℃。为此，设立高压旁路减压减温系统，通过改变喷水阀的开度来改变喷水量的大小，从而控制高压旁路出口温度。

1. 温度设定值形成

温度设定值原理如图11-34所示，它由高压旁路喷水阀快开时的设定值和运行人员给定的温度设定值两部分叠加形成。在正常情况下，切换器输出0值，温度设定值由运行人员根据机组实际运行情况，在OIS画面上进行手动调整，一般设为350℃左右；当发生FCB或机组功率过小且高压旁路减压阀开度大于30%时，切换器输出一个较大的负温度设定值，使温度设定值迅速减小，通过调节器的作用实现高压旁路喷水阀快开。

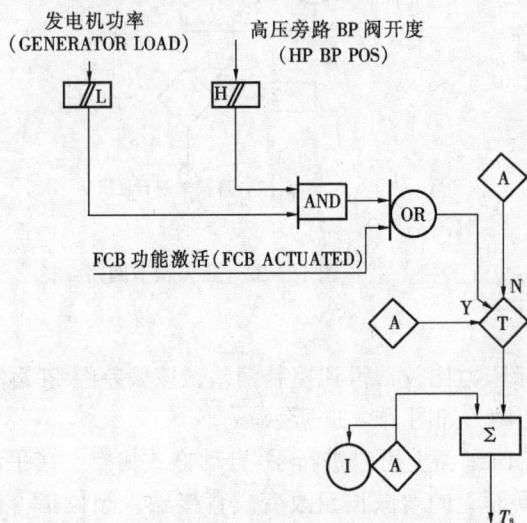

图 11 - 34　温度设定值形成

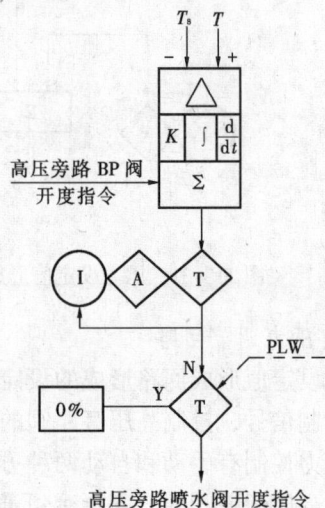

图 11 - 35　温度调节回路

2. 温度调节回路

温度调节回路也是简单的单回路系统。测量值为高压旁路出口温度，由设定值逻辑形成的设定值和测量值比较，求偏差，并对偏差进行PI运算，为了加快温度调节作用，在PI调节器上以前馈形式引入了高压旁路调节阀的开度指令信号。由偏差和前馈信号共同作用形成的PI调节器的输出去控制喷水阀电动机。如图11-35所示。

高压旁路温度控制有手动、自动两种方式，可通过OIS画面上的按钮选择切换。不管哪种工作方式，控制偏差、阀位指令和实际阀位都可通过OIS画面即时显示出来。在手动方式下，运行人员观察OIS画面显示值，通过OIS画面上的增、减按钮或直接输入阀位指令改变

数字电液调节与旁路控制系统

喷水阀的阀位,实现手动调节。

高压旁路压力调节为自动时,高压旁路喷水调节也连锁切到自动。

当高压旁路调节阀开度较小时,高压旁路喷水阀应强行关闭(PLW = 1),即高压旁路调节阀闭锁高压旁路喷水阀。当高压旁路阀不开时,高压旁路喷水阀不开;当高压旁路阀开时,高压旁路喷水阀才能打开,从而防止高压旁路阀未开就喷水的事故发生。其逻辑如图 11 - 36 所示。

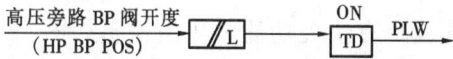

图 11 - 36　强关逻辑

二、低压旁路控制系统

在机组启动或甩负荷时,依靠低压旁路系统将再热器内积储的蒸汽排入凝汽器,并且在凝汽器前,设置有另一个低压喷水控制阀,进行三级减温。

低压旁路控制系统包括低压旁路压力调节系统,低压旁路喷水调节系统及低压旁路阀、低压旁路喷水阀的快开、快关控制。由于该旁路减温水压不高,即使蒸汽携带部分水蒸气进入凝汽器,其影响也远不及高压旁路那么严重,因此低压旁路系统没有设置减温水隔离阀。

(一) 低压旁路压力控制系统

1. 低压旁路压力设定值形成

低压旁路压力设定值形成如图 11 - 37 所示。

在启动、低负荷阶段或甩负荷时,低压旁路压力控制系统为定压运行方式,压力设定值为最小值 p_{smin},p_{smin} 可以由运行人员设定,以维持一定的蒸汽流量通过再热器。汽轮机带负荷后,再热器出口汽压(热段压力)的大小与汽轮机负荷有关,而且两者成正比关系。在此阶段,低压旁路运行在滑压方式,低压旁路的压力定值为再热器出口压力定值 p_{rs},加上一个小的限值 Δp,以保证低压旁路压力调节阀关闭。由于汽轮机速度级压力能快速反应机组功率变化,低压旁路系统中取高压汽轮机速度级压力 p_1 作为汽轮机负荷信号,该信号经函数 $f(x)$ 形成基本压力定值,再叠加上由运行人员经 OIS 画面手动调整形成的偏置信号,最终作为再热器出口压力设定值信号,以满足低压旁路系统滑压运行的要求。函数 $f(x)$ 反映了再热器出口压力设计值和速度级压力设计值的关系,如某机组的再热器出口压力设计值为 3.294MPa。调节级压力设计值为 11.876MPa,则函数 $f(x)$ 的输出近似为 $0.2774p_1 + \Delta p$,Δp 可预先设定。

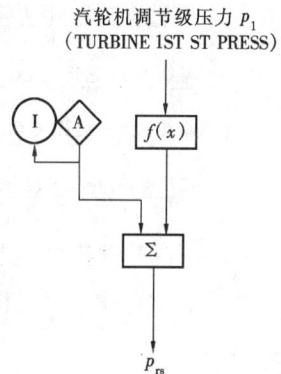

图 11 - 37　低压旁路压力设定值形成

2. 低压旁路压力调节回路

低压旁路压力控制系统的方框图如图 11 - 38 所示。

再热器的出口压力 p_r 为左侧、右侧中压缸进汽压力的平均值。

机组启动初期,低压旁路压力回路为阀位方式,低压旁路减压阀与高压旁路减压阀相似,有一个最小开度。只要再热器压力 p_r 低于最小压力 p_{smin},调节器入口偏差就为负,低压旁路阀就保持最小开度。当再热器的出口压力 p_r 大于最小压力时,低压旁路阀逐渐开大。当汽轮机进汽后,将使低压旁路阀逐渐关闭。再热器的压力设定值与负荷相关,一旦再热器的出口压力 p_r 高于压力设定值 p_{rs},偏差将大于零,该偏差信号送入低压旁路压力调节器 PI 进行处理,其输出将使低压旁路压力调节阀开度增加。调节的结果,使再热器出口压力与机组负荷相适应,即与代表机组负荷

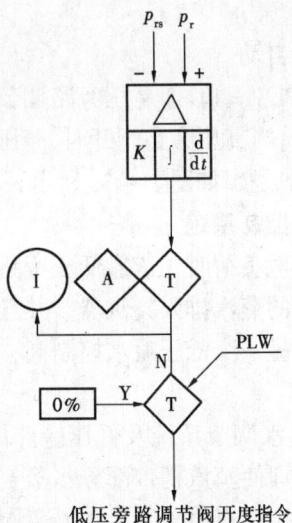

图 11 - 38 低压旁路
压力控制系统

的调节级压力成比例变化。

低压旁路压力调节系统有自动、手动两种方式，可在 OIS 画面上选择切换。手动方式下，可通过 OIS 画面上的增减按钮或直接输入阀位值改变低压旁路阀的阀位，实现手动调节。阀位指令、阀位的实际开度和控制偏差都可在 OIS 画面上显示出来。

低压旁路调节阀也具有快关功能。快关逻辑如图 11 - 39 所示，当以下任一条件满足时，低压旁路调节阀将快关（PLW = 1）。

(1) 低压旁路减温减压器后蒸汽温度（LP BP OUT T）过高；

(2) 低压旁路减温水压力低（LP SPARY P LOW）；

(3) 两台凝结泵都不运行；

(4) 高压旁路调节阀开度（HP BP POSITION）小于 10%；

(5) 凝汽器真空度低（COND VAC LOW）；

(6) 锅炉发生 MFT（MFT）。

(二) 低压旁路温度控制系统（喷水控制系统）

该系统的作用是通过控制减温水，把再热器后的高温蒸汽降低到规定的温度，避免凝汽器超温。如图 11 - 40 所示为低压旁路温度控制系统的原理图。

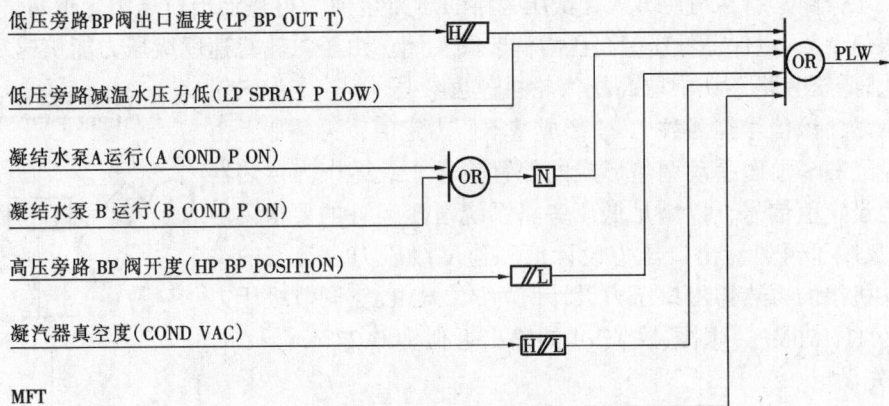

图 11 - 39　低压旁路快关逻辑

温度设定值由运行人员根据机组的负荷和运行状态在 OIS 画面上进行调整。设定值与温度测量值比较形成控制偏差引入 PI 调节器，PI 调节器的输出叠加上前馈信号 FF 经动力转换组件转换后控制喷水阀电动机，使喷水阀的阀位改变，直至 PI 调节器入口偏差为 0。引入前馈信号可以加快调节速度，提高调节品质。前馈信号 FF 是由低压旁路调节阀开度指令（LP BP PRESS DMD）乘以中压缸的进汽压力（IPT PRESS）即再热汽压力信号得到的，因此当低压旁路阀开度变化或再热汽压力变化时，低压旁路喷水阀开度也随之较快变化，以保证进入凝汽器的蒸汽不超温。

数字电液调节与旁路控制系统

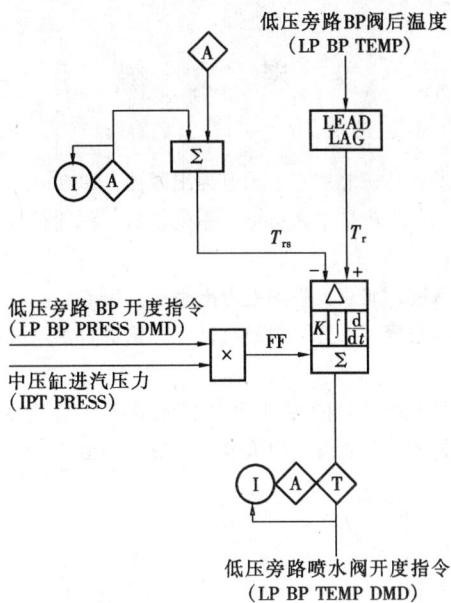

图 11 - 40　低压旁路温度控制系统

低压旁路喷水阀的控制也有手动、自动两种方式，可在 OIS 画面上选择切换，阀位指令、阀位的实际开度和控制偏差都可在 OIS 画面上显示出来。

三、三级减温喷水阀的控制

三级减温喷水阀可以手动控制，也可自动控制，由运行人员在 OIS 画面上选择，三级减温阀为两位式控制，其开启或关闭受低压旁路阀、低压旁路喷水阀连锁。低压旁路阀或低压旁路喷水开启，三级减温阀也开启；低压旁路阀和低压旁路喷水阀都关闭时，三级减温阀也关闭，如图 11 - 41 所示。

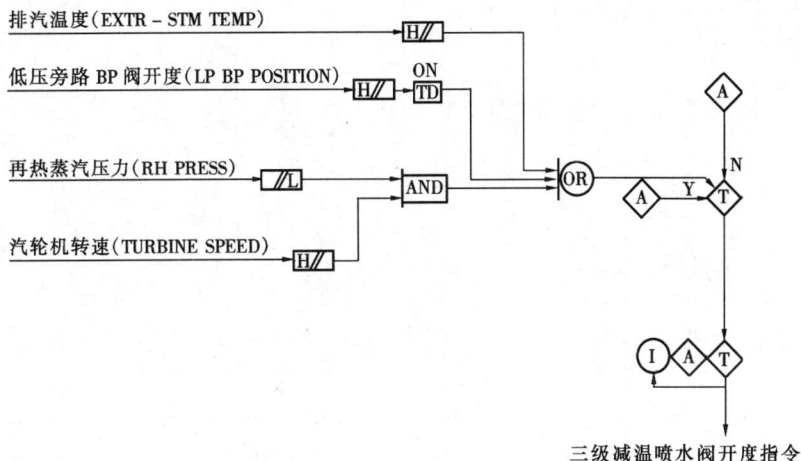

图 11 - 41　三级减温控制系统

参 考 文 献

1. 山西电力工业局编. 汽轮机设备运行. 北京：中国电力出版社，1997.
2. 谷俊杰，丁常富编著. 大型火电厂生产技术人员培训系列教材 汽轮机控制、监视和保护. 北京：中国电力出版社，2002.
3. 林金栋主编. 自动调节原理及系统. 北京：中国电力出版社，1996.
4. 王爽心，葛晓霞合编. 普通高等教育"十五"规划教材 汽轮机数字电液控制系统. 北京：中国电力出版社，2003.
5. 高伟主编. 300MW 火力发电机组丛书 第四分册 计算机控制系统. 北京：中国电力出版社，2000.
6. 林文孚主编. 单元机组自动控制技术. 北京：中国电力出版社，2004.